压气机/风扇叶片自动优化设计

Automatic Design Optimization of Compressor/Fan Blades

周正贵 著

国防工业出版社

·北京·

图书在版编目(CIP)数据

压气机／风扇叶片自动优化设计／周正贵著.—北京:国防
工业出版社,2013.12
ISBN 978 – 7 – 118 – 09254 – 7

Ⅰ.①压… Ⅱ.①周… Ⅲ.①航空发动机－叶片－最优设计
Ⅳ.①V232.4

中国版本图书馆 CIP 数据核字(2014)第 030745 号

※

国防工业出版社出版发行

(北京市海淀区紫竹院南路23号　邮政编码100048)
北京嘉恒彩色印刷有限公司
新华书店经售

*

开本 710×1000　　1/16　　印张 12¼　　字数 230 千字
2013 年 12 月第 1 版第 1 次印刷　　印数 1—2500 册　　定价 62.00 元

(本书如有印装错误,我社负责调换)

国防书店:(010)88540777　　　　发行邮购:(010)88540776
发行传真:(010)88540755　　　　发行业务:(010)88540717

致 读 者

本书由国防科技图书出版基金资助出版。

国防科技图书出版工作是国防科技事业的一个重要方面。优秀的国防科技图书既是国防科技成果的一部分,又是国防科技水平的重要标志。为了促进国防科技和武器装备建设事业的发展,加强社会主义物质文明和精神文明建设,培养优秀科技人才,确保国防科技优秀图书的出版,原国防科工委于 1988 年初决定每年拨出专款,设立国防科技图书出版基金,成立评审委员会,扶持、审定出版国防科技优秀图书。

国防科技图书出版基金资助的对象是:

1. 在国防科学技术领域中,学术水平高,内容有创见,在学科上居领先地位的基础科学理论图书;在工程技术理论方面有突破的应用科学专著。

2. 学术思想新颖,内容具体、实用,对国防科技和武器装备发展具有较大推动作用的专著;密切结合国防现代化和武器装备现代化需要的高新技术内容的专著。

3. 有重要发展前景和有重大开拓使用价值,密切结合国防现代化和武器装备现代化需要的新工艺、新材料内容的专著。

4. 填补目前我国科技领域空白并具有军事应用前景的薄弱学科和边缘学科的科技图书。

国防科技图书出版基金评审委员会在总装备部的领导下开展工作,负责掌握出版基金的使用方向,评审受理的图书选题,决定资助的图书选题和资助金额,以及决定中断或取消资助等。经评审给予资助的图书,由总装备部国防工业出版社列选出版。

国防科技事业已经取得了举世瞩目的成就。国防科技图书承担着记载和弘扬这些成就,积累和传播科技知识的使命。在改革开放的新形势下,原国防科工委率先设立出版基金,扶持出版科技图书,这是一项具有深远意义的创举。此举势必促使国防科技图书的出版随着国防科技事业的发展更加兴旺。

设立出版基金是一件新生事物，是对出版工作的一项改革。因而，评审工作需要不断地摸索、认真地总结和及时地改进，这样，才能使有限的基金发挥出巨大的效能。评审工作更需要国防科技和武器装备建设战线广大科技工作者、专家、教授，以及社会各界朋友的热情支持。

让我们携起手来，为祖国昌盛、科技腾飞、出版繁荣而共同奋斗！

国防科技图书出版基金
评审委员会

前　言

目前,工程实际中航空发动机压气机/风扇叶片设计广泛采用正问题和反问题设计方法,长期应用实践为两种设计方法积累了丰富的设计经验。自动优化设计方法具有较少依赖设计人员经验、可实现多目标优化、多变量耦合优化等突出优点,一直受到广泛关注,近年来,随着计算机技术和流场数值计算技术的快速发展,在航空发动机压气机/风扇叶片气动设计中展现出较强的工程实用性,并已逐步走向工程应用。该方法与传统的正问题、反问题叶片设计方法形成互补,可进一步充实高性能压气机/风扇叶片气动设计体系。

本书结合国内外最新研究成果,全面系统介绍压气机/风扇叶片自动优化设计理论与应用,并通过优化实例进一步加深对相关理论与方法阐述和验证。书中融合作者自身多年来研究成果、研究体会,以及形成的具体实施方法,主要体现在以下几方面。①目前叶片优化设计中较多采用响应面插值方法减少流场计算次数缩短优化时间,但对于多设计变量、大寻优空间优化采用响应面插值精度不高会较大程度影响寻优效果。针对这种不足,书中提出利用遗传算法的并行特质实现局域网多台计算机或服务器多 CPU 并行优化,直接采用 CFD 方法进行所有个体流场计算,同时流场计算采用黏性体积力方法以有效缩短流场计算耗时。②为避免采用流场计算分区造成并行效率随计算分区数快速下降,提出以数据量较少的目标函数和设计变量作为传输参数实现高效率并行。③为达到优化过程生成个体的可控性、合理性,提出采用基于修改量的参数化方法,通过遗传算法中设计变量范围给定限制修改量幅值,并提出基于修改量的多层参数化方法以提高遗传算法寻优效率。④本书还提出采用兼顾非设计点性能的目标函数设置方法,在不大幅增加寻优耗时的前提下实现全工况性能优化。

由于作者学识水平有限,文中难免有不足之处,恳请读者批评指正,也非常欢迎对书中内容持不同观点的读者与作者讨论、交流。

借此机会,感谢中航工业发动机控股公司程荣辉副总经理对本书撰写的鼓励和支持;感谢中航工业商用发动机有限责任公司丁建国研究员等多位航空发动机设计专家对本书提出的宝贵修改意见;感谢国防工业出版社肖姝编辑在出版基金申请过程以及后期文稿修改中给予的帮助。

编者

2013.10

目　录

Contents

第1章 压气机/风扇气动设计方法

压气机/风扇是航空发动机重要组成部件,作用是为流经发动机的气体加功、增压,完成气体热力循环中的压缩过程。轴流压气机和风扇虽然几何尺寸、流量有较大差别,但它们的工作原理相同、结构相似,都是由若干级组成,每一级由转子和静子构成,转子用于对气体加功增压,静子主要用于改变气流方向,同时兼有增压作用;转子静子叶片的增压由 S1 流面通道扩张和激波两种途径实现。其主要技术指标有设计点压比、流量、效率及稳定裕度。气动设计是根据压气机/风扇技术指标,进行子午面流道、叶片型面、型面积叠线设计,然后通过流场数值计算和试验方法检验设计结果,再进行强度校核、结构设计和加工工艺设计。压气机/风扇气动性能完全取决于气动设计,但气动设计要受结构、强度、加工工艺的制约。

轴流压气机/风扇气动设计方法相同,可分为 4 个步骤:初始设计、通流设计、二维叶型设计和三维叶片设计[1-3],如图 1.1 所示。初始设计采用平均半径(Mean Line)速度三角形以及经验关系确定主要几何和性能参数。通流设计采用 S2 流面流场计算确定叶片扭向和各排叶片匹配。二维叶型设计通过 S1 流面叶型设计实现给定的各排叶片进出口速度三角形沿径向分布。三维叶片设计进一步从三维流动角度对叶片改进。

在以上各设计步骤中,计算方法及其精度对设计结果有直接影响。计算方法精度主要取决于 4 个设计步骤中涉及到的经验关系式和经验参数的选取,如初始设计中的不稳定边界确定、初始设计和通流设计中损失模型、二维叶型设计和三维叶片设计中二维与三维流场数值计算中的网格结构、紊流模型等。

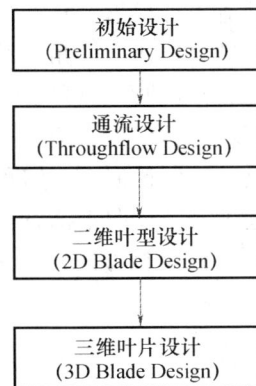

图 1.1 轴流压气机/风扇
气动设计步骤

1.1 初 始 设 计

初始设计阶段,根据流量、压比、效率、稳定裕度等参数,采用平均半径速度三角形以及经验关系,确定压气机级数、级压比、效率、子午面流道、各排叶片数等,进

1

一步可估算重量。只有保证初始设计阶段确定的参数合理性、先进性，才能使后续研究有一可靠的起点。

初始设计计算速度快，但在初始设计阶段所采用的平均半径处流动计算方法精度很大程度取决于经验关系，依赖前期工作积累。特别是对于不稳定边界，由于流动的非定常、三维分离特性，目前采用计算机仿真方法很难准确预测。因此，初始设计方案确定需要多借鉴以前设计，新的方案应具有继承性，使新型压气机设计能借力于前期研究基础；同时，由于新方案的先进性，在此阶段也可借助于二维、三维流动计算分析充实和改进经验关系。

在初始叶片设计阶段，重要的是，要发展较准确的平均半径流动计算方法，特别是不稳定边界预测方法。小转速下前面级大正攻角失速，后面级呈负攻角，在此阶段失速边界确定方法完全是经验的。目前一种方法是利用准确的级特性，确定稳定准则；还有根据相似压气机特性，通过叶片攻角、载荷和扩散度极限确定。

1.2　通　流　设　计

通流设计根据叶片扭向设计规律，采用 S2 流面流场计算方法，分析并确定各排叶片进出口速度三角形及各排叶片匹配关系。S2 流面流场计算广泛采用流线曲率法，因为这种方法可处理具有亚声和超声混合流动区域，并且计算方法简单易于编程实现[4]。S2 流面流场计算精度主要取决于损失（环壁、叶片表面附面层、叶尖间隙以及径向掺混）和落后角模型计算精度。由于通流设计过程中 S2 流面流场计算是基于完全径向平衡方程的一维流计算方法，因而计算速度快（特别是对于多排叶片），但该计算方法无法考虑流动三维性。

1.3　二维叶型设计

根据通流设计计算所得叶片排进出口速度三角形沿径向分布，进行 S1 流面（任意回转面）叶型设计，进一步将叶型沿径向积叠构成三维叶片。将 S1 流面通过简化处理成平面，对应的流动即成为平面叶栅流动。

二维叶型设计有正问题设计方法、反问题设计方法和自动优化设计方法。

1. 正问题设计方法（分析设计方法）

首先选定初始叶型，通过流场计算得到对应的叶栅流场，对流场结构分析，进一步修改叶型型面。叶型修改目标：消除流动分离区、消除或减弱激波，减小流动损失，达到给定的气流转角或压比。采用这种设计方法，叶型的修改很大程度依赖于设计人员经验。对于二维叶型设计，还可采用标准系列叶型，如低速 C4 叶型，NACA 系列叶型，高亚声速双圆弧叶型，超声速多圆弧叶型，楔形进口段、圆弧形出口段叶型,预压缩 S 形叶型等。

2. 反问题设计方法

给出叶片表面压力分布或速度分布,通过反问题迭代计算得到叶片型面坐标。但有时给定的叶片表面压力或速度分布得到的叶型不一定合理,如出现负厚度;也有可能经过正问题方法验算设计点和非设计点性能不能令人满意。这时要重新给定叶片表面压力或速度分布进行再设计。对于三维叶片设计,采用反问题方法要给出叶片吸力面和压力面沿叶高多个型面压力分布,特别是上下环壁区压力分布要考虑流动的三维性影响,控制参数多、参数分布规律难以把握,并且过于依赖设计人员经验。

控制扩散叶型(Controlled Diffusion Airfoil,CDA)是对高亚声叶栅流动通过叶型几何的控制获得理想的叶型表面马赫数分布,减小流动损失。控制扩散叶型主要设计原则如下。

(1)气流从叶片前缘开始保持连续加速,直到附面层转捩点为止。因为附面层在加速流动时为顺压梯度,这样可抑制层流附面层分离。

(2)叶背最高马赫数限制在 1.3 以下。在来流高亚声条件下,叶背存在局部超声区,产生局部激波。激波损失大小取决于波前马赫数,并且激波与附面层相互作用能引起附面层分离。如果波前马赫数小于 1.3,则不会发生附层面流动分离。

(3)控制叶背从最高马赫数点到后缘这一段减速区内的气流的扩散度,达到不产生激波、不发生流动分离,并且使表面摩擦损失最小。

(4)叶盆表面气流速度接近于不变。图 1.2 表明了这种叶型表面马赫数分布特点。控制扩散叶型设计由于预先给定叶型表面马赫数分布,寻找对应叶型,因而可归为反问题设计方法。

3. 自动优化设计方法

自动优化设计方法是将数值优化技术与正问题流场计算相结合,在由设计参数构成的向量空间中,采用优化控制理论求出整个可行区的目标函数极值点。其实质是由数学过程替代设计人员经验,控制叶片设计修改方向,因此,该方法也可说是一种正问题设计方法。由于二维叶型和三维叶片自动优化设计方法及其特点的相似性,将在 1.6 节中合在一起进行陈述。

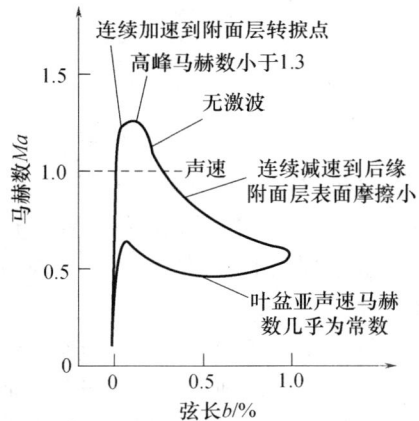

图 1.2 控制扩散叶型表面等熵马赫数分布特点

1.4　三维叶片设计方法

三维叶片设计方法即从三维流动角度进行叶片设计,通常是对 S1/S2 两类流面二维设计方法设计结果进行叶片积叠线和叶根、叶尖区叶型修改。采用三维叶片气动设计方法有以下好处:可控制二次流损失,如转子叶片弯掠控制叶尖区激波结构和强度、拱形静子设计控制叶根区域载荷等;设计中可考虑真实结构对性能影响,如叶尖间隙、叶根圆角半径(Fillet Radii)等。图 1.3 为 GE 公司二维向三维叶片设计演化过程[4],三维气动设计叶片的突出外形特点在于叶片积叠线不再保持原先的径向线,而具有明显的切向弯和前后掠。三维叶片设计方法有两种,即分析设计方法(Design By Analysis)和优化设计方法(Design Optimization)。

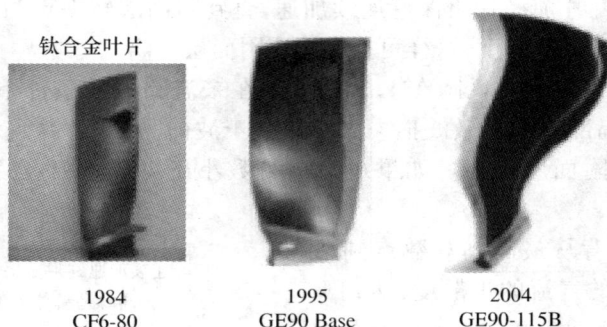

钛合金叶片

| 1984 | 1995 | 2004 |
| CF6-80 | GE90 Base | GE90-115B |

图 1.3　GE 公司风扇叶片由二维向三维气动设计演化

分析设计方法(即前面所述正问题设计方法)实质是设计人员修改叶片几何,通过 3D CFD 预测或试验检验修改产生的影响,再进行进一步修改,此过程不断重复直至达到设计要求。该方法是目前广泛采用的设计方法,这种方法有以下特点。

(1)设计过程中通过流动分析、发现流动规律,可产生创新设计思想。

(2)不涉及到大量流场计算,对计算机要求不高。

(3)实质是一种试错法(Trial and Error),效率较低。

(4)当涉及到变量多,各变量之间存在相互影响,方法应用困难较大,如同时考虑叶片掠、弯及与叶片型面相互影响。

三维叶片优化设计方法与二维叶型优化设计方法相近,区别在于三维叶片设计涉及的设计变量多(叶片型面、子午面流道、叶型积叠线)、三维流场计算比二维流场计算耗时长。因此,对于三维叶片优化设计,必须采用多台计算机/服务器多 CPU 并行优化缩短优化耗时,才能使该方法具有工程实用性。对于三维叶片设计,分析设计和优化设计两种方法各有特点,可同时应用,形成互补。

4

1.5 高级负荷二维叶型和三维叶片设计

航空发动机追求高推重比，要求压气机/风扇单级压比不断提高（高级负荷）。

为清晰起见，以轴流压气机第一级、进口速度轴向（速度三角形如图1.4所示）为例，分析增加级增压比的可能方法。

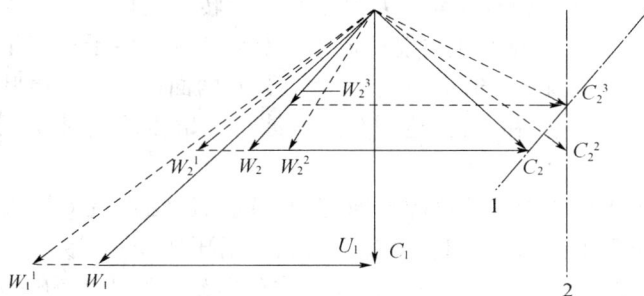

图1.4 基元级速度三角形

（1）增加轮缘速度 U、C_{2u} 不变，则速度三角形中 W_1 变为 W_1^1、W_2 变为 W_2^1。

转子出口绝对速度及方向不变，静子设计难度不受影响；如果增压比与缘束度增加相适应，控制转子载荷系数增加幅度，转子气动设计难度也不会增加。

（2）增加 C_{2u}、轮缘速度 U 不变，速度三角形中，W_2 变为 W_2^2、C_2 变为 C_2^2。

转子相对气流转角增大，出口绝对速度增大、绝对气流角（与轴向夹角）增大，转静子设计难度增加。

（3）减小 C_{2a}、轮缘速度 U 和转子出口相对气流角不变，W_2 变为 W_2^3、C_2 变为 C_2^3。

转子出口绝对气流角（与轴向夹角）增大，C_2^3 增大与否取决于点画线 1-1 与其夹角或 $\alpha_2^3 + \beta_2^3$（即转子出口绝对与相对气流角之和），若 $\alpha_2^3 + \beta_2^3 > 90°$，则 C_2^3 增大。高压比设计 α_2、β_2 都是较大的，因此，$\alpha_2^3 + \beta_2^3$ 通常大于90°，所以 C_2^3 通常是变大的。

综上所述，采用增加转子转速增加级压比气动设计实现难度较小，但转速增加会给结构强度设计带来困难，因此转速增加需要与材料技术发展相适应。在转速不能提高的情况下，需要提高气动设计水平，提高气动负荷（载荷系数），才能实现高级压比、高效率设计。

高级负荷轴流压气机/风扇，由于逆压梯度大，叶片表面和上下环壁附面层厚，流动三维性较强。为了达到高级压比，通常采用低展弦比设计。低展弦比使上下环壁附面层所占比例增大、转子叶尖径向间隙影响增大，即流动的三维性增强。因此，在叶片气动设计过程中越来越关注流动的三维性；同时，对于高级负荷压气机/风扇二维叶型设计，需对叶栅通道内激波组织以及采用任意回转面叶型设计方法加以重视。

1.5.1　叶栅通道内激波组织

为了实现压气机/风扇高级压比设计,常用方法是增加转子转速,以兼顾效率和裕度。转子转速增加,转子叶片叶尖轮缘速度提高,转子叶尖进口相对马赫数相应增加。以现有高级负荷转子设计为例[5],叶尖轮缘速度为 577m/s,如果流量系数取 0.5,则可算出叶尖相对马赫数大约为 1.85。转子进口相对马赫数增加,可利用激波有效增压,但激波增强也可能造成激波及激波附面层干扰产生的损失增加。因此,对于压气机/风扇叶片通道内流动,激波具有两面性。在超声叶型设计时,需要仔细组织激波结构,趋利避害,达到利用激波有效增压的同时,减小激波造成的流动损失。

下面按一维无黏流方法计算叶栅通道内不同激波结构流动损失与效率差别。以叶栅进口马赫数 1.6、1.8 为例,比较达到相同增压比、不同激波结构(假设叶栅通道内 3 种激波结构如图 1.5 所示)流动损失的差别。表 1.1 为叶栅进口马赫数 1.6 损失与效率列表,马赫数 1.6 一道正激波产生的增压比为 2.82,一斜一正、二斜一正激波结构也是在该压比的损失与效率。表 1.2 为叶栅进口马赫数 1.8、增压比 3.61 损失与效率列表。表 1.1 和表 1.2 表明:达到相同压比,激波数越多,损失越小、效率越高;进口马赫数越高,增加激波数提高效率程度越大。此外,激波越多、强度越弱,诱发的附面层分离越小。因此,在考虑附面层以及激波附面层干扰后,多道激波可能会带来更大的损失下降程度。

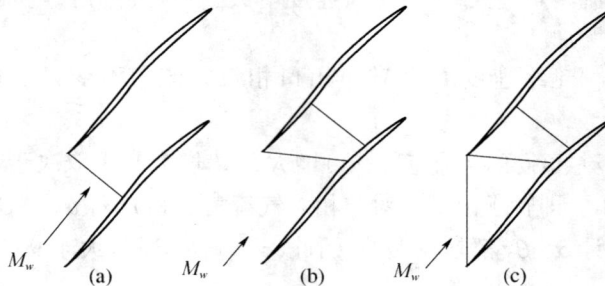

图 1.5　叶栅通道内激波结构示意图
(a)一道正激波;(b)二道斜、一道正激波;(c)二道斜、一道正激波。

以上实例表明,在高级负荷二维叶型设计中需更加关注激波组织,达到激波增压同时尽可能减小激波以及激波附面层相互作用产生的损失。

表 1.1　叶栅进口马赫数 1.6 损失与效率列表

	一道正激波	一斜一正	两斜一正
总压恢复系数	0.8952	0.9579	0.9626
转子效率(只考虑激波损失)	0.8267	0.9320	0.9397

表 1.2 叶栅进口马赫数 1.8 损失与效率列表

	一道正激波	一斜一正	两斜一正
总压恢复系数	0.8127	0.9467	0.9756
转子效率(只考虑激波损失)	0.6797	0.9136	0.9609

1.5.2 任意回转面叶型设计

S1 流面流动属于任意回转面二维流动(图 1.6),在叶轮机流动机理研究中简化成平面叶栅流动。但是在 S1 流面叶型设计中不能采用平面叶栅简化处理,主要因为平面流动与回转面流动存在以下差别。

(1)流面弯曲(子午面流线和回转面流线弯曲)。

(2)由于沿流程子午流道及流体密度、速度变化,造成成流面厚度变化。

(3)由于回转面半径沿流程变化,造成叶栅栅距变化。

(4)对于转子,任意回转面流动可考虑旋转产生的离心力影响。

轴流压气机高级负荷使子午流道沿轴向变化大,如果是小尺寸压气机,流面曲率大对流动影响也相应较大。在第5章中将通过数值算例说明任意回转面与平面叶栅流动差别。

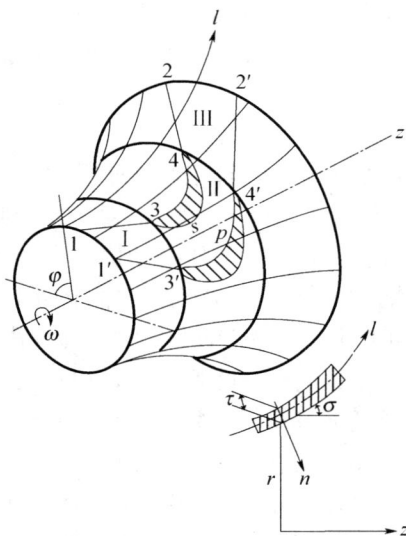

图 1.6 任意回转面二维流动

1.6 自动优化设计方法特点及其关键技术

在 1.2 节中介绍了二维叶型设计方法,包括正问题、反问题设计方法和自动优化设计方法。由于本书着重于介绍自动优化设计方法,在此专门介绍该方法特点和关键技术。与正问题、反问题设计方法比较,自动优化设计方法有以下特点。

(1)设计过程中较少依赖于设计人员经验。应用自动优化设计方法进行叶片设计,设计人员在确定初始叶片、设计目标和设计参数后,软件通过寻优自动找到最优叶片。自动优化设计在追求目标实现的过程中,不需关注具体流动状态。而达到目标后,流场自然会有良好的性态。例如,以流动损失最小作为目标,当流动损失达到最小时,流场中激波强度、流动分离等必定达到最小。这种设计方法尤其适用于前期设计经验较少的新型压气机设计。应用这种设计方法设计过程不需要设计人员对多种流态进行分析研究，不利于设计人员经验积累；但如果加强对优化结果的分析，同样可达到提高设计人员对流动规律认识、积累经验的目的。设计人员对设计软件的应用还是有一个经验积累过程，主要表现在以下几方面。

① 初始叶片的确定，初始叶片性能越好，得到最优叶片所需的优化搜索次数就越少，当然，对应的优化过程所获得的收益也就越小。

② 设计目标的确定，因为工程实际中叶片优化一般都是多目标寻优问题，在此涉及到多个目标的综合考虑。

③ 设计参数的确定，一个叶片型面需用多少个设计参数表达也需要设计人员考虑。

（2）可实现多变量组合优化设计。采用正问题、反问题设计方法进行压气机/风扇二维叶型设计都是基于基元级叶栅思想，设计过程中难以考虑型面、弦长（稠度）安装角之间相互影响；对于三维叶片设计，难以考虑型面与子午面流道、径向积叠线相互影响。采用自动优化设计方法可将上述变量都作为设计参数，进行多变量耦合优化、考虑各因素之间相互影响。只要计算机资源能满足要求，还可以进行多排叶片、考虑流动非定常的叶片优化设计。此外，对于吸附式压气机/风扇，吸气位置和吸气量与叶片型面是相互关联的，采用自动优化设计方法，也可将吸气位置和吸气量与几何参数组合在一起进行优化设计。

（3）能够将非设计点性能作为设计目标，实现多工况优化设计。由于采用自动优化设计方法，可实现多目标优化设计，因此，设计过程不仅可考虑设计点气动性能，还可考虑非设计点气动性能，实现多工况优化设计。

（4）对计算机要求较高和对流场正问题计算精度依赖性。在自动寻优过程中，需要很多次计算流场，耗时较多。对于二维叶型设计，对应的流场计算也是二维的，根据目前的计算机水平，采用单台 PC 机，一个型面优化过程所需时间在工程应用中是能接受的；如果是三维叶片优化设计，三维流场计算耗时多，必须采用多CPU 并行优化，才能使优化时间控制在工程可接受范围内。由于气动性能指标计算精度完全取决于流场正问题计算精度，因此，要得到好的优化结果，必须有较准确的流场计算模块，这也是基于 CFD 设计方法的共同要求。

基于以上分析可认为：与正问题、反问题方法比较，自动优化设计方法设计效率高，更适用于高气动性能指标压气机/风扇设计，同时对计算机性能要求更高。随着计算机技术和流体力学数值计算（CFD）技术的发展，叶片自动优化设计方法展现出越来越高的工程实用价值。

叶片自动优化设计软件主要包括数值最优化、流场计算、几何参数化和目标函数计算模块。图 1.7 为软件各模块的逻辑关系。数值最优化模块应用寻优方法产生新的叶片所对应的设计参数组合，实现对寻优空间最优解的搜索。几何参数化模块将数值最优化模块生成的设计参数组合转化成真实几何（如三维叶片、二维叶型、子午面流道等），几何参数化如果采用基于修改量参数化方法，还需要给定初始设计（图1.7中第一个模块）。流场数值计算模块则是用于计算三维叶片构成的叶轮流场或二维叶型构成的叶栅流场，进一步计算出所关心的性能指标，如叶轮的压比、效率，叶栅的气流转角，总压损失系数等。目标函数计算模块根据流场计算得到的性能指标计算出目标函数值。此过程不断自动重复，寻找目标函数最大或最小的叶片，即实现叶片自动优化设计。以下各章按优化设计涉及的关键技术逐一介绍，最后给出优化实例分析。

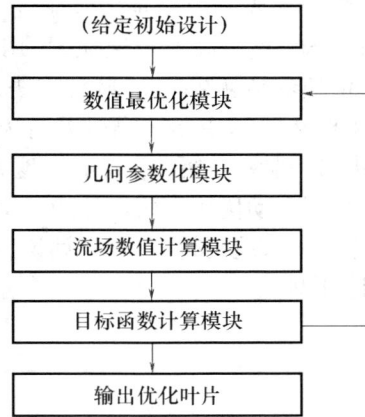

```
┌─────────────────┐
│ （给定初始设计）  │
└─────────────────┘
        ↓
┌─────────────────┐
│  数值最优化模块  │←─┐
└─────────────────┘  │
        ↓            │
┌─────────────────┐  │
│  几何参数化模块  │  │
└─────────────────┘  │
        ↓            │
┌─────────────────┐  │
│ 流场数值计算模块 │  │
└─────────────────┘  │
        ↓            │
┌─────────────────┐  │
│ 目标函数计算模块 │──┘
└─────────────────┘
        ↓
┌─────────────────┐
│   输出优化叶片   │
└─────────────────┘
```

图1.7　气动优化设计流程

1.7　压气机叶片自动优化方法研究现状

1983年，Sanger[6]首先提出将数值最优化方法与正问题流场计算相结合，实现对控制扩散静子叶型的气动优化设计。但直至20世纪90年代末，随着计算机技术和流场数值计算技术的进一步发展，压气机叶片自动优化设计技术才得到快速发展。

1.7.1　二维叶型优化设计

参考文献[7-9]分别采用遗传算法、模拟退火数值最优化方法对压气机二维叶型进行自动优化设计，设计出的叶型不仅在设计点性能优越，同时具有较好的非设计点性能。参考文献[10]采用正态分布随机搜索与梯度法相结合的数值最优化方法、流场计算采用势流附面层迭代方法，构成二维叶型优化设计软件，并采用该软件对4种控制扩散叶型进行了再设计。图1.8为优化叶型与控制扩散叶型比

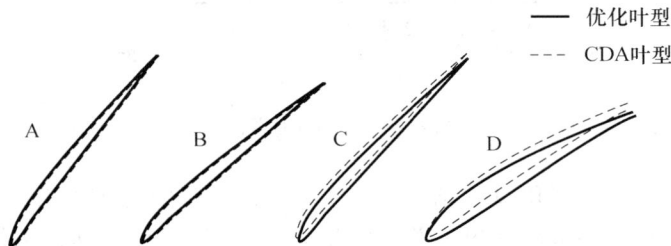

—— 优化叶型
--- CDA叶型

图1.8　优化叶型与控制扩散叶型比较

9

较,编号从 A 到 D 对应的叶栅进口马赫数由大到小(范围为 0.715~0.438)。由图 1.8 可知,对于高亚声速流,采用控制扩散方法设计叶型与自动优化方法差别较小,但随着马赫数减小,两种方法设计叶型差别变大。同时,由图 1.9 可以看出,对于 4 种叶型,采用自动优化设计方法得到的叶型低损失攻角范围明显增大,并且叶栅进口马赫数越低,增大幅度越大。因此说明,与采用控制扩散方法叶型设计相比,采用自动优化方法设计的叶型气动性能更优越,并且叶栅进口速度越低两种设计方法结果差别越大(换句话说,叶栅进口速度较低时,不适合采用控制扩散方法设计叶型)。

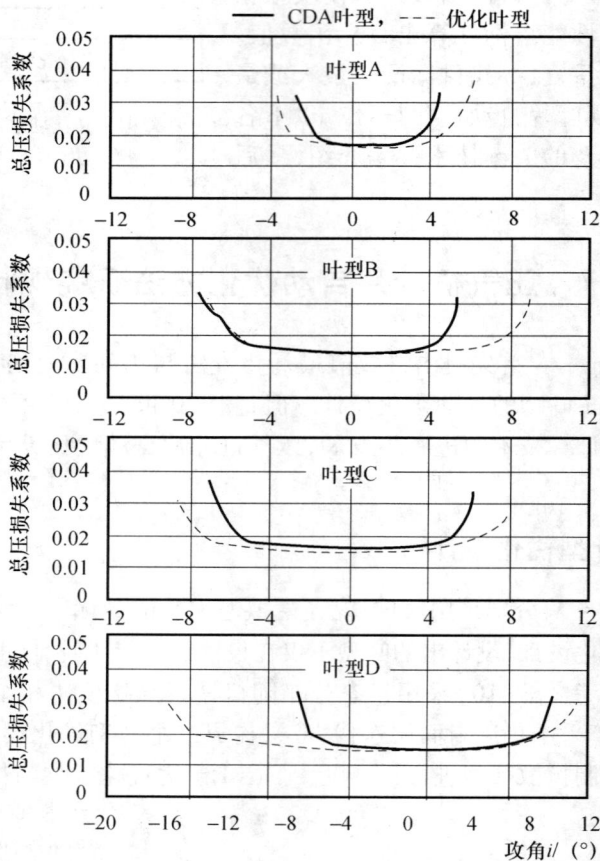

图 1.9 总压损失系数

为了进一步验证优化设计结果,在德国航空宇航中心跨声叶栅试验风洞上对上述 4 种优化叶型进行吹风试验。结果表明,计算与试验吻合很好,优化叶型达到了设计目标。在此给出叶型 A 的计算与试验结果比较,如图 1.10 和图 1.11 所示。

10

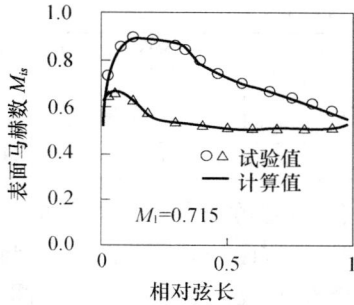

图 1.10　叶型 A 表面马赫数

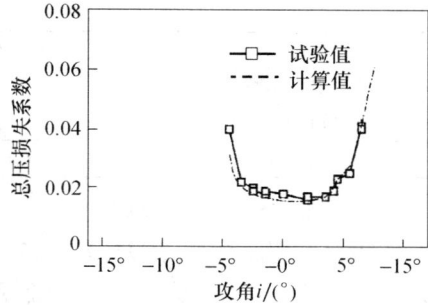

图 1.11　计算和试验总压损失系数比较

1.7.2　离心压气机工作轮优化设计

对于离心压气机工作轮,叶片往往采用便于整体加工的直纹面形成,同时叶片又近于等厚度,只要给出叶根和叶尖吸力面或压力面或中弧线坐标,三维叶片形状即确定。因此,与轴流压气机三维叶片比较,设计参数少得多。参考文献[11]采用叶根和叶尖速度环量分布作为设计参数,通过反问题计算给出叶型,以设计点效率为目标,进行离心压气机叶片优化设计。由于速度环量对应于轮缘功,因而采用速度环量作为设计参数易于实现保持加功量不变。

1.7.3　轴流压气机三维叶片积叠线优化设计

对于轴流压气机和涡轮,三维叶片径向积叠线对转静子流动有明显影响。表 1.3 为在不改变组成叶片的叶型前提下对转静子叶片径向积叠线进行优化设计结果。由此表可以看出,采用优化方法对积叠线进行重新设计可有效提高原设计的气动性能。

表 1.3　叶片径向积叠线优化

研究对象	多级涡轮末级	NASA rotor 37	四级压气机第一级
优化方法	单纯形法[12]	梯度法[13]	梯度法[14]
积叠线变化方法	静子叶片积叠线切向倾斜和前后掠	转子叶片积叠线切向倾斜	静子叶片积叠线切向倾斜
优化目标	设计载荷下级效率最高	在 98% 堵塞流量下,效率最高	设计流量下,级效率最高
优化结果	切向倾斜叶片级效率提高 0.8%;前后掠叶片级效率提高 1.5%	转子效率提高约 0.8%	静子出口总压损失系数由 0.050 下降为 0.046,级效率提高 1.3%

1.7.4　压气机/风扇三维叶片优化设计

参考文献[15,16]采用并行遗传算法,将轴流风扇叶片型面和积叠线同时作为设计参数实现三维叶片的优化设计,优化叶轮比原始叶轮设计点效率提高都达到约 2.0% 。表 1.4 列出两篇论文的主要技术数据。

表 1.4　三维叶片优化设计

原始叶轮	NASA rotor 67[15]	NASA rotor 37[16]
设计参数个数	66	23
服务器 CPU 个数	64	4
计算总耗时	1515h(2 个月)	2000h(约 3 个月)

参考文献[15]和参考文献[16]设计参数个数差别主要在于：参考文献[15]径向取 4 个型面，每个型面由 13 个设计参数确定；参考文献[16]取径向 3 个型面，每个型面由 8 个设计参数确定。由于是三维设计，流场计算耗时长，并且设计参数多，寻优空间大，寻优迭代次数多，优化时间长。此外，参考文献[15]优化所取得的成效(效率提高程度)与参考文献[16]相当，说明设计参数过多对应的设计空间太大，难以寻找到全局最优。

图 1.12 为 67% 叶高处马赫数等值线比较[15]，由图可以看出，优化叶轮的激波强度相对较弱；图 1.13 为整个工作流量范围内效率比较[15]，由图可以看出，效率提高约 2.0%，同时堵点流量略小于原工作轮(即喘振裕度增加)。

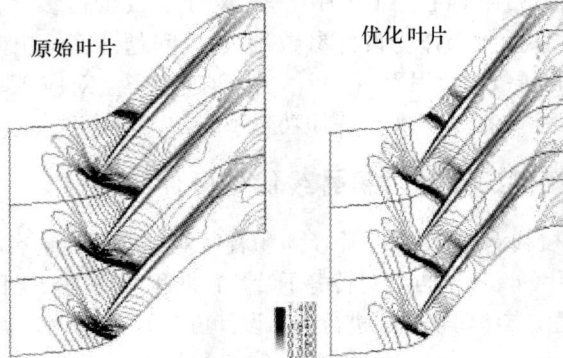

原始叶片　　　　　　　　　　优化叶片

图 1.12　S1 流面马赫数等值线

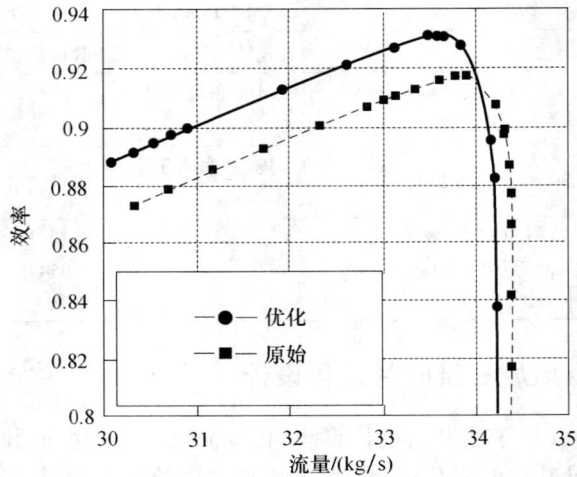

图 1.13　流量与效率关系曲线

12

第 2 章　数值最优化方法

　　根据优化过程目标函数计算是否与设计参数梯度有关(设计参数灵敏度),可将数值最优化方法分成直接法(如遗传算法、模拟退火方法、单纯形法)和基于梯度的方法(如共轭梯度法、最速下降法)。遗传算法具有全局寻优能力,但优化过程中需要较多个体,对应于较多次流场数值计算,因此优化时间较长(如三维叶片优化设计中目标函数计算需要进行三维流场计算)。基于梯度的优化方法优化过程耗时较少,但是对多局部极值的寻优问题,有可能陷入局部最优。单纯形法具有一定的全局寻优能力,同时寻优过程中流场计算次数也少于遗传算法,其特点介于遗传算法和基于梯度方法之间。

　　对于压气机/风扇叶片气动优化设计,由于气体流动控制方程为多个非线性方程组成的方程组,并且设计参数多、寻优空间大,因而,优化设计是多局部极值的寻优过程。作者在叶片优化设计软件研制中采用遗传算法,并利用遗传算法本身具有的并行特征,实现多台计算机组成局域网或多 CPU 并行优化以有效缩短优化时间。

　　本章将着重介绍遗传算法及其并行的基本思想,同时还介绍具有代表性的另外两种数值最优化方法(单纯形法、最速下降法),以使读者对这些数值最优化方法有所了解,有利于优化方法的选择和对现有优化软件的选用。如果要自己编制优化软件,还需要参阅数值最优化方法专著和论文,进一步深入理解和充分掌握所要应用的方法。

2.1　单　纯　形　法

　　单纯形是指一个 N 维空间(即 N 个设计参数构成的寻优空间)封闭的几何图形。它以直线为边,这些边相交于 $N+1$ 个顶点,也就是说,单纯形是不处于同一超平面上的 $N+1$ 个点组成的凸多面体。例如,在一维空间中的单纯形是一段直线,二维空间为三角形,三维空间则是四面体,四维空间则为 5 个顶点构成的六面体等。

　　单纯形法优化基本思想是通过求单纯形各顶点上的目标函数,然后加以比较,去掉最坏顶点(在最小化问题中就是目标函数最大的点),并生成新点代替,构成新的单纯形,通过这种方法逼近极小点。

　　单纯形法寻优方法具体操作可以归纳为两个步骤:第一步是对每个顶点的计

算;第二步是反射,通过反射求得新的顶点,从而产生新的单纯形。为了形象起见,以两个设计参数的二维设计空间为例说明以上两个步骤。

如图 2.1 所示,在二维空间上,不在同一直线上的 3 个点 x_1,x_2,x_3 构成一个单纯形——三角形;算出各顶点的函数值 $f(x_1)$,$f(x_2)$,$f(x_3)$,假设有

$$f(x_1) > f(x_2) > f(x_3) \tag{2.1}$$

那么,x_1 点最差,x_3 点最优。

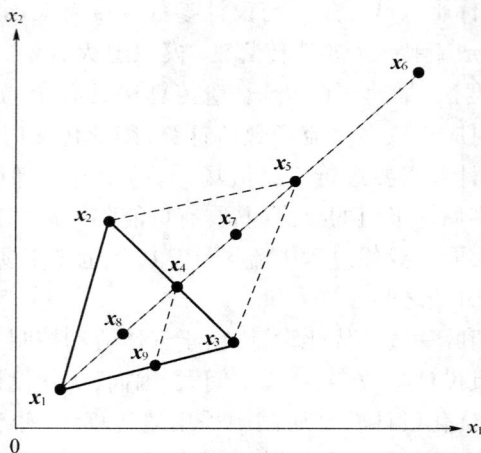

图 2.1　二维空间单纯形法

为了寻找极小点,向最差点的反对称方向去搜索,即反射方向和新顶点的选择都依赖于单纯形的最坏点 x_1 位置。也就是说,在 x_2,x_3 的中点 x_4 与 x_1 的连线的延长线上取点,设该点为 x_5,使得

$$x_5 = x_4 + (x_4 - x_1) = 2x_4 - x_1 \tag{2.2}$$

x_5 称为 x_1 关于 x_4 的反射点,即新点。除反射过程外,还可以进一步对单纯形的边长进行伸缩处理。算出 x_5 点函数值 $f(x_5)$,有以下几种情形。

(1) $f(x_5) < f(x_3)$,其中 x_3 为最优点。说明搜索方向正确,继续沿 $x_1 x_5$ 方向扩展,得到 x_6,使得

$$x_6 = x_4 + \alpha(x_4 - x_1) \tag{2.3}$$

式中:α 为扩展因子,一般取 $\alpha = 1.2 \sim 2.0$。计算出 x_6 点函数值 $f(x_6)$,有以下两种情况:$f(x_6) < f(x_5)$,扩展有利,以 x_6 代替 x_5 构成新单纯形 (x_2,x_3,x_6);$f(x_6) > f(x_5)$,扩展不利,仍以 x_5 代替 x_1 构成新单纯形 (x_2,x_3,x_5)。

(2) $f(x_3) < f(x_5) < f(x_2)$。说明 x_5 扩展得合适,以 x_5 代替 x_1 构成新单纯形 (x_2,x_3,x_5)。

(3) $f(x_2) < f(x_5) < f(x_1)$。说明 x_5 扩展得远,需要压缩,得到压缩点 x_7,使得

$$x_7 = x_4 + \beta(x_5 - x_4) \tag{2.4}$$

式中:β 为压缩因子,一般取 $0 < \beta < 1$。计算出 x_7 点函数值 $f(x_7)$,有以下两种情

14

况:$f(\boldsymbol{x}_7) < f(\boldsymbol{x}_5)$,压缩有利,以 $\boldsymbol{x}_7$ 代替 $\boldsymbol{x}_5$ 构成新单纯形($\boldsymbol{x}_2$,$\boldsymbol{x}_3$,$\boldsymbol{x}_7$);$f(\boldsymbol{x}_7) > f(\boldsymbol{x}_5)$,压缩不利,仍以 $\boldsymbol{x}_5$ 代替 $\boldsymbol{x}_1$ 构成新单纯形($\boldsymbol{x}_2$,$\boldsymbol{x}_3$,$\boldsymbol{x}_5$)。

（4）$f(\boldsymbol{x}_5) > f(\boldsymbol{x}_1)$。说明 x_5 扩展得太远,需要压缩更多一些,即将新点压缩到 $\boldsymbol{x}_1$ 与 $\boldsymbol{x}_4$ 之间,得到压缩点 $\boldsymbol{x}_8$,使得

$$\boldsymbol{x}_8 = \boldsymbol{x}_4 - \beta(\boldsymbol{x}_4 - \boldsymbol{x}_1) = \boldsymbol{x}_4 + \beta(\boldsymbol{x}_1 - \boldsymbol{x}_4) \tag{2.5}$$

式中:β 为压缩因子,仍取 $0 < \beta < 1$。计算出 $\boldsymbol{x}_8$ 点函数值 $f(\boldsymbol{x}_8)$,有以下两种情况:$f(\boldsymbol{x}_8) < f(\boldsymbol{x}_1)$,压缩有利,以 $\boldsymbol{x}_8$ 代替 $\boldsymbol{x}_1$ 构成新单纯形($\boldsymbol{x}_2$,$\boldsymbol{x}_3$,$\boldsymbol{x}_8$);$f(\boldsymbol{x}_8) > f(\boldsymbol{x}_1)$,压缩不利,全部点向最好点移动 1/2 距离,即

$$\begin{cases} x_1^1 = \dfrac{1}{2}(x_1^1 + x_3^1), x_1^2 = \dfrac{1}{2}(x_1^2 + x_3^2) \\ x_2^1 = \dfrac{1}{2}(x_2^1 + x_3^1), x_2^2 = \dfrac{1}{2}(x_2^2 + x_3^2) \end{cases} \tag{2.6}$$

构成新单纯形($\boldsymbol{x}_1$,$\boldsymbol{x}_2$,$\boldsymbol{x}_3$),如图 2.1 所示的单纯形($\boldsymbol{x}_9$,$\boldsymbol{x}_4$,$\boldsymbol{x}_3$),其中,$\boldsymbol{x}_9$、$\boldsymbol{x}_4$ 分别为 $\boldsymbol{x}_1\boldsymbol{x}_3$ 和 $\boldsymbol{x}_2\boldsymbol{x}_3$ 的中点。

以上即为完整的单纯形迭代过程,以上过程可用图 2.2 所示流程图表示。每次迭代得到新的单纯形后,应进行收敛性检验,如满足收敛条件,则迭代停止。常用收敛判别准则有

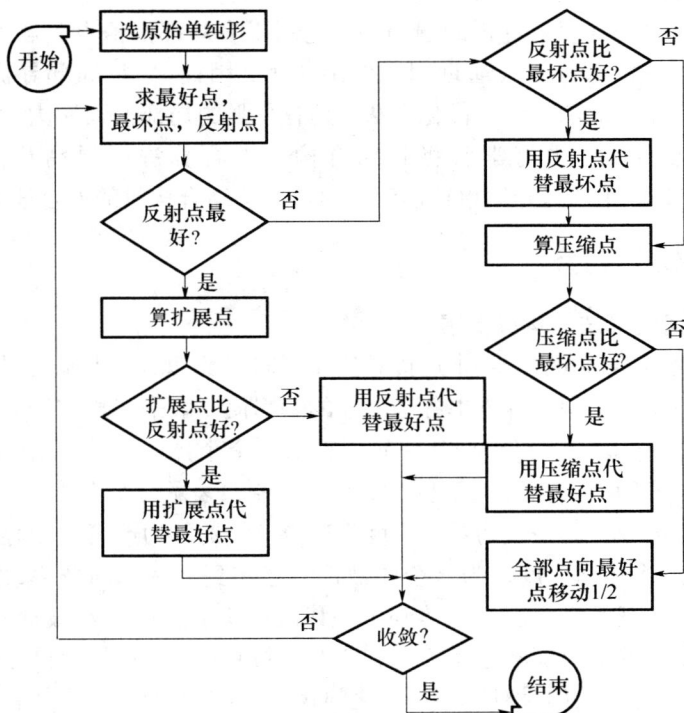

图 2.2　单纯形法流程图

15

$$\sum_{i=1}^{N+1} (f(\boldsymbol{x}_i) - f(\boldsymbol{x}_L))^2 \leqslant \varepsilon_1 \qquad (2.7)$$

或

$$\left| \frac{f(\boldsymbol{x}_H) - f(\boldsymbol{x}_L)}{f(\boldsymbol{x}_L)} \right| \leqslant \varepsilon_2 \qquad (2.8)$$

式中:N 为设计参数个数,相应的 $N+1$ 则为单纯形顶点个数;$\boldsymbol{x}_H$ 为最差点;$\boldsymbol{x}_L$ 为最好点。

2.2 遗传算法及并行运行

自然界中的生物能够以优胜劣汰、适者生存的自然进化规则生存和繁衍,并逐步产生出对其生存环境适应性更强的优良物种,使种群不断进化。遗传算法正是借鉴生物的自然选择和遗传进化机制而创立的一种全局优化算法。

遗传算法使用群体搜索技术,通过对当前群体施加选择、交叉、变异等一系列遗传操作,产生新一代群体,并逐步使群体进化到包含或接近最优解的状态。该方法因为具有思想简单、易于实现、应用效果明显并且可实现并行运行等优点而在众多工程应用领域得到广泛应用。

遗传算法由于其搜索过程的遍历性,适用于多局部极值点问题的全局寻优。但由于其以概率按随机方式逼近问题的最优解,因而,导致局部寻优能力较差。单纯形法是应用较成功的经典优化方法,具有很强的局部搜索能力。由于这两种优化方法的互补性,也有学者将其结合构成混合算法以提高算法的运行效果[17,18],本书2.2.4节将介绍单纯形法与遗传算法结合构成的混合遗传算法。

2.2.1 基本遗传算法

1. 基本遗传算法的构成要素

(1)染色体编码方法。基本遗传算法使用固定长度的二进制编码符号串来表示群体中的各个体。初始群体中各个个体的基因值一般采用均匀分布的随机数来生成。例如,$x_1 = 1010010011011011$,就可表示一个个体(一个设计参数组合),该个体染色体长度为 16,实质上就是用 16 个二进制数表示一个个体。

(2)适应度评价。在生物界适应度为适应环境的能力或者说生存能力。在基本遗传算法中,个体适应度作为该个体被选中遗传到下一代的概率,也就是说,适应度越大的个体越易于被选中遗传到下一代。由于适应度表示被选中的概率,因此要求所有个体的适应度不小于零。在工程实际中,优化问题的目标函数有可能为正,也有可能为负。如果对于某一优化问题,可能出现的所有个体目标函数值都为正,则可直接采用目标函数值作为个体适应度;如果有可能出现负值,则需要确定由目标函数到个体适应度之间的转换关系。

16

（3）遗传算子。基本遗传算法使用下述 3 种遗传算子：选择运算使用比例选择算子；交叉运算使用单点交叉算子；变异运算使用基本位变异或均匀变异算子。通过下面的基本遗传算法实现过程可清楚理解上述 3 个算子的具体含义。

（4）基本遗传算法的运行参数。群体大小，即群体中所含个体的数量。群体个体数选取主要考虑寻优空间大小；寻优空间越大，群体个体数应越多，这样才能保证优化迭代过程中搜索遍历性，提高全局寻优的概率。寻优空间大小由设计参数个数和其变化范围确定。如果群体个体数取得太少会造成优化过程早熟，得不到好的寻优结果，相当于生物界一个群体个体过少，不利于物种进化有可能造成该物种的消亡。遗传运算的终止进化代数：优化迭代的循环次数。可以人为给定，也可通过个体适应度随迭代次数变化情况判断确定，例如：有较多迭代次数目标函数不再变化即可中断优化、取出最优个体。交叉概率：一般取 0.4 ~ 0.99。变异概率：一般取 0.0001 ~ 0.1，变异运算产生异于父辈的个体可扩大优化搜索空间，提高全局寻优能力；此值过大会影响搜索效率。

2. 基本遗传算法的实现

（1）个体适应度计算。在遗传算法中，以个体适应度大小来确定该个体被遗传到下一代的概率。个体适应度越大，该个体被遗传到下一代的可能性越大；反之，个体适应度越小，该个体被遗传到下一代的可能性就越小。

当优化目标是求函数极大值，并且目标函数总取正值时，可以直接设定个体适应度 $F(\boldsymbol{x})$ 等于目标函数值 $f(\boldsymbol{x})$，即

$$F(\boldsymbol{x}) = f(\boldsymbol{x}) \tag{2.9}$$

式中：$\boldsymbol{x} = [x_1, x_2, \cdots, x_n]^{\mathrm{T}}$ 为设计参数 $(x_1, x_2, \cdots, x_n)$ 合集。设计参数的一种组合即代表一个个体。

对于求目标函数极小值的问题，可通过下式转换成求极大值的问题，即

$$F(\boldsymbol{x}) = C_{\max} - f(\boldsymbol{x}) \tag{2.10}$$

式中：$C_{\max}$ 为目标函数 $f(\boldsymbol{x})$ 中可能出现的最大值，以保证适应度非负。变适应度计算可改进遗传算法寻优效果。其基本思想是：考虑在进化的后期群体中个体差异变小，通过改变适应度计算方法，增加适应度差异，提高优良个体遗传概率。

（2）比例选择。所谓比例选择就是个体被选中并遗传到下一代群体中的概率与该个体适应度大小成正比，因为这种选择方式与赌博中的赌盘操作原理相似，所以又称为赌盘选择。

比例选择算子的具体执行过程是：先计算出群体中所有个体的适应度之和；再计算每个个体的相对适应度大小，即为各个个体被遗传到下一代的概率；最后再使用模拟赌盘操作(0 ~ 1 的随机数)来确定各个个体是否被选中。

（3）单点交叉运算。单点交叉是最常用和最基本的交叉操作算子，具体操作过程如下。

① 首先对群体中被选中的个体进行两两随机配对。

② 然后对每一对相互配对的个体,随机设置某一基因座之后的位置为交叉点。若染色体长度为 n,则有 $n-1$ 个交叉点位置。

③ 对每一对相互配对的个体,依设定的交叉概率 p_c 在其交叉点处相互交换两个个体的染色体,从而产生两个新个体。单点交叉示意如下:

$$A:10010011 \mid 00 \qquad A':10010011 \mid 11$$
$$B:01011100 \mid 11 \qquad B':01011100 \mid 00$$

$$\text{交叉点} \qquad\qquad \text{交叉点}$$

这样由 A 和 B 两个互相配对的个体通过交叉运算生成下一代两个新个体 A' 和 B'。

(4)变异算子。对于基本遗传算法中用二进制编码符号串所表示的个体,对某一基因座上的基因进行变异操作,若原有基因值为 0,则变异操作将该基因值变为 1;反之,若原有基因值为 1,则变异操作将该基因值变为 0。这种变异称为基本位变异,它是最简单和最基本的变异操作算子。基本位基因变异具体执行过程如下。

① 对个体的每一个基因座,依变异概率 p_m 指定其为变异点。

② 对每一个指定的变异点,对其基因值取反运算,从而产生一个新的个体。

基本位变异可示意如下:

$$A:1001\ \boxed{0}\ 01100 \qquad A':1001\ \boxed{1}\ 01100$$

$$\text{变异点} \qquad\qquad \text{变异点}$$

这样由个体 A 通过变异运算生成下一代新个体 A'。

3. 基本遗传算法的应用实例

以求解六峰值驼背函数的全局极小值为例,介绍基本遗传算法运行过程。六峰值驼背函数的全局极小值模型表达式为

$$\begin{cases} \min f(x_1,x_2) \\ f(x_1,x_2) = (4 - 2.1x_1^2 + x_1^4/3)x_1^2 + x_1x_2 + (-4 + 4x_2^2)x_2^2 \\ -3 \leqslant x_1 \leqslant 3, \ -2 \leqslant x_2 \leqslant 2 \end{cases} \qquad (2.11)$$

该函数共有 6 个局部极小点,其中两点 $(-0.0898, 0.7126)$ 和 $(0.0898, -0.7126)$ 为全局最小点,最小值为 1.031628。

第一步:确定设计参数和约束条件。式(2.11)给出了设计参数 (x_1, x_2) 及其变化范围(约束条件)。

第二步:建立优化模型。式(2.11)给出了优化模型,即给出设计参数与目标函数之间关系。对于工程实际问题,一般情况下,都不能给出设计参数与目标函数关系的显式表达式。例如,对于叶片气动优化问题,必须根据设计参数确定的叶片具体形状,再通过流场计算算出对应的性能指标,最后计算出目标函数值。

第三步:确定编码方式。用长度为 10 的二进制编码串来分别表示两个设计参数 (x_1, x_2)。10 位二进制编码串可以表示从 0 到 1023 的 1024 个整数。故将 (x_1, x_2) 的定义域离散化为 1024(包括两个端点)个均等区域离散点。例如:对于变量

x_1 从离散点 -3 到离散点 3,依次让它们分别对应于 $0000000000(0)$ 到 1111111111 (1023) 的二进制编码。再将分别表示 (x_1,x_2) 的二个二进制编码串连在一起,组成一个 20 位长的二进制编码串,它就构成了这个函数优化问题的染色体编码方法。使用这种编码方法,解空间和遗传算法的搜索空间具有一一对应的关系。例如:

$$x:0000110111 \quad 11011110001$$

就表示一个个体,其中前 10 位表示 x_1,后 10 位表示 x_2。

第四步:确定解码方法。解码时需要将 20 位长的二进制编码切断成两个 10 位长的二进制编码串,然后分别将它们转换成对应的十进制整数代码,分别记为 y_1、y_2。依据前述个体编码方法和对应定义域的离散化方法可知,将代码 $y_i(i=1,2)$ 转变为变量 $x_i(i=1,2)$ 的解码公式为

$$x_1 = 6\frac{y_1}{1023} - 3 \tag{2.12}$$

$$x_2 = 4\frac{y_2}{1023} - 2 \tag{2.13}$$

第五步:确定个体评价方法。六峰值驼背函数最小值 -1.031628,而个体适应度要求为非负。可将目标函数值加上一个大于 1.031628 的常数后,作为个体适应度,即

$$F(X) = f(x,y) + 2 \tag{2.14}$$

第六步:设计遗传算子。选择运算选用比例选择算子;交叉运算使用单点交叉算子;变异运算使用基本位变异算子。

第七步:确定遗传算法的运行参数。群体大小: $M=40$;终止代数: $T=300$;交叉概率: $p_c=0.8$;变异概率: $p_m=0.01$。

上述 7 步构成了六峰值驼背函数优化的基本遗传算法。图 2.3 表示群体中最优个体随进化代数的变化。

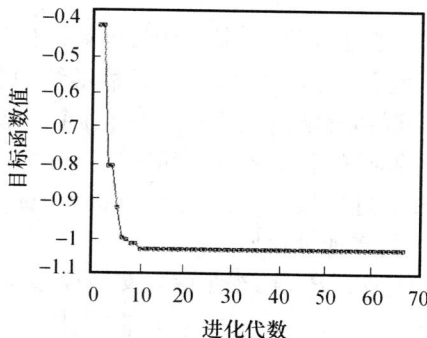

图 2.3　最优个体进化过程

2.2.2　基本遗传算的改进

在遗传算法寻优中,通常要采用最优保存策略,即将每一代中最优个体直接遗传到下一代,以提高寻优效率。而采用小生境技术和伪并行技术可避免早熟,提高

全局最优解的搜索能力。小生境方法的主要思想:首先两两比较群体中各个个体之间的距离,若这个距离在预先指定的距离 L 内,再比较两者之间的适应度的大小,并对其中适应度较低的个体施加一个较强的罚函数、降低其适应度。这样,对于在预先指定的某一距离 L 内的两个个体,其中较差的个体经处理后其适应度更小,在后面的进化过程中被淘汰的概率增大。即在距离 L 内将只存在一个优良的个体,从而既维护了群体的多元性,又使得各个个体之间保持了一定的距离,并使得个体能够在整个约束空间中分散开来。遗传算法中小生境技术具体可描述如下。

第一步:随机生成 M 个初始个体组成初始种群 $P(t)$,其中 t 为当前进化代数,求出每个个体的适应度 $F_i(i=1,2,\cdots,M)$,按照各个体的适应度进行降序排序,记录前面 N 个个体,$N<M$。

第二步:对群体 $P(t)$ 进行遗传操作得到新的 M 个个体集合 $P'(t)$。

第三步:将 M 个个体集合 $P'(t)$ 和前面记录的 N 个个体合并,得到一个 $M+N$ 个个体的新群体,对这 $M+N$ 个个体,按照下式求出每两个个体 X_i 和 X_j 之间的海明距离,即

$$\| X_i - X_j \| = \sqrt{\sum_{k=1}^{M}(x_{ik}-x_{jk})^2} \quad \left(\begin{array}{l} i=1,2,\cdots,M+N-1 \\ j=i+1,\cdots,M+N \end{array}\right) \quad (2.15)$$

当 $\| X_i - X_j \| < L$ 时,比较个体 X_i 和 X_j 的适应度大小,并对其中适应度小的个体处以罚函数,即

$$F_{\min(X_i,X_j)} = C_{\text{penalty}} \quad (2.16)$$

式中:C_{penalty} 足够小。

第四步:依据第三步中计算的 $M+N$ 个个体新的适应度对各个个体降序排序,记录前面 N 个个体。

第五步:如果满足终止条件,算法结束;否则,更新进化代数 $t=t+1$,将第四步中排序的前 M 个个体作为新一代群体的 $P(t)$,然后继续到第一步。

伪并行技术是将整个群体分解成几个子群体,各个子群体在不同的进程里分别进行遗传操作,在适当的时候,各个进程之间交换部分个体。由于这些子群体并没有在不同的处理机上独立进化,仍是在单个处理机上串行执行,故称为伪并行遗传算法。伪并行遗传算法的实现过程如下。

第一步:随机产生初始种群 $P(t)$,按照信息交换模型将 $P(t)$ 划分为若干个子群体:$P(t) = \{P_1(t),P_2(t),\cdots,P_i(t),\cdots,P_n(t)\}$,其中 n 为分组数。

第二步:分组计算各群体 $P_i(t)(i=1,2,\cdots,n)$ 中个体的适应度。对各 $P_i(t)$ $(i=1,2,\cdots,n)$ 进行分组独立进化,对 $P_i(t)$ 进行遗传操作得到 $P'(t)$。

第三步:分组计算各个 $P'(t)(i=1,2,\cdots,n)$ 中个体的适应度 $F_i(i=1,2,\cdots,M)$。对 $P_i(t)(i=1,2,\cdots,n)$ 进行部分个体交换,得到下一代群体:$P_i(t+1) = \text{exchange}[P(t),P'_i(t)]$。

第四步:看是否满足终止条件,满足终止;否则,转到第二步。

优化迭代过程中,所有个体平均海明距离的变化可以衡量小生境和伪并行技术的好坏,平均海明距离越大,种群越多样。设群体平均海明距离为 L,定义函数 $F = \exp(-L)$。迭代过程中,L 越来越小,F 越来越大。

下面以 Michalewicz 函数求极小值为例,比较采用基本遗传算法(SGA)与采用小生境技术和仿并行技术改进后的遗传算法(AGA)全局最优解搜索能力。Michalewicz 函数是多模式测试函数,具有全局最小值 -9.66,最小值处在一狭窄的区域内,搜索非常困难。具体表达式为

$$\min f(x) = -\sum_{i=1}^{10} (\sin x_i \cdot (\sin(i \cdot x_i \cdot x_i / \pi))^{20}), \quad -\pi \le x_i \le \pi \quad (2.17)$$

该算例取总个体数 100,总世代数 100,初始交叉算子 0.8,初始变异算子 0.01。表 2.1 给出 10 次计算结果及平均值和偏差值,从表中看出,SGA 与 AGA 的计算结果收敛速度偏差不大,因为 SGA 的自适应算子方法已经是比较好的算法,从平均值和平均偏差看,AGA 计算结果更接近目标值。图 2.4 给出两种算法各 3 次代表性迭代过程,由图可以看出,AGA 收敛更快,且其最后收敛值要比 SGA 最后收敛值更接近目标值。综合可得,AGA 的总体优化效果要好于 SGA。

表 2.1 SGA 和 AGA 测试 Michalewicz 函数结果

次数	1	2	3	4	5	6
SGA	−9.11	−9.47	−8.79	−9.13	−9.20	−9.27
AGA	−9.37	−9.22	−9.51	−9.38	−9.36	−9.33
次数	7	8	9	10	平均值	与目标平均偏差
SGA	−8.67	−9.32	−9.39	−9.51	−9.186	0.474
AGA	−9.49	−9.18	−9.55	−9.20	−9.359	0.301

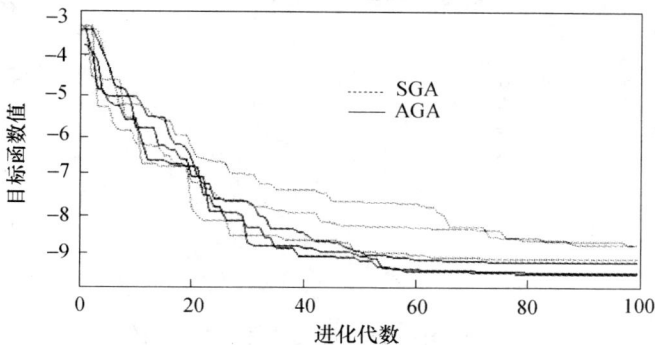

图 2.4 Michalewicz 函数迭代过程

再以求 De Jong F2 函数极小值为例比较 SGA 和 AGA 两种遗传算法进化过程中群体个体分布情况。该函数为二维单峰值,有全局极小值 $f(1,1)=0$,此函数虽然是单峰值问题,但它是病态的,在函数曲面上沿着曲线 $x_2=x_1^2$ 有一条较为狭窄的山谷,难以全局寻优,即

$$\min f(x_1, x_2) = 100(x_1 - x_2)^2 + (1 - x_1)^2, \ -2.048 \leqslant x_1, x_2 \leqslant 2.048$$

(2.18)

利用 De Jong F2 函数进行 SGA 和 AGA 算法的测试比较。运行参数均为:种群个体数 100,总世代数 100,初始交叉算子 0.8,初始变异算子 0.01。图 2.5、图 2.6 给出求取 De Jong F2 函数极小值过程中,SGA 和 AGA 记录的初始种群、第 5 代、第 10 代和第 30 代群体中个体分布,图中以实心圆圈标出目标极值点。由图可知,初始群体中个体分布非常分散,基本覆盖了整个设计区间;随着进化过程进行,群体中适应度较低的个体逐渐被淘汰,而适应度高的个体被保留,体现为个体逐渐集中到最优点附近;AGA 的进化过程明显优于 SGA。

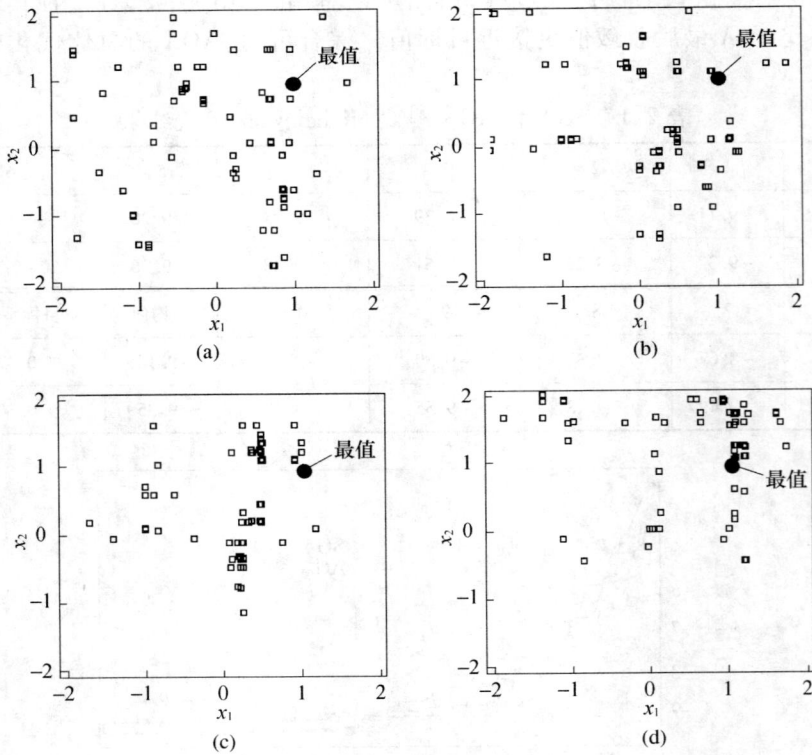

图 2.5 SGA 遗传迭代过程个体分布图
(a) 初始种群;(b) 第 5 代;(c) 第 10 代;(d) 第 30 代。

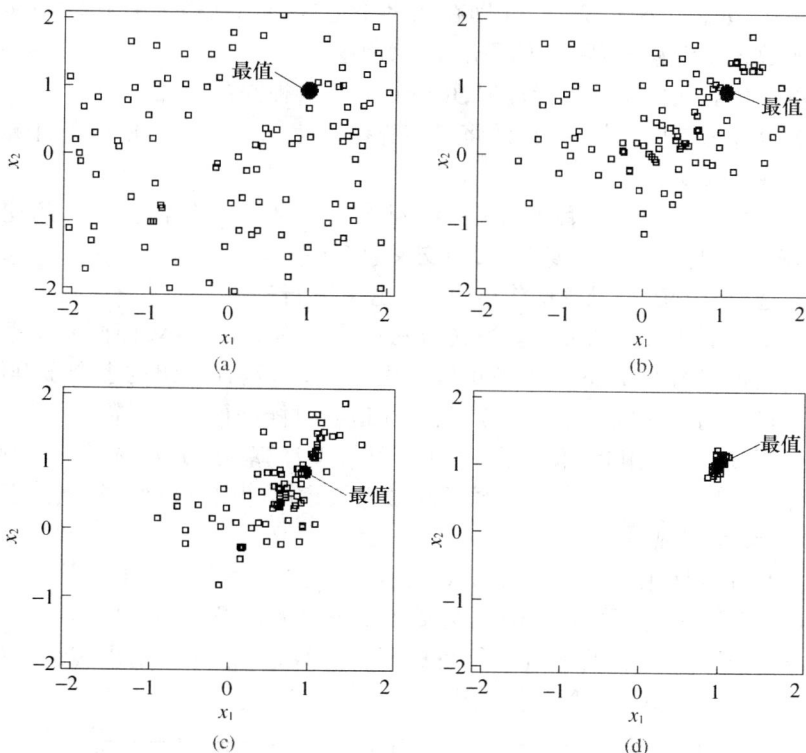

图 2.6 AGA 遗传迭代过程个体分布图

（a）初始种群；（b）第 5 代；（c）第 10 代；（d）第 30 代。

2.2.3 遗传算法的并行运行

遗传算法优化具有全局寻优能力,但实际优化中寻优效果很大程度取决于每一代群体中的个体数与寻优空间大小(由设计参数个数和其变化范围确定)之间的关系;或者说,为了提高寻求全局最优解可能性,需要在搜索空间中分布足够多个体,以保证搜索过程的遍历性。因此,设计参数越多、设计参数取值范围越大,群体个体数也应越多。压气机/风扇二维叶型和三维叶片的准确表达需要较多设计参数,因此,该类优化属多设计参数大寻优空间的优化问题,在采用遗传算法优化时群体个体数要较多。对于三维叶片优化,每一个个体表示一台压气机/风扇,为得到其气动性能指标,即需要进行三维流场计算。因此,三维叶片优化过程需要大量的三维流场计算,耗时较长,如参考文献[11,12]应用遗传算法、采用 64 个和 4个 CPU 并行对轴流风扇三维叶片优化,优化叶轮比原始叶轮设计点效率提高达到约 2.0%,但优化耗时却长达两三个月。因此,缩短三维叶片优化耗时才能使方法具有工程实用性。其主要途径是利用当前高速发展的计算机条件,建立大规模计算机集群,利用多 CPU 高效并行优化缩短优化时间;也可以在加速流场计算方面做一些工作,如减少网格节点数(即在粗网格上优化细网格上验算)、固体壁面应用壁面函数采用滑移边界、多重网格法技术等。

根据遗传算法优化的运行过程,可进行以下3种并行处理。

(1)个体适应度评价并行,即将遗传算法产生的一代个体适应度计算由若干台计算机或 CPU 承担。

(2)子代群体产生过程的并行。父代群体产生下一代群体进行的遗传运算中,选择操作只与个体适应度有关,而交叉、变异操作只与编码有关,这样,产生子代群体的选择、交叉、变异等操作可以相互独立并行进行。

(3)基于群体分组的并行。遗传算法的操作对象是群体,而同一个遗传算法可以同时处理多组群体,这些群体可以看成是一个大群体分组的多个子群体,将它们分别放在不同处理机上相互独立运行,在适当时候进行信息交换。

对于压气机/风扇叶片优化设计,由于适应度计算涉及到流场计算、耗时较长,采用个体适应度评价并行(第一种并行模式)效率高,并且这种并行模式逻辑关系简单,易于编程实现。

将参与并行优化的计算机或 CPU 分为一个主处理机和若干个从处理机。主处理机监控整个种群,并执行选择、交叉和变异等遗传操作,并将代表新一代群体的设计参数分配到各从处理机进行目标函数计算,再把计算结果传给主处理机。图 2.7 为并行遗传算法数据传输流程。

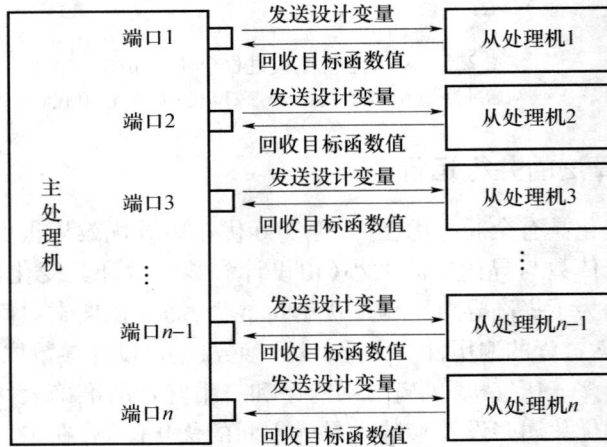

图 2.7 并行遗传算法数据传输流程

主处理机与从处理机之间的数据通信采用 TCP/IP 网络通信协议。TCP/IP 协议涉及到应用层(FTP、HTTP 等)、传输层(TCP、UDP)、网络层(IP)。TCP 层附有传输层消息,IP 层附有网络层消息。应用层协议必须告诉下层协议目的进程的地址,这通常以 IP 地址和端口号给出,其中 IP 地址唯一指定了目的计算机,端口号指明了进程。

套接字 Socket 是为了使用 TCP/IP 协议组的一组数据类型和功能,几乎是现在所有 Unix 系统和 Windows 平台的标准,一个套接字就是一个通信端口,当两个进程使用套接字通信时,它们各自首先生成一个套接字,并指明使用哪种传输协议 UDP 或 TCP;然后采用读/写它们相应的套接字来进行通信,而套接字程序负责执行真正的通信,套接字系统调用时序如图2.8所示。

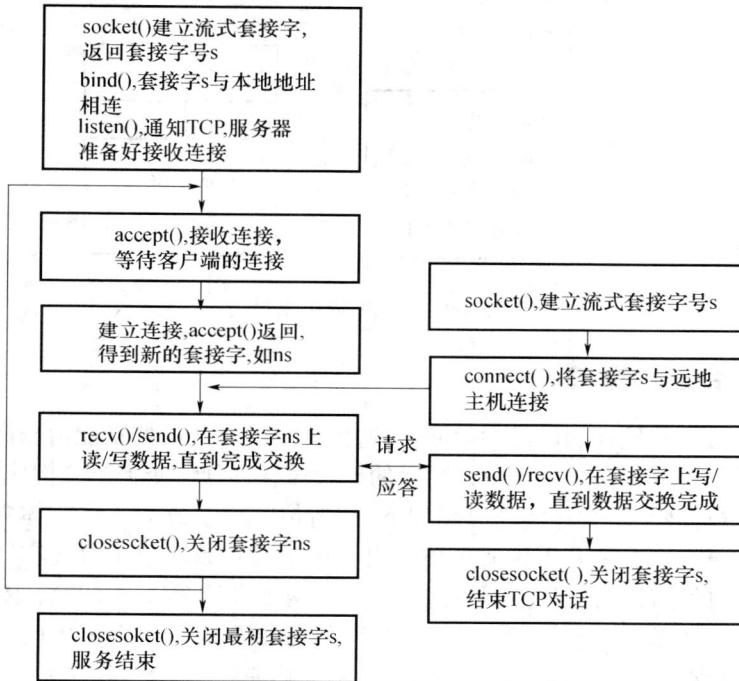

图 2.8　套接字系统调用时序图

遗传算法并行方案中的主从式并行模式决定了控制节点需要同时并行处理与多个计算节点的双向通信。主处理机产生新一代群体,并将个体分组分配到服务器后,它就开始等待各控制节点返回适应度(目标函数)信息。由于各计算节点的速度和分配计算量可能不相同,返回数据信息时间也不相同。主处理机回收了所有个体的适应度后才能进行下一步遗传操作,这时就有一个等待过程,称为同步。主处理机控制节点与多个服务器计算节点连接,在控制节点上开辟多个端口,每个端口对应一个计算节点,每一个对应关系采用一个线程来管理。对于多核 CPU,如果同一时间内仅有一个计算程序运行,那么,CPU 的使用率较低。为了提高多核 CPU 的利用率,必须改造单线程计算程序为多线程计算程序,让多个计算线程能并发执行。根据套接字的系统调用时序关系,控制节点和某个计算节点间通信流程可描述为图2.9。

25

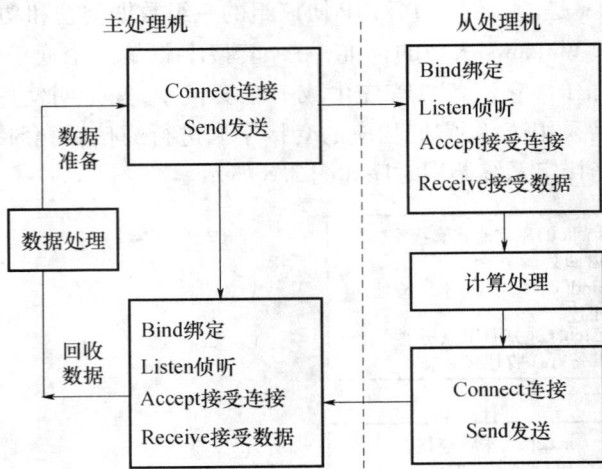

图 2.9 节点间通信流程

2.2.4 混合遗传算法

单纯形法具有较好的局部搜索能力,遗传算法具有全局搜索能力,并且两种优化方法都不需要目标函数关于设计变量的梯度信息,因此,便于组合构成混合遗传算法,提高寻优效果。具体实现思想如下:在遗传算法生成的一代个体中,根据单纯形顶点数量选取其中若干优质个体。由于设计变量数对应于寻优空间维数,因此,要求选取的个体数比设计变量数多一个,如两个设计变量需要选择取 3 个个体构成单纯形。由单纯形法产生数个个体,取代遗传算法生成个体中的劣质个体。单纯形法生成个体具有明确的方向性,生成的个体质量一定较高;遗传算法是以概率随机生成个体,生成的个体中一定有一些劣质个体。因此,用单纯形法生成的个体取代遗传算法生成个体中的部份劣质个体则可以提高群体的整体质量,最终提高寻优效果。

具体运行过程如下:遗传算法生成一代个体,进行个体的适应度排序;选取适应度最好的个体或与当代适应度最好个体空间距离最近的个体构成单纯形;由单纯形法在适应度上升方向上生成若干个体,取代遗传算法生成个体中劣质个体。单纯形法生成个体数过多会影响遗传算法寻优的全局性,太少对局部搜索能力提升不明显。本文下述几个算例中单纯形法生成个体数约占总个体数的 10%。

测试函数 1 选用在大空间内搜索单峰值函数的最小值,比较遗传算法与改进遗传算法的基本寻优能力。表达式为

$$f(x_1,x_2) = x_1^2 + x_2^2, \, -1000 \leqslant x_i \leqslant 1000, i = 1,2 \qquad (2.19)$$

该函数只有一个全局最小值 $f(0,0) = 0$。

测试函数 2 选用 Schaffer 函数 F7,即

26

$$f(x_1, x_2) = (x_1^2 + x_2^2)^{0.25}[\sin^2(50(x_1^2 + x_2^2)^{0.1}) + 1.0],$$
$$-100 \leqslant x_i \leqslant 100, i = 1,2 \tag{2.20}$$

该函数是一个多峰值函数,多局部极值问题搜索难度大,可用于检验改进遗传算法的局部寻优能力的强弱。函数图像如图 2.10 所示,有无数个局部极小值,只有一个全局最小值 $f(0,0) = 0$。为便于遗传算法与改进遗传算法比较,将 Schaffer 函数 F7 整体取负值后与 25 做求和运算,则测试函数 2 只有一个全局最大值 $f(0,0) = 25$。

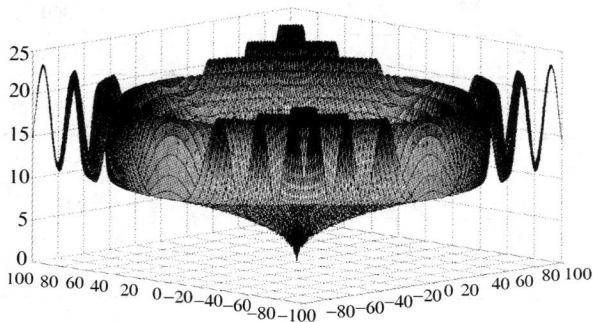

图 2.10　Schaffer 函数 F7 图像

测试函数中交叉概率为 0.8,变异概率为 0.05,优化 100 代,种群包含 20 个个体;选用一个单纯形,生成 3 个个体。将遗传算法简称 GA,混合遗传算法简称 IGA。IGA 中单纯形法分别用两种构造方法:最好个体组合,记为 IGA_1;与最好个体空间最近的个体组合,记为 IGA_2。

由于人为地将收敛标准定为与理论最小值的差值小于 0.1%,可能不能全面反应改进前后算法性能的差异,为此,引入另外两个指标:离散率和收敛均值。收敛均值用 $\bar{X}$ 表示,离散度用 ε 表示,即

$$\bar{X} = \frac{\sum_{i=1}^{n} X_i}{n} \tag{2.21}$$

$$\varepsilon = \sqrt{\frac{\sum_{i=1}^{n}(X_i - \bar{X})^2}{n-1}} \tag{2.22}$$

式中:X_i 为每次试验搜索到的最优值。

某一次试验的结果带有一定的随机性,式(2.21)收敛均值是多次试验的平均值则可以较准确地衡量一种算法的好坏。从式(2.22)可以看出,离散度可以反应算法的稳定性:离散度小,说明算法寻优得到的值比较集中,算法很稳定;离散度大,则说明优化结果随机性大。

表 2.2 和表 2.3 给出了测试函数的优化结果比较。可以看出,IGA - 1 与 IGA - 2 收敛概率、收敛均值、离散度 3 个指标均明显好于 GA。图 2.11 和图 2.12

表示对测试函数进行 20 次测试,取每次测试中搜索到最优值的平均值比较。从图 2.11 和图 2.12 可以看出,IGA – 1 与 IGA – 2 的收敛速度大大优于 GA;IGA – 1 与 IGA – 2 的优化效果差别不明显。

表 2.2　测试函数 1 优化结果

算法	全局收敛次数	全局收敛概率/%	收敛均值	离散度
GA	3	15	0.237	0.800
IGA – 1	15	75	0.0360	0.100
IGA – 2	17	85	0.00656	0.0229

表 2.3　测试函数 2 优化结果

算法	全局收敛次数	全局收敛概率/%	收敛均值	离散度
GA	1	5	24.627	0.440
IGA – 1	11	55	24.904	0.184
IGA – 2	13	65	24.891	0.302

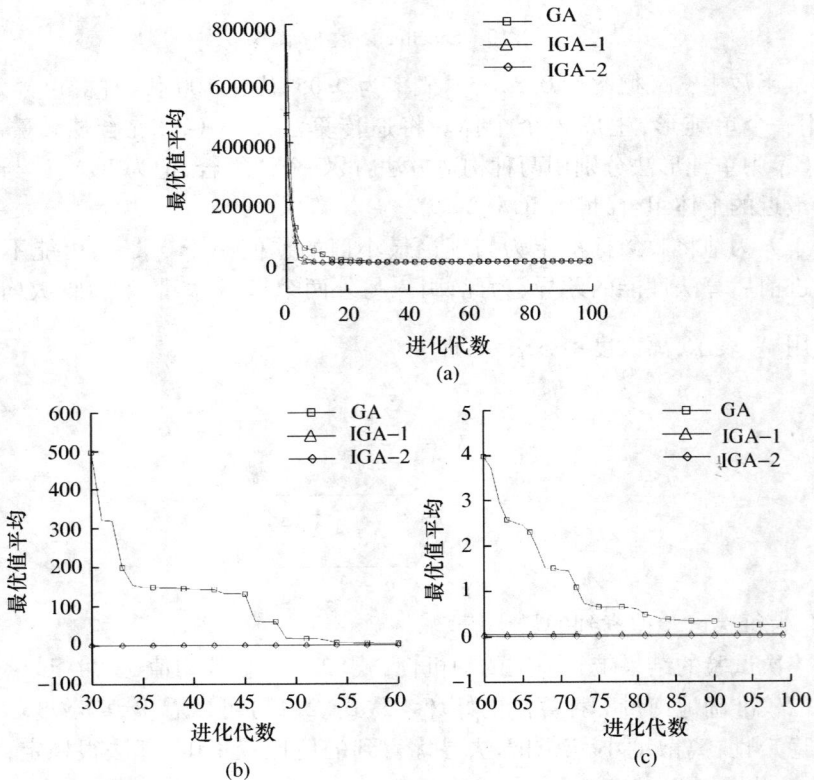

图 2.11　测试函数 1 平均收敛曲线

(a) 0 到 100 代;(b) 30 到 60 代;(c) 60 到 100 代。

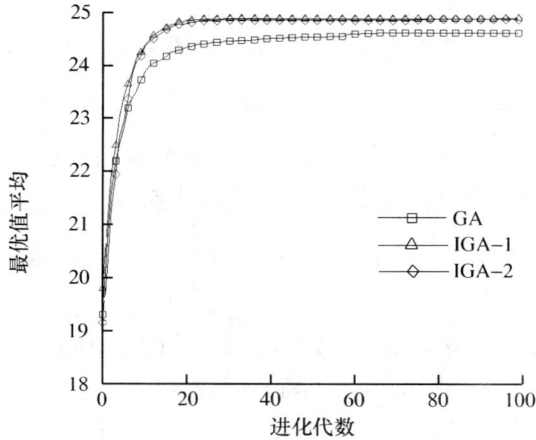

图 2.12　测试函数 2 平均收敛曲线

2.3　梯　度　法

梯度法属于基本最优化方法,是无约束优化中一类重要方法,典型的梯度法为最速下降法。其基本思想是利用目标函数与设计参数的梯度信息确定寻优方向。因此,梯度法产生每一优化步的搜索方向都要用到目标函数的梯度信息。

2.3.1　梯度法原理

假设目标函数 $f(\boldsymbol{x})$ 有一阶连续偏导,且具有极小点,设 $\boldsymbol{x}^k$ 为极小点的第 k 次近似,为求第 $k+1$ 次近似点 $\boldsymbol{x}^{k+1}$,在 $\boldsymbol{x}^k$ 点沿方向 $\boldsymbol{p}^k$ 作射线,即

$$\boldsymbol{x} = \boldsymbol{x}^k + \lambda \boldsymbol{p}^k, \lambda \geqslant 0 \tag{2.23}$$

式中:λ 为步长;$\boldsymbol{p}^k$ 是单位向量。进行寻优搜索需解决以下两个问题:确定搜索方向和确定搜索步长。

1. 确定搜索方向 $\boldsymbol{p}^k$

将 $f(\boldsymbol{x})$ 在 $\boldsymbol{x}^k$ 点处展开泰勒级数,即

$$f(\boldsymbol{x}) = f(\boldsymbol{x}^k + \lambda \boldsymbol{p}^k) = f(\boldsymbol{x}^k) + \lambda \, \nabla f(\boldsymbol{x}^k)^{\mathrm{T}} \boldsymbol{p}^k + o(\lambda^2) \tag{2.24}$$

式中:$\lim\limits_{\lambda \to 0} \dfrac{o(\lambda^2)}{\lambda} = 0$。对于充分小的 λ,只要

$$\nabla f(\boldsymbol{x}^k)^{\mathrm{T}} \boldsymbol{p}^k < 0 \tag{2.25}$$

即可保证 $f(\boldsymbol{x}^k + \lambda \boldsymbol{p}^k) < f(\boldsymbol{x}^k)$。取

$$\boldsymbol{x}^{k+1} = \boldsymbol{x}^k + \lambda \boldsymbol{p}^k \tag{2.26}$$

则 $f(\boldsymbol{x})$ 将向减小的方向推进。

为使目标函数值下降最大,需找出一个 p^k 使 $\nabla f(\boldsymbol{x}^k)^{\mathrm{T}} \boldsymbol{p}^k$ 最小,即

$$\min\left[\nabla f(\boldsymbol{x}^k)^{\mathrm{T}} \boldsymbol{p}^k\right] = \min\left[\parallel \nabla f(\boldsymbol{x}^k) \parallel \cdot \parallel \boldsymbol{p}^k \parallel \cos\theta\right] \tag{2.27}$$

式中:θ 为向量 $\nabla f(\boldsymbol{x}^k)$ 和 $\boldsymbol{p}^k$ 的夹角。当 $\boldsymbol{p}^k$ 与 $\nabla f(\boldsymbol{x}^k)$ 反方向时,沿着这个方向目标函数下降最快,该方向又称负梯度方向,其数学表达式为

$$\boldsymbol{p}^k = - \nabla f(\boldsymbol{x}^k) \tag{2.28}$$

2. 确定步长 λ

确定方向后,还需确定步长 λ。确定步长 λ 有以下两种方法。

(1)取某常数作为 λ 的初值,检验是否满足不等式

$$f(\boldsymbol{x}^k - \lambda \nabla f(\boldsymbol{x}^k)) < f(\boldsymbol{x}^k) \tag{2.29}$$

若满足,继续用该 λ 值进行迭代;若不满足,缩小 λ 使式(2.29)成立。

(2)通过负梯度方向上的一维搜索确定使 $f(\boldsymbol{x})$ 最小的步长 λ_k。λ_k 的计算采用极值原理,这种确定步长的方法与上面确定方向方法一起构成最速下降法。

由泰勒展开式得

$$f(\boldsymbol{x}^k - \lambda \nabla f(\boldsymbol{x}^k)) \approx f(\boldsymbol{x}^k) - \nabla f(\boldsymbol{x}^k)^{\mathrm{T}} \lambda \nabla f(\boldsymbol{x}^k) + \frac{1}{2} \lambda \nabla f(\boldsymbol{x}^k)^{\mathrm{T}} H(\boldsymbol{x}^k) \lambda \nabla f(\boldsymbol{x}^k)$$

使 $f(\boldsymbol{x})$ 最小的 λ_k 满足 $\left.\dfrac{\mathrm{d}f}{\mathrm{d}\lambda}\right|_{\lambda = \lambda_k} = 0$,即

$$\left.\frac{\mathrm{d}f}{\mathrm{d}\lambda}\right|_{\lambda = \lambda_k} = \left.\frac{\mathrm{d}f(x^k - \lambda \nabla f(x^k))}{\mathrm{d}\lambda}\right|_{\lambda = \lambda_k}$$

$$= - \nabla f(\boldsymbol{x}^k)^{\mathrm{T}} \nabla f(\boldsymbol{x}^k) + \lambda_k \nabla f(\boldsymbol{x}^k)^{\mathrm{T}} H(\boldsymbol{x}^k) \nabla f(\boldsymbol{x}^k) = 0$$

由此得出最佳步长 λ_k 为

$$\lambda_k = \frac{\nabla f(\boldsymbol{x}^k)^{\mathrm{T}} \nabla f(\boldsymbol{x}^k)}{\nabla f(\boldsymbol{x}^k)^{\mathrm{T}} H(\boldsymbol{x}^k) \nabla f(\boldsymbol{x}^k)} \tag{2.30}$$

式中:$H(\boldsymbol{x}^k)$ 为海森矩阵(二阶偏导矩阵)。采用式(2.30)计算 λ_k,不仅需要计算梯度信息,还要计算海森矩阵,计算量大,并且工程实际中目标函数关于设计参数之间一般不存在直接表达的数学关系,而是离散点表达的数值关系,这样二阶导数计算精度不会很高。

最速下降法每次迭代都是沿迭代点函数值下降最快的方向搜索。虽然它每次一维搜索都是沿"最好"方向进行,看上去好像是最好的无约束极小化方法。其实,下降方向只是局部"最好",从总体来看,该方法搜索路径通常曲折异常。图2.13 表示等值线为椭圆和圆情况下梯度方法收敛过程。从图中可以看出,等值线

为圆的问题,最速下降法一次迭代就可达到极小点;当等值线不为圆时,负梯度方向不再指向圆心,迭代过程搜索路径形成"锯齿现象"。而且,在搜索开始时步长较大,越接近极小点步长越小,最后收敛的速度越来越慢。

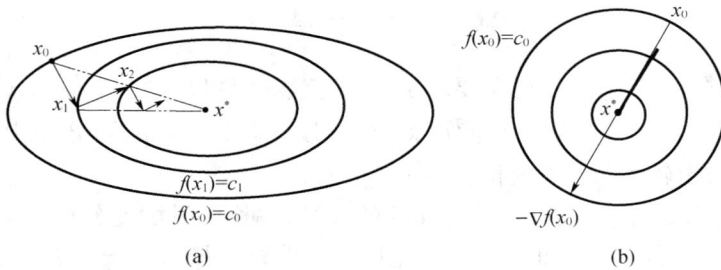

图 2.13 二维梯度法迭代过程示意图

(a) 目标函数等值线为椭圆;(b) 目标函数等值线为圆。

2.3.2 梯度计算

工程实际中的很多优化问题,设计参数与目标函数不能采用显式的函数关系表达,如压气机叶片通道内流场气动性能与造型之间的关系。在采用梯度法进行寻优时,通常有两种梯度计算方法:直接有限差分逼近方法和借助于离散流场控制方程计算方法。下面首先介绍直接有限差分逼近方法。

直接有限差分逼近方法是一种简单方便的处理方法。对某个待优化的目标函数 $f(x)$,它关于 N 个设计参数构成的向量空间中某位置 x_0 的梯度为

$$\nabla \boldsymbol{f}\,|\,_{x_0} = \left(\frac{\partial f}{\partial x^1}, \frac{\partial f}{\partial x^2}, \cdots, \frac{\partial f}{\partial x^N} \right)^{\mathrm{T}} \bigg|_{x_0} \tag{2.31}$$

式中:x^i 的上标 i 为第 i 设计参数。在设计参数空间用有限差分逼近方法,即

$$\nabla \boldsymbol{f}\,|\,_{x_0} = \begin{pmatrix} \dfrac{\partial f}{\partial x^1} \\[2mm] \dfrac{\partial f}{\partial x^2} \\ \vdots \\ \dfrac{\partial f}{\partial x^N} \end{pmatrix} \bigg|_{x_0} = \begin{pmatrix} \dfrac{\Delta f}{\mid \Delta x^1 \mid} \\[2mm] \dfrac{\Delta f}{\mid \Delta x^2 \mid} \\ \vdots \\ \dfrac{\Delta f}{\mid \Delta x^N \mid} \end{pmatrix} \bigg|_{x_0} = \begin{pmatrix} \dfrac{f(x_0 + \Delta x^1) - f(x_0)}{\mid \Delta x^1 \mid} \\[2mm] \dfrac{f(x_0 + \Delta x^2) - f(x_0)}{\mid \Delta x^2 \mid} \\ \vdots \\ \dfrac{f(x_0 + \Delta x^N) - f(x_0)}{\mid \Delta x^N \mid} \end{pmatrix} \tag{2.32}$$

其中

$$\Delta \boldsymbol{x}^1 = (\Delta x^1, 0, \cdots, 0)^{\mathrm{T}}$$

$$\Delta \boldsymbol{x}^2 = (0, \Delta x^2, \cdots, 0)^{\mathrm{T}}$$

$$\vdots$$

$$\Delta \boldsymbol{x}^N = (0, 0, \cdots, \Delta x^N)^{\mathrm{T}}$$

此方法在求 $f(x_0)$ 外,还需要增加 N 次流场计算以求得 $f(x_0 + \Delta x^1)$, $f(x_0 + \Delta x^2)$,$\cdots$,$f(x_0 + \Delta x^N)$。对于工程实际中优化设计参数较多的情况,采用此方法逼近 $\nabla f(x)$ 要付出较大的计算代价。

借助于离散流场控制方程计算梯度的方法,也称为灵敏度分析。灵敏度定义为目标函数或性能指标(如翼型升力、阻力,叶轮机叶栅总压损失系数,气流转角等)与设计参数或几何形状(如叶片弦长、弯角等)之间的梯度。在流场数值计算时,要将控制方程组离散然后进行求解。实际上,离散化的控制方程组建立了设计参数与流场中各网格节点(网格单元)的流动参数关联。灵敏度分析方法借助于离散化控制方程组,求出设计参数与网格节点流动参数之间的导数关系(即设计参数有一较小变化对应各网格节点流动参数的变化量),进而,通过流动参数变化求出目标函数变化(即目标函数关于设计参数的梯度或灵敏度)。求设计参数与网格节点流动参数之间的导数关系是灵敏度分析关键。因为有了各网格节点流动参数的变化,就容易求目标函数的变化。例如,对于一翼型绕流,设计目标为在一定来流条件下升力最大阻力最小,即达到最大升阻比。如果求出各网格节点流动参数的变化,那么,翼型表面的压力变化及其表面速度梯度变化就能求出来,进一步求出翼型表面的粘性剪切应力变化。最后即可求出目标函数的升阻比。

以下以采用二维 Navier-Stokes 方程方法灵敏度分析为例阐述该方法的理论过程。从方法的基本原理角度考虑,二维欧拉(Euler)方程方法、三维 Naveir-Stokes 方程和欧拉(Euler)方程都是相同的,只是公式推导和程序编写繁简上有差别。

任意曲线坐标系下,二维 NS 方程可写成

$$\frac{1}{J} \frac{\partial \boldsymbol{Q}}{\partial t} = R(\boldsymbol{Q}) \tag{2.33}$$

其中

$$R(\boldsymbol{Q}) = -\frac{\partial \hat{F}(\boldsymbol{Q})}{\partial \xi} - \frac{\partial \hat{G}(\boldsymbol{Q})}{\partial \eta} + \frac{\partial \hat{F}_v(\boldsymbol{Q})}{\partial \xi} + \frac{\partial \hat{G}_v(\boldsymbol{Q})}{\partial \eta} \tag{2.34}$$

$R(\boldsymbol{Q})$ 为残差,对于定常流其值为零,即

$$\boldsymbol{Q} = [\rho, \rho u, \rho v, \rho e_0]^{\mathrm{T}} \tag{2.35}$$

为守恒变量。式(2.35)中总能量 e_0 与内能 e、动能 $\frac{u^2 + v^2}{2}$ 及压力 P 关系为

$$e_0 = e + \frac{u^2 + v^2}{2}, P = (\gamma - 1)\left[\rho e_0 - \rho \frac{u^2 + v^2}{2}\right]$$

采用坐标转换关系可得任意曲线坐标系下无黏通矢 $\hat{F}(\boldsymbol{Q})$、$\hat{G}(\boldsymbol{Q})$ 与直角坐标系下无黏通矢 $F(\boldsymbol{Q})$、$G(\boldsymbol{Q})$ 关系,即

$$\hat{F}(\boldsymbol{Q}) = \frac{\xi_x}{J}F(\boldsymbol{Q}) + \frac{\xi_y}{J}G(\boldsymbol{Q}) \tag{2.36a}$$

$$\hat{G}(\boldsymbol{Q}) = \frac{\eta_x}{J}F(\boldsymbol{Q}) + \frac{\eta_y}{J}G(\boldsymbol{Q}) \tag{2.36b}$$

其中

$$F(\boldsymbol{Q}) = \left[\rho u, \rho u^2 + P, \rho uv, (\rho e_0 + P)u\right]^{\mathrm{T}} \tag{2.37a}$$

$$G(\boldsymbol{Q}) = \left[\rho v, \rho uv, \rho v^2 + P, (\rho e_0 + P)v\right]^{\mathrm{T}} \tag{2.37b}$$

一般取 $\Delta\xi = \Delta\eta = 1$,因此,式(2.34)半离散形式为

$$-R_{j,k} = \hat{F}_{j+\frac{1}{2},k} - \hat{F}_{j-\frac{1}{2},k} + \hat{G}_{j,k+\frac{1}{2}} - \hat{G}_{j,k-\frac{1}{2}} - \left(\hat{F}_{vj+\frac{1}{2},k} - \hat{F}_{vj-\frac{1}{2},k} + \hat{G}_{vj,k+\frac{1}{2}} - \hat{G}_{vj,k-\frac{1}{2}}\right)$$

$$\tag{2.38}$$

如果对单元面 $\left(j \pm \frac{1}{2}, k\right)$ 和 $\left(j, k \pm \frac{1}{2}\right)$ 上无黏通矢采用三阶精度逆风差分、黏性通矢采用二阶精度中心差分,可得

$$R_{j,k}(Q) = R_{j,k}(Q_{j,k}, Q_{j,k-1}, Q_{j,k+1}, Q_{j,k-2}, Q_{j,k+2}, Q_{j-1,k}, Q_{j+1,k}, Q_{j-2,k}, Q_{j+2,k})$$

$$\tag{2.39}$$

上式建立了各网格节点上残值与网格节点上变量之间的数学关系。对于与边界相邻的内部节点离散格式需要进行适当调整。如果令所有网格节点残值都为零,并将离散关系式组合在一起,即构成一非线性代数方程组,对该方程组求解即可得离散形式的稳态解 $\{Q *\}$。因此,$\{Q *\}$ 满足

$$\{R^n(Q^*)\} = \{0\} \tag{2.40}$$

有了式(2.39)对每一节点残值的离散关系,采用欧拉隐式格式进行时间离散,可得

$$\left[\frac{\Delta Q_0^n}{J\Delta t}\right] = \{R^{n+1}(Q)\} \tag{2.41}$$

右边项中 $\{Q\}$ 表示内部节点 $\{Q_0\}$ 和边界节点 $\{Q_b\}$ 的组合。左边项中 $\{\Delta Q_0\}$ 仅为内部。所以 $\{\Delta Q_0\}$ 和 $\{Q_b\}$ 分别为 $(J-2)(K-2)$ 和 $2(J+K)$ 大小。J 为 j 方向节点总数,K 为 k 方向节点总数。

如果对残值采用泰勒级数展开并进行线性化处理,在每一时间步可得线性化

方程组,即

$$\left[\frac{1}{J\Delta t}\right]\{\Delta Q_0^n\} - \left[\frac{\partial R(Q)}{\partial Q}\right]\{\Delta Q^n\} = R^n(Q) \tag{2.42a}$$

$$Q^{n+1} = Q^n + \Delta Q^n, n = 1,2,3,\cdots \tag{2.42b}$$

将式(2.42)在(j,k)节点展开可得:

$$[A]\Delta Q_{j,k-1}^n + [B]\Delta Q_{j,k}^n + [C]\Delta Q_{j,k+1}^n + [D]\Delta Q_{j,k-2}^n + [E]\Delta Q_{j,k+2}^n +$$

$$[F]\Delta Q_{j-1,k}^n + [G]\Delta Q_{j+1,k}^n + [H]\Delta Q_{j-2,k}^n + [I]\Delta Q_{j+2,k}^n = \{R_{j,k}^n(Q)\} \tag{2.43}$$

$[A]\sim[I]$为9个4×4系数矩阵,图2.14为离散方程式(2.43)的图形表示。

边界条件可写成

$$f(\boldsymbol{Q}) = 0 \tag{2.44}$$

离散后可得对应的包括两个$(J+K)$方程组成的方程组,即

$$\{f_{(}^{n+1}Q)\} = \{0\} \tag{2.45}$$

同样经过时间线性化处理可得

$$\left[\frac{\partial f(Q)}{\partial Q}\right]\{\Delta Q^n\} = -\{f^n(Q)\} = \{0\} \tag{2.46}$$

如果将所有内点的离散方程组合在一起,构成带状结构、9个对角元素不为零并且是4×4块状的大型稀疏矩阵,矩阵结构形式如图2.15所示。当然,如果考虑边界条件,则这种带状结构将有所变化。通过直接求解这种矩阵即可实现流场的推进计算求定常解。但直接求解对计算机的内存要求高,并且计算效率低。通常可采用迭代方法求解,如近似因子分解方法、松弛迭代方法等。

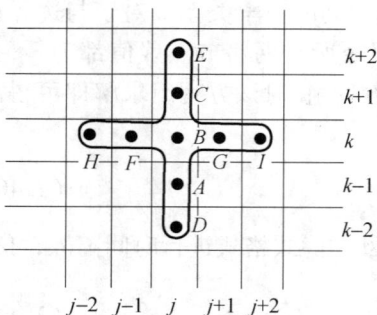

图2.14　差分格式示意图　　　　图2.15　差分离散方程矩阵格式示意图

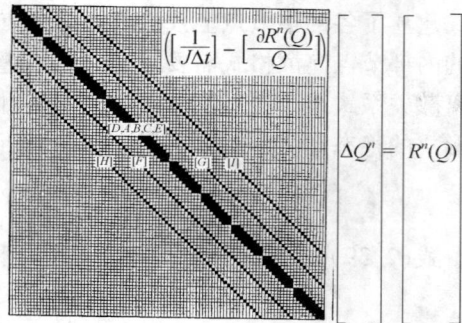

气动灵敏度分析方法建立在上述流场计算方法的基础上。引入向量$\boldsymbol{\beta} = [\beta_1, \beta_2,\beta_3,\cdots,\beta_n]^T$,由$n$个设计参数组成。所有网格节点坐标$(x,y)$组合用$\{X\}$表示,因此,对于定常问题,离散残值向量表达式(2.40)可改写成

$$\{R(Q^*(\boldsymbol{\beta}), X(\boldsymbol{\beta})\} = \{0\} \tag{2.47}$$

边界条件式(2.45)可写成

$$\{f(Q^*(\boldsymbol{\beta}), X(\boldsymbol{\beta})\} = \{0\} \tag{2.48}$$

在此介绍两种灵敏度计算方法:第一种是直接求导方法,第二种是伴随变量方法。

1. 直接求导方法

直接求导方法是通过对离散的矩阵方程求关于设计参数的导数,建立灵敏度与流场变量之间的数学关系。对于流场稳态性能参数(如机翼的升力系数、阻力系数)可定义为 $C(Q*, X)$,则对第 k 个设计参数 β_k 求偏导得

$$\frac{\partial C}{\partial \beta_k} = \left\{\frac{\partial C}{\partial Q^*}\right\}^{\mathrm{T}}\left\{\frac{\partial Q^*}{\partial \beta_k}\right\} + \left\{\frac{\partial C}{\partial X}\right\}^{\mathrm{T}}\left\{\frac{\partial X}{\partial \beta_k}\right\}, \quad k = 1, 2, 3, \cdots, n \tag{2.49}$$

如果将内部和边界节点分开表示则变成如下形式,即

$$\frac{\partial C}{\partial \beta_k} = \left\{\frac{\partial C}{\partial Q_b^*}\right\}^{\mathrm{T}}\left\{\frac{\partial Q_b^*}{\partial \beta_k}\right\} + \left\{\frac{\partial C}{\partial Q_0^*}\right\}^{\mathrm{T}}\left\{\frac{\partial Q_0^*}{\partial \beta_k}\right\} + \left\{\frac{\partial C}{\partial X}\right\}^{\mathrm{T}}\left\{\frac{\partial X}{\partial \beta_k}\right\} \tag{2.50}$$

式(2.50)中偏导数项 $\left\{\frac{\partial C}{\partial Q_b^*}\right\}$、$\left\{\frac{\partial C}{\partial Q_0^*}\right\}$、$\left\{\frac{\partial C}{\partial X}\right\}$、$\left\{\frac{\partial X}{\partial \beta_k}\right\}$ 可采用小扰动近似差分方法计算。如 $\left\{\frac{\partial X}{\partial \beta_k}\right\}$(称为网格灵敏度)计算如下。引入设计参数 β^k 的小挠动量 $\Delta\beta^k$,对应于网格坐标向量 X 和坐标挠动量 ΔX,有

$$\left[\frac{\partial X}{\partial \beta_k}\right] \approx \frac{\Delta X}{\Delta \beta_k} = \frac{X(\beta_k + \Delta\beta_k) - X(\beta_k)}{\Delta\beta_k} \tag{2.51}$$

网格生成时要注意保证加挠动量后的网格与初始网格节点满足一一对应关系,即各方向网格节点数对应相等。$\left\{\frac{\partial Q_b^*}{\partial \beta_k}\right\}$、$\left\{\frac{\partial Q_0^*}{\partial \beta_k}\right\}$ 按下述方法计算。对式(2.47)关于第 k 个设计参数求偏导可得

$$-\left[\frac{\partial R}{\partial Q^*}\right]\left\{\frac{\partial Q^*}{\partial \beta_k}\right\} = \left[\frac{\partial R}{\partial X}\right]\left\{\frac{\partial X}{\partial \beta_k}\right\} \tag{2.52}$$

或写成

$$\left[\frac{\partial R}{\partial Q_b^*}\right]\left\{\frac{\partial Q_b^*}{\partial \beta_k}\right\} + \left[\frac{\partial R}{\partial Q_0^*}\right]\left\{\frac{\partial Q_0^*}{\partial \beta_k}\right\} = -\left[\frac{\partial R}{\partial X}\right]\left\{\frac{\partial X}{\partial \beta_k}\right\} \tag{2.53}$$

同理可得式(2.48)的表达式,即

$$\left[\frac{\partial f}{\partial Q_b^*}\right]\left\{\frac{\partial Q_b^*}{\partial \beta_k}\right\} + \left[\frac{\partial f}{\partial Q_0^*}\right]\left\{\frac{\partial Q_0^*}{\partial \beta_k}\right\} = -\left[\frac{\partial f}{\partial X}\right]\left\{\frac{\partial X}{\partial \beta_k}\right\} \tag{2.54}$$

式(2.53)和式(2.54)为灵敏度分析基本关系式。$\left[\dfrac{\partial R}{\partial Q_b^*}\right]$、$\left[\dfrac{\partial R}{\partial Q_0^*}\right]$项在前面流场计

算表达式（2.42）中已出现，其离散表达式及其求法与前面流场计算相同；$\left[\dfrac{\partial R}{\partial X}\right]$、

$\left[\dfrac{\partial f}{\partial X}\right]$项是网格单元上残值关于网格坐标的偏导数。由于设计参数变化，造成网格
变化，计算可采用直接差分方法，即

$$\left[\frac{\partial R}{\partial X}\right] \approx \frac{\Delta R}{\Delta X} = \frac{R(X + \Delta X) - R(X)}{\Delta X} \tag{2.55a}$$

$$\left[\frac{\partial f}{\partial X}\right] \approx \frac{\Delta f}{\Delta X} = \frac{f(X + \Delta X) - f(X)}{\Delta X} \tag{2.55b}$$

$\left\{\dfrac{\partial Q_b^*}{\partial \beta_k}\right\}$、$\left\{\dfrac{\partial Q_0^*}{\partial \beta_k}\right\}$项为第 k 个设计参数关于气动参数 Q^* 的梯度，即流动参数关于设
计参数的变化量。由式(2.53)和式(2.54)求出后代入式(2.49)或式(2.50)即可
求出第 k 个设计参数灵敏度。这样，对于 n 个设计参数，需要进行 n 次灵敏度计
算。不过，在求解$\left\{\dfrac{\partial Q_b^*}{\partial \beta_k}\right\}$、$\left\{\dfrac{\partial Q_0^*}{\partial \beta_k}\right\}$项时，可将$\left[\dfrac{\partial R}{\partial Q_b^*}\right]$、$\left[\dfrac{\partial R}{\partial Q_0^*}\right]$储存后反复使用。

2. 伴随变量方法

为避免逐个求解关于设计参数的偏导数方程式(2.49)或式(2.50)，引入伴随
变量$\{\pmb{\gamma}\}^{\mathrm{T}}$、$\{\pmb{\mu}\}^{\mathrm{T}}$，令

$$C(Q) = C(Q) + \{\pmb{\gamma}\}^{\mathrm{T}}\{R\} + \{\pmb{\mu}\}^{\mathrm{T}}\{f\} \tag{2.56}$$

当计算到收敛时(稳态流动)，$\{R\} = 0$，$\{f\} = 0$，所以式(2.56)中，$\{\pmb{\gamma}\}^{\mathrm{T}}\{R\} = 0$，
$\{\pmb{\mu}\}^{\mathrm{T}}\{f\} = 0$。$\{\pmb{\gamma}\}$ 和 $\{\pmb{\mu}\}$ 分别为 $(J - 2)(K - 1)$ 和 $2(J + K)$ 元素的任意向量。对
式(2.56)求设计参数的导数，得

$$\frac{\partial C}{\partial \beta_k} = \frac{\partial C}{\partial \beta_k} + \{\pmb{\gamma}\}^{\mathrm{T}}\left\{\frac{\partial R}{\partial \beta_k}\right\} + \{\pmb{\mu}\}^{\mathrm{T}}\left\{\frac{\partial f}{\partial \beta_k}\right\} =$$

$$\left(\left\{\frac{\partial \pmb{C}}{\partial Q_b^*}\right\}^{\mathrm{T}} + \{\pmb{\gamma}\}^{\mathrm{T}}\left\{\frac{\partial R}{\partial Q_b^*}\right\} + \{\pmb{\mu}\}^{\mathrm{T}}\left\{\frac{\partial f}{\partial Q_b^*}\right\}\right)\left\{\frac{\partial Q_b^*}{\partial \beta_k}\right\} +$$

$$\left(\left\{\frac{\partial \pmb{C}}{\partial Q_0^*}\right\}^{\mathrm{T}} + \{\pmb{\gamma}\}^{\mathrm{T}}\left\{\frac{\partial R}{\partial Q_0^*}\right\} + \{\pmb{\mu}\}^{\mathrm{T}}\left\{\frac{\partial f}{\partial Q_0^*}\right\}\right)\left\{\frac{\partial Q_0^*}{\partial \beta_k}\right\} +$$

$$\left(\left\{\frac{\partial \pmb{C}}{\partial \pmb{X}}\right\}^{\mathrm{T}} + \{\pmb{\gamma}\}^{\mathrm{T}}\left\{\frac{\partial R}{\partial \pmb{X}}\right\} + \{\pmb{\mu}\}^{\mathrm{T}}\left\{\frac{\partial f}{\partial \pmb{X}}\right\}\right)\left\{\frac{\partial \pmb{X}}{\partial \beta_k}\right\} \tag{2.57}$$

现在选择任意向量$\{\pmb{\gamma}\}$和$\{\pmb{\mu}\}$的数值，使得$\left\{\dfrac{\partial Q_b^*}{\partial \beta_k}\right\}$、$\left\{\dfrac{\partial Q_0^*}{\partial \beta_k}\right\}$前系数项为零。这样

避免灵敏度$\dfrac{\partial C}{\partial \beta_k}$计算时，计算$\left\{\dfrac{\partial Q_b^*}{\partial \beta_k}\right\}$、$\left\{\dfrac{\partial Q_0^*}{\partial \beta_k}\right\}$。因此，有以下关系式，即

$$\{\boldsymbol{\gamma}\}^{\mathrm{T}}\left\{\frac{\partial R}{\partial Q_b^*}\right\} + \{\boldsymbol{\mu}\}^{\mathrm{T}}\left\{\frac{\partial f}{\partial Q_b^*}\right\} + \left\{\frac{\partial \boldsymbol{C}}{\partial Q_b^*}\right\}^{\mathrm{T}} = \{0\} \qquad (2.58)$$

$$\{\boldsymbol{\gamma}\}^{\mathrm{T}}\left\{\frac{\partial R}{\partial Q_0^*}\right\} + \{\boldsymbol{\mu}\}^{\mathrm{T}}\left\{\frac{\partial f}{\partial Q_0^*}\right\} + \left\{\frac{\partial \boldsymbol{C}}{\partial Q_0^*}\right\}^{\mathrm{T}} = \{0\} \qquad (2.59)$$

通过式(2.58)和式(2.59)求解可得$\{\boldsymbol{\gamma}\}$和$\{\boldsymbol{\mu}\}$数值。这时,灵敏度方程式(2.53)简化成

$$\frac{\partial \boldsymbol{C}}{\partial \beta_k} = \left(\left\{\frac{\partial \boldsymbol{C}}{\partial \boldsymbol{X}}\right\}^{\mathrm{T}} + \{\boldsymbol{\gamma}\}^{\mathrm{T}}\left\{\frac{\partial R}{\partial \boldsymbol{X}}\right\} + \{\boldsymbol{\mu}\}^{\mathrm{T}}\left\{\frac{\partial f}{\partial \boldsymbol{X}}\right\}\right)\left\{\frac{\partial \boldsymbol{X}}{\partial \beta_k}\right\} \qquad (2.60)$$

以上灵敏度计算数学关系式关于气动参数是线性的,因此,求解过程较流动控制方程简单。由于在计算灵敏度$\frac{\partial \boldsymbol{C}}{\partial \beta_k}$计算时,避免计算$\left\{\frac{\partial Q_b^*}{\partial \beta_k}\right\}$、$\left\{\frac{\partial Q_0^*}{\partial \beta_k}\right\}$,对于每一个设计变量$\beta_k$,式(2.60)右边$\left(\left\{\frac{\partial \boldsymbol{C}}{\partial \boldsymbol{X}}\right\}^{\mathrm{T}} + \{\boldsymbol{\gamma}\}^{\mathrm{T}}\frac{\partial R}{\partial \boldsymbol{X}} + \{\boldsymbol{\mu}\}^{\mathrm{T}}\left\{\frac{\partial f}{\partial \boldsymbol{X}}\right\}\right)$相同,只需要计算一次。

如果采用直接求导方法计算灵敏度,需要对每一设计参数进行计算;如果采用伴随变量方法,则需要对每一目标函数进行计算。因此,假设设计参数为n个、目标函数为m个,采用直接求导方法需进行n次计算,采用伴随变量方法需要进行m次计算。通常,n远大于m,因而,从计算效率考虑,采用伴随变量方法更快捷。

第 3 章　压气机/风扇流场数值计算

流场数值计算是以计算机为手段,通过数值计算以数据和图像显示,再现研究对象及其内在规律。流场数值计算也可以理解为用计算机做流场模拟试验。例如,一个机翼绕流流场,通过计算可得到其升力、阻力数值,由图形显示可看到流场的各种细节:绕流流线,激波的位置、强度,流动分离,涡的生成与传播等。实际上,作为连续介质的流体运动是一个无限的信息系统,而计算机的内存以及所能表示的数位都是有限的。流场数值计算是在流场中按一定规律排列有限个点(生成网格),再对流体运动控制方程进行离散求解(离散求解控制方程),得到这些离散点上的信息近似表示整个连续流场;最后通过对这些离散点信息进一步处理(计算结果后处理)得到最终需要的结果。因此,流场计算过程通常分为三步:网格生成(又称为流场计算前处理)、控制方程离散求解和计算结果后处理。压气机/风扇流场数值计算方法与其他流场数值计算方法没有本质区别,但这类流场数值计算也有其自身特点,主要体现在网格生成和边界条件处理。作为压气机/风扇叶片气动优化设计关键技术之一,本章着重介绍压气机/风扇流场计算网格生成方法和流场数值计算控制方程的离散、求解方法。

3.1　流场计算网格生成方法

在流场数值计算中,网格形式有非结构网格和结构网格。非结构网格可用于处理流动边界复杂的一类流动问题(如飞机外流流动),但采用非结构网格节点分布不易控制。对于压气机/风扇流动问题,由于流动边界相对规则,为了较好控制网格节点分布,通常更多采用结构网格。

对于结构网格,合理的网格线分布不仅对计算精度有直接影响,甚至会影响计算过程的收敛性。网格生成的基本要求是:网格线要平滑,避免有局部太大的扭曲;不同簇网格线要尽可能正交(在 3.2.3 节中,通过平板紊流附面层流动实例分析网格正交性对计算结果精度的影响);网格分布要与物理问题本身相匹配,也就是说,疏密分布应与物理量变化率相适应。例如,在求解黏性绕流时,在壁面附面层区流动参数沿壁面法向变化很剧烈,因此,沿此方向网格线要密集分布;并且,对于湍流流动计算,离壁面最近网格线最好在黏性底层以内(具体数值与所采用的湍流模型有关)。对于超声速流动问题在激波附近网格线要加密。网格质量通常可用网格线交角、伸展比、长宽比数值来衡量。

结构网格生成主要有两种方法:微分方程方法、代数方法。微分方程方法根据所采用的微分方程类型分为双曲型方程、抛物型方程和椭圆型方程方法。代数方法简单、灵活性好,是在工程实际中应用广泛的网格生成方法。微分方程方法最突出特点是生成的网格线光顺性好。也有将代数方法与微分方程方法结合,利用微分方程方法生成网格线光滑的特点对代数方法生成的网格进行光顺处理。

在叶轮机流场数值计算中,主要涉及到 S1 流面/平面叶栅网格生成和三维网格生成。三维网格通常采用 S1 流面/平面叶栅网格沿径向叠加形成,因而,S1 流面/平面叶栅网格生成是叶轮机流场数值计算网格生成的关键。S1 流面/平面叶栅结构网格一般形式有 H 型、C 型、O 型以及它们的组合(如 C - H 型、H - O - H 型)等。图 3.1(a)和图 3.1(b)为压气机和涡轮平面叶栅 H 型网格。H 型网格生成简单,适用性强,既适用于轴流、离心压气机,也适用于涡轮网格生成,但叶片表面网格正交性相对较差。C 型网格有较好的正交性,但生成方法较 H 型网格略复杂,主要体现在网格边界处理。图 3.2 为涡轮平面叶栅 C 型网格,其中图 3.2(a)为周期性边界网格,图 3.2(b)为非周期性边界网格。采用非周性处理后,在出口段有较好的网格正交性,但在流场计算时要采用插值处理。图 3.3(a)和图 3.3(b)为轴流和离心压气机任意回转面上 H 型网格;图 3.4(a)为离心压气机三维 H 型网格示意图。O 型网格能较好地处理前后缘,并且有较好的网格正交性,但它通常要与 H 型网格组合使用,如图 3.4(b)所示。

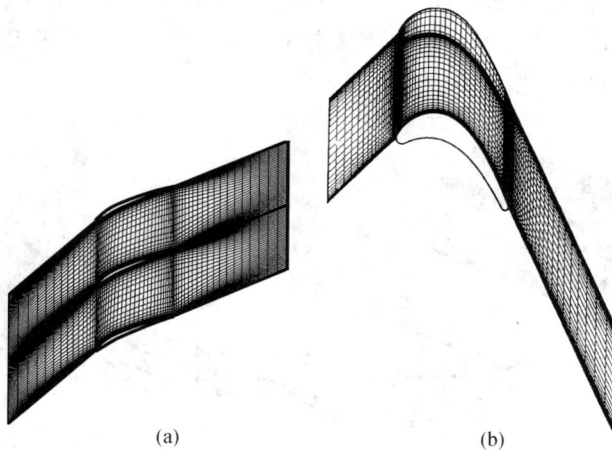

(a)   (b)

图 3.1 平面叶栅网格
(a)压气机叶栅 H 型网格;(b)涡轮叶栅 H 型网格。

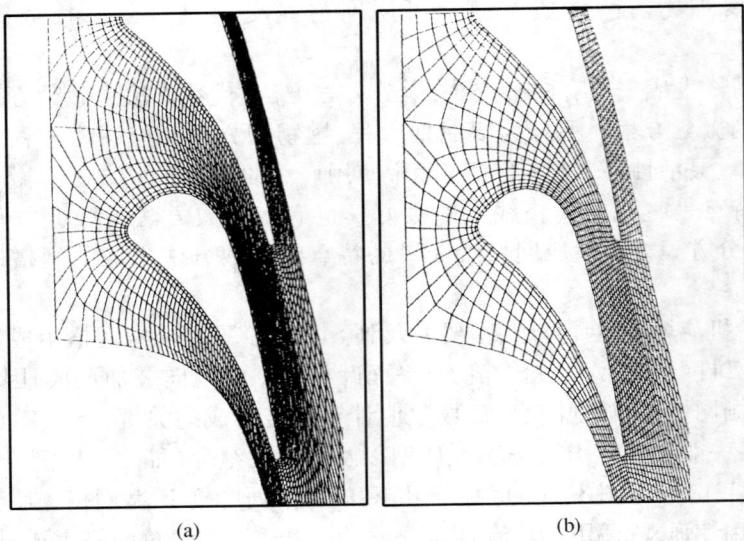

(a)   (b)

图 3.2   涡轮叶栅 C 型网格

在叶尖间隙处由于没有叶片,需要对网格采用特别处理。第一种方法:采用 H 型网格将叶片叶尖处削尖,这种方法简单,只需将不考虑叶尖间隙流场计算程序略加修改即可。第二种方法:采用嵌入式 H 型网格,如图 3.1 (b)和图 3.3(a)所示。这种方法是将叶片延伸交于上环壁面,在叶片内部生成网格节点。叶片分成两部分,叶尖间隙区虚延部分和真实部分。在进行流场计算时,在真实叶片部分不作流场计算,而虚延部分进行流场计算。第三种方法:采用分区计算方法,即在叶尖间隙区流场分成多区域。这种方法网格生成相对复杂,同时流场计算也较复杂。图 3.4(b)为分区 H − O − H 型网格。

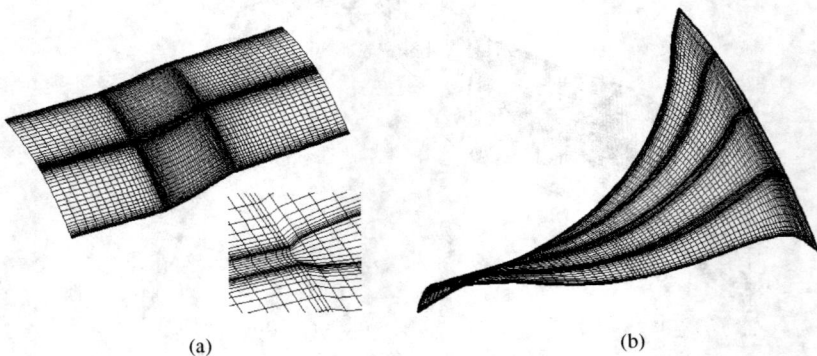

(a)   (b)

图 3.3   回转面叶栅网格

(a)轴流压气机叶栅 H 型网格;(b)离心压气机叶栅 H 型网格。

40

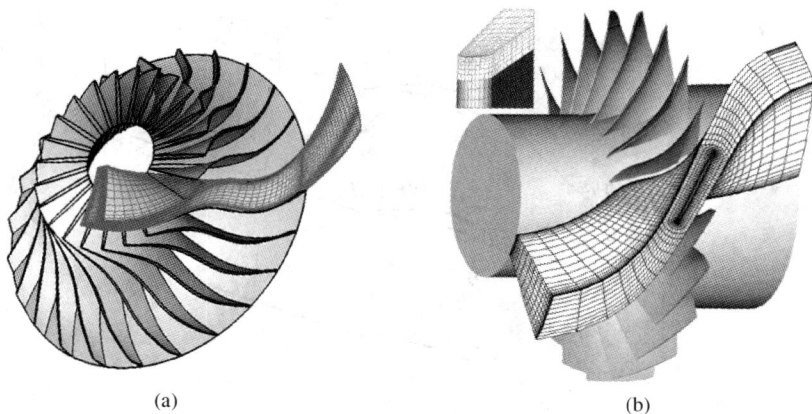

(a)　　　　　　　　　　　　　　　　　　(b)

图 3.4　三维网格

（a）离心压气机三维网格；（b）轴流压气机三维网格。

3.2　S1 流面网格生成方法

3.2.1　S1 流面网格生成的代数方法

代数方法即通过代数关系确定计算区域内结构网格节点分布。在进行结构网格生成时,二维流动计算区域的拓扑结构必须是四边形,三维流动是六面体。实际流动边界多种多样,并且通常都不会是上述边界形式。为此,通常可采用:将一个复杂计算域流场计算分割成若干个符合要求的子区域(流动分区);将不合要求的流动区域边界做拆分或合并处理。

下面介绍平面叶栅通道内 H 型网格代数生成方法。图 3.5 为两个通道平面叶栅 H 型网格,有四类边界:进口边界;出口边界;周期性边界;叶片表面边界。如果采用 NS 方程计算叶栅通道内流场,要求网格在叶片表面附面层区加密。在叶片前后缘附近,由于流动参数变化较剧烈,因而,此区域网格点分布也要适当加密。为此,将流向网格线叶片通道内部分和切向网格线归为一类,此类网格线上节点分布要求两端密而中间稀。可采用下列双曲正切关系式对此类网格线上节点进行分布,即

$$R_0 = 2(i - 1)/(i_m - 1) \tag{3.1}$$

$$R_1 = x_m \cdot R_0 + (1 - x_m)\left[1 - \frac{\tanh(x_d(1 - R_0))}{\tanh x_d}\right] \tag{3.2}$$

$$x_i = \frac{x_1 - x_0}{2}R_1 \tag{3.3}$$

$$y_i = \frac{y_1 - y_0}{2}R_1, i = 1, 2, \cdots, i_m \tag{3.4}$$

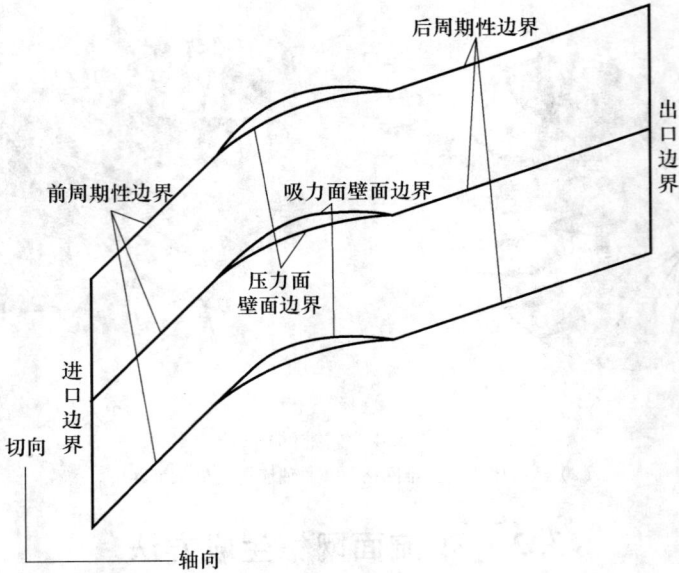

图 3.5 平面叶栅 H 型网格边界

式中:(x_0,y_0) 和 (x_1,y_1) 分别为线段起始和终止点坐标;i_m 为此线段上分布的节点数;x_m,x_d 分别为伸展和阻尼因子。当 $x_m = x_d = 1.0$ 时,网格节点在此线段上均匀分布,当 $x_m < 1.0,x_d > 1.0$ 时,网格节点在线段两端对称加密,x_m 越小,x_d 越大,则两端节点密度越大,如图 3.6 所示。由于实际分布节点是在曲线上,因而,在应用式(3.1)~式(3.4)时,通常需要采用弧长参数。

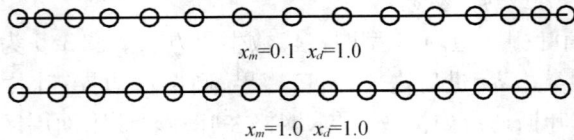

$x_m=0.1$ $x_d=1.0$

$x_m=1.0$ $x_d=1.0$

图 3.6 网格节点分布示意图

将 H 型网格进口截面至叶栅通道进口和叶栅通道出口至 H 型网格出口截面流向网格线归为另一类,此类网格线上节点分布要求从一端向另一端节点分布由密而稀。对于此类网格线采用下述方法进行节点分布(以进口流向网格线为例),即

$$t_a = NT \cdot \Delta t, \quad t_x = (i-1)\Delta t \tag{3.5}$$

$$S_{af} = |t_a - a_f t_x^2 + (2 - a_f - t_a)t_x/t_a| \tag{3.6}$$

$$x_i = x_1 - (a_f - S_{af})\sqrt{1 + y_1^2} \tag{3.7}$$

$$y_i = y_1 - y'_1(x_i - x_1) \tag{3.8}$$

42

式中：x_1、y_1、y_1' 分别为中弧线在前缘点坐标及导数值；NT 为线段上节点数；a_f 为线段长度；Δt 为前缘处相邻节点间距离；x_i、y_i 为第 i 个节点坐标值。

采用上式分布网格节点，可做到进口段拟流线方向网格线为叶片中弧线在前缘切线的伸展，并且前伸展长度给定，在进口段与叶片通道内部两段对接处网格间距过渡光滑。通过上述过程完成 H 型网格各边界上节点的分布，然后再采用双线性插值分布内部节点。这样即可得到图 3.1（b）所示的网格。如果考虑到进出口截面流动参数沿切向分布较均匀，也可以在进出口边界上采用均匀网格节点分布，这样可得图 3.1（a）所示网格。

只要将切向坐标由直角坐标分量改成柱坐标分量半径与角度之积（$r\theta$），即可将以上介绍的平面叶栅网格生成方法直接应用于回转面叶栅生成。以下介绍的椭圆型方程平面叶栅网格生成方法，也可进行同样坐标转换应用于回转面网格生成。

3.2.2 S1 流面网格生成的椭圆型方程方法

在采用微分方程方法进行网格生成时，需要将直角坐标系下方程转换到任意曲线坐标系下，才能进行差分离散求解。为此，先介绍二维直角坐标 (x,y) 与任意曲线坐标 (ξ,η) 转换关系。

设二维坐标关系为

$$
\begin{aligned}
x &= x(\xi,\eta) \\
y &= y(\xi,\eta)
\end{aligned}
\tag{3.9}
$$

则有微分关系

$$
\begin{aligned}
\mathrm{d}x &= x_\xi \mathrm{d}\xi + x_\eta \mathrm{d}\eta \\
\mathrm{d}y &= y_\xi \mathrm{d}\xi + y_\eta \mathrm{d}\eta
\end{aligned}
$$

或者写成

$$
\begin{bmatrix} \mathrm{d}x \\ \mathrm{d}y \end{bmatrix} = \begin{bmatrix} x_\xi & x_\eta \\ y_\xi & y_\eta \end{bmatrix} \begin{bmatrix} \mathrm{d}\xi \\ \mathrm{d}\eta \end{bmatrix}
\tag{3.10}
$$

于是，有

$$
\begin{bmatrix} \mathrm{d}\xi \\ \mathrm{d}\eta \end{bmatrix} = \begin{bmatrix} x_\xi & x_\eta \\ y_\xi & y_\eta \end{bmatrix}^{-1} \begin{bmatrix} \mathrm{d}x \\ \mathrm{d}y \end{bmatrix}
\tag{3.11}
$$

式（3.9）的反函数关系为

$$
\begin{aligned}
\xi &= \xi(x,y) \\
\eta &= \eta(x,y)
\end{aligned}
\tag{3.12}
$$

对式（3.12）求导得

$$
\begin{bmatrix} \mathrm{d}\xi \\ \mathrm{d}\eta \end{bmatrix} = \begin{bmatrix} \xi_x & \xi_y \\ \eta_x & \eta_y \end{bmatrix} \begin{bmatrix} \mathrm{d}x \\ \mathrm{d}y \end{bmatrix}
\tag{3.13}
$$

式中的偏导数矩阵称为雅可比（Jacobin）矩阵，矩阵的行列式值为

$$J = \begin{vmatrix} \xi_x & \xi_y \\ \eta_x & \eta_y \end{vmatrix} \tag{3.14}$$

比较式(3.11)和式(3.13),有

$$\begin{bmatrix} \xi_x & \xi_y \\ \eta_x & \eta_y \end{bmatrix} = \begin{bmatrix} x_\xi & x_\eta \\ y_\xi & y_\eta \end{bmatrix}^{-1}$$

因此,有

$$J^{-1} = \begin{vmatrix} x_\xi & x_\eta \\ y_\xi & y_\eta \end{vmatrix} = x_\xi y_\eta - x_\eta y_\xi \tag{3.15}$$

不难证明$|J^{-1}|$的值就是xy坐标系下网格线所围的微元面面积与$\xi\eta$坐标系下对应的微元面面积之比,并且有

$$\begin{bmatrix} x_\xi & x_\eta \\ y_\xi & y_\eta \end{bmatrix}^{-1} = \begin{bmatrix} Jy_\eta & -Jx_\eta \\ -Jy_\xi & Jx_\xi \end{bmatrix}$$

因此,可得

$$\begin{cases} \xi_x = Jy_\eta, & \xi_y = -Jx_\eta \\ \eta_x = -Jy_\xi, & \eta_y = Jx_\xi \end{cases} \tag{3.16}$$

式(3.15)和式(3.16)建立了二维曲线坐标和直角坐标转换关系。借助于这种关系可将直角坐标系下的流场计算转化成任意曲线坐标系下的流场计算,或将直角坐标系下的网格生成控制方程转化成任意曲线坐标系下网格生成控制方程。

以下给出椭圆型微分方程网格生成的思想及方法。如果有一温度分布均匀的高温机翼,置于静止流场中。在稳定状态下,四周流体由于热传导而呈不均匀的温度分布,如图3.7(a)所示,画出温度分布等值线,可将这一簇温度等值线作为网格线(图中等η线)。为求温度分布,首先要给出控制方程。对于传热问题,有

$$\frac{\partial T}{\partial t} = k\nabla^2 T \tag{3.17}$$

当定常时,$\partial T/\partial t = 0$,于是,$\nabla^2 T = 0$。在直角坐标系下展开得

$$\frac{\partial^2 T}{\partial x^2} + \frac{\partial^2 T}{\partial y^2} = 0 \tag{3.18}$$

或者写成

$$\frac{\partial^2 \eta}{\partial x^2} + \frac{\partial^2 \eta}{\partial y^2} = 0 \tag{3.19}$$

因此,可以采用上述椭圆型方程生成网格线。

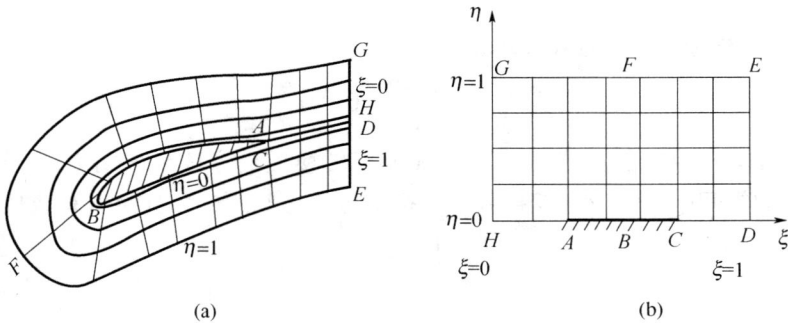

图 3.7 翼型绕流求解域网格示意图和翼型绕流计算域网格示意图

还可以从流体运动角度进行分析。假设流体在由内边界 $HABCD$ 和外边界 GFE 构成的 C 型流道内流动,流体不可压无黏无旋。引入流函数 ψ 和势函数 φ,这时有 $\nabla^2 \psi = 0$,$\nabla^2 \varphi = 0$。如果采用流函数 ψ 等值线构成 η 网格线,而势函数 φ 等值线构成 ξ 网格线,则有 $\nabla^2 \eta = 0$,$\nabla^2 \xi = 0$。在直角坐标系下展开得

$$\begin{cases} \eta_{xx} + \eta_{yy} = 0 \\ \xi_{xx} + \xi_{yy} = 0 \end{cases} \tag{3.20}$$

η、ξ 边界条件设定为

$$\eta(\psi): \begin{cases} HABCD \ 界: \eta = 0 \\ GFE \ 界: \eta = 1 \end{cases} \tag{3.21a}$$

$$\xi(\varphi): \begin{cases} GH \ 界: \xi = 0 \\ DE \ 界: \xi = 1 \end{cases} \tag{3.21b}$$

图 3.7(a) 和 图 3.7(b) 反映了求解域与计算域网格对应关系。利用边界条件式(3.21),通过数值求解式(3.20)即可得到 $\xi(x,y)$,$\eta(x,y)$ 坐标变换数值关系。但采用式(3.20)在 xy 坐标系下计算,求解域边界不规则。因而,需要将式(3.20)进行变换,转化成在计算域内求解。

利用式(3.16),式(3.20)可转化成

$$\begin{cases} \alpha x_{\xi\xi} - 2\beta x_{\xi\eta} + \gamma x_{\eta\eta} = 0 \\ \alpha y_{\xi\xi} - 2\beta y_{\xi\eta} + \gamma y_{\eta\eta} = 0 \end{cases} \tag{3.22}$$

其中

$$\alpha = x_\eta^2 + y_\eta^2, \gamma = x_\xi^2 + y_\xi^2, \beta = x_\xi x_\eta + y_\xi y_\eta$$

如果求解域内边界 $HABCD$、GFE、GH、DE 四个边界形状确定,即每一个边界节点 (x,y) 坐标已知,则在计算域矩形边界上每一边界节点 (x,y) 值都为已知。

采用式(3.20)变换是均匀的或者称为自然的,也就是说,求解域内网格线分布近于均匀。如果加上一些辅助项还能使坐标拉伸或压缩,进而对网格线分布密度

45

进行调整。

对于一维网格生成,式(3.20)变化成

$$\frac{\mathrm{d}^2\xi}{\mathrm{d}x^2} = 0$$

它的解是 $\xi = c_1 x + c_2$。这就建立了 $\xi - x$ 坐标转换关系。显然,这是一个线性转换,ξ 坐标上的等间距节点分布变换到 x 坐标上也是等间距的。如果方程改成

$$\frac{\mathrm{d}^2\xi}{\mathrm{d}x^2} = -c$$

它的解是 $\xi = -\frac{1}{2}cx^2 + c_1 x + c_2$。为了方便起见,设端点条件为 $x = 0 : \xi = 0, x = x_M : \xi = 1$,则有

$$\xi = -\frac{1}{2}cx^2 + \left(1 - \frac{1}{2}cx_M^2\right)x/x_M$$

在 ξ 坐标上进行等间距节点分布,对应 x 坐标上已不是等节点间距了。当 $c > 0$ 时,$x = 0$ 处的节点加密;当 $c < 0$ 时,则变稀疏,如图 3.8 所示。可见,改变 c 值可改变网格节点的疏密分布。如果希望在确定的 ξ_1 所对应的 x_1 附近改变节点分布的疏密程度,可以采用下列方程,即

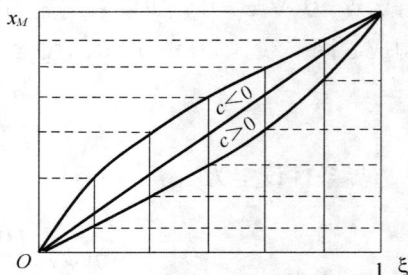

图 3.8　网格节点分布规律

$$\frac{\mathrm{d}^2\xi}{\mathrm{d}x^2} = -a\,\mathrm{sgn}(\xi - \xi_1)\exp[-c|\xi - \xi_1|] \tag{3.23}$$

其中

$$\mathrm{sgn}(\xi - \xi_1) = \begin{cases} 1, & \xi - \xi_1 > 0 \\ 0, & \xi - \xi_1 = 0 \\ -1, & \xi - \xi_1 < 0 \end{cases}$$

这时,如果式(3.23)中 $a > 0$,则对应 ξ_1 的 x_1 处附近网格节点分布变稀疏;如果 $a < 0$,则变密集。$\exp[-c|\xi - \xi_1|]$ 是指数衰减项,当 c 越大,源项衰减越快,对相邻节点网格分布影响越小。如果有 n 个节点附近网格疏密程度要调整,则可采用下列关系式,即

$$\frac{\mathrm{d}^2\xi}{\mathrm{d}x^2} = \sum_{i=1}^n a_i\,\mathrm{sgn}(\xi - \xi_i)\exp[-c_i|\xi - \xi_i|] \tag{3.24}$$

将上述方法推广到二维问题中,得到

$$\begin{cases} \eta_{xx} + \eta_{yy} = P(\xi, \eta) \\ \xi_{xx} + \xi_{yy} = Q(\xi, \eta) \end{cases} \tag{3.25}$$

其中

$$P(\xi,\eta) = -\sum_{i=1}^{n} a_i \operatorname{sgn}(\xi - \xi_i) \exp[-c_i \mid \xi - \xi_i \mid] -$$

$$\sum_{j=1}^{m} b_j \operatorname{sgn}(\xi - \xi_j) \exp[-d_j \sqrt{(\xi - \xi_j)^2 + (\eta - \eta_j)^2}] \quad (3.26\mathrm{a})$$

$$Q(\xi,\eta) = -\sum_{i=1}^{n} a_i \operatorname{sgn}(\eta - \eta_i) \exp[-c_i \mid \eta - \eta_i \mid] -$$

$$\sum_{j=1}^{m} b_j \operatorname{sgn}(\eta - \eta_j) \exp[-d_j \sqrt{(\xi - \xi_j)^2 + (\eta - \eta_j)^2}] \quad (3.26\mathrm{b})$$

源项 $P(\xi,\eta)$ 实现对 ξ 线分布控制,其中式(3.26a)中第一项实现对 ξ 线与相邻网格线间距的整体控制(图 3.9(a));第二项实现对 ξ 线关于 (ξ_i,η_j) 点控制,如图 3.9(b)所示。源项 $Q(\xi,\eta)$ 实现对 η 线分布控制与源项 $P(\xi,\eta)$ 实现对 ξ 线分布控制相类似。

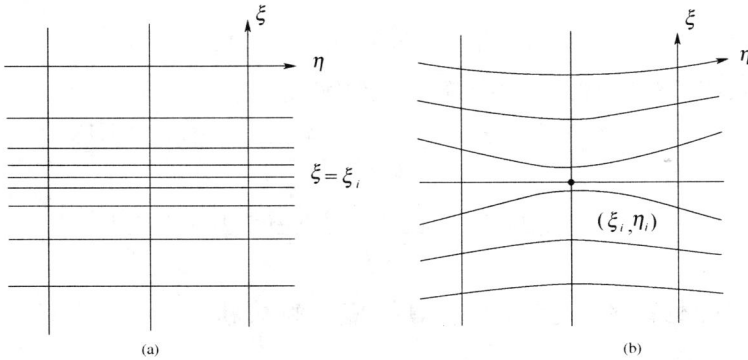

图 3.9 网格分布控制

(a)网格线控制;(b)网格点控制。

实际求解是在计算域内,因而,要采用式(3.25)的逆变换方程

$$\begin{cases} ax_{\xi\xi} - 2\beta x_{\xi\eta} + \gamma x_{\eta\eta} = -J^2(x_\xi P(\xi,\eta) + x_\eta Q(\xi,\eta)) \\ ay_{\xi\xi} - 2\beta y_{\xi\eta} + \gamma y_{\eta\eta} = -J^2(y_\xi P(\xi,\eta) + y_\eta Q(\xi,\eta)) \end{cases} \quad (3.27)$$

式中:一阶和二阶偏导数项可采用中心差分离散,再构造黎曼点迭代格式求解。具体过程如下。首先对式(3.27)采用中心差分离散,得

$$a_{i,j}[x_{i-1,j} - 2x_{i,j} + x_{i+1,j}] + \gamma_{i,j}[x_{i,j+1} - 2x_{i,j} + x_{i,j-1}] =$$

$$\frac{1}{2}\beta_{i,j}[x_{i+1,j+1} - x_{i+1,j-1} - x_{i-1,j+1} + x_{i-1,j-1}] -$$

$$\frac{1}{2}J_{i,j}^2[P_{i,j}(x_{i+1,j} - x_{i-1,j}) + Q_{i,j}(x_{i,j+1} - x_{i,j-1})] \equiv \mathrm{RHX} \quad (3.28\mathrm{a})$$

$$a_{i,j}\left[y_{i-1,j} - 2y_{i,j} + y_{i+1,j}\right] + \gamma_{i,j}\left[y_{i,j+1} - 2y_{i,j} + y_{i,j-1}\right] =$$

$$\frac{1}{2}\beta_{i,j}\left[y_{i+1,j+1} - y_{i+1,j-1} - y_{i-1,j+1} + y_{i-1,j-1}\right] -$$

$$\frac{1}{2}J_{i,j}^{\,2}\left[P_{i,j}(y_{i+1,j} - y_{i-1,j}) + Q_{i,j}(y_{i,j+1} - y_{i,j-1})\right] \equiv \mathrm{RHY} \qquad (3.28\mathrm{b})$$

其中

$$a_{i,j} = \frac{1}{4}\left[x_{i,j+1} - x_{i,j-1}\right]^2 + \frac{1}{4}\left[y_{i,j+1} - y_{i,j-1}\right]^2$$

$$\beta_{i,j} = \frac{1}{4}\left[x_{i+1,j+1} - x_{i+1,j-1} - x_{i-1,j+1} + x_{i-1,j-1}\right] +$$

$$\frac{1}{4}\left[y_{i+1,j+1} - y_{i+1,j-1} - y_{i-1,j+1} + y_{i-1,j-1}\right]$$

$$\gamma_{i,j} = \frac{1}{4}\left[x_{i+1,j} - x_{i-1,j}\right]^2 + \frac{1}{4}\left[y_{i+1,j} - y_{i-1,j}\right]^2$$

$$J_{i,j} = \frac{1}{4}\left[x_{i+1,j} - x_{i-1,j}\right]\left[y_{i,j+1} - y_{i,j-1}\right] -$$

$$\frac{1}{4}\left[x_{i,j+1} - x_{i,j-1}\right]\left[y_{i+1,j} - y_{i-1,j}\right]$$

构造方程式(3.28a)和式(3.28b)黎曼点迭代关系,得

$$x_{i,j}^{n+1} = \frac{a_{i,j}^{n}(x_{i+1,j}^{n} + x_{i-1,j}^{n+1}) + \gamma_{i,j}^{n}(x_{i,j+1}^{n} + x_{i,j-1}^{n+1}) - \mathrm{RHX}^{n}}{2(a_{i,j}^{n} + \gamma_{i,j}^{n})} \qquad (3.29\mathrm{a})$$

$$y_{i,j}^{n+1} = \frac{a_{i,j}^{n}(y_{i+1,j}^{n} + y_{i-1,j}^{n+1}) + \gamma_{i,j}^{n}(y_{i,j+1}^{n} + y_{i,j-1}^{n+1}) - \mathrm{RHY}^{n}}{2(a_{i,j}^{n} + \gamma_{i,j}^{n})} \qquad (3.29\mathrm{b})$$

3.2.3　壁面处网格正交性对计算精度影响分析

为了分析网格正交性对流场数值计算结果影响,以平板紊流附面层数值计算为例,对计算所得壁面剪切应力、附面层速度分布与经验值进行比较。在任意曲线坐标系下,二维非定常可压缩流 NS 方程可写成

$$\frac{\partial(J^{-1}Q)}{\partial t} + \frac{\partial F}{\partial \xi} + \frac{\partial G}{\partial \eta} = \frac{\partial Fv}{\partial \xi} + \frac{\partial Gv}{\partial \eta} \qquad (3.30)$$

将任一流动参数 f 的 x、y 偏导数表示成任意曲线坐标(ξ,η)关系,即

$$f_x = J(y_\eta f_\xi - y_\xi f_\eta),\ f_y = J(-x_\eta f_\xi + x_\xi f_\eta) \qquad (3.31)$$

式中:$J^{-1} = x_\xi y_\eta - x_\eta y_\xi$,$J$ 为坐标转换雅可比行列式。

如图 3.10 所示,考察壁面节点(iw,j)。f_ξ 采用一阶精度向前差分,f_η 采用二阶精度中心差分,即

$$(f_\xi)_{iw,j} = f_{iw+1,j} - f_{iw,j}$$

$$(f_\eta)_{iw,j} = (f_{iw,j+1} - f_{iw,j-1})/2$$

对于叶栅通道流,如果采用 H 型网格计算,等 η 线(叶栅切向)通常与 x 轴平行,这时,$x_\eta = x_{\eta\eta} = x_{\xi\eta} = 0$。可推导出 f_x 和 f_y 的离散误差 T_x、T_y 表达式为

$$T_x = \frac{1}{2}x_{\eta\eta}f_{xx} + \frac{y_\xi y_\eta}{2x_\eta}f_{yy} +$$

$$\frac{y_\eta}{2x_\eta}x_{\eta\eta}f_{xy} + 高阶小量$$

由于 $\tan\theta = \dfrac{x_\eta}{y_\eta}$,所以有

$$T_x = \frac{1}{2}x_{\eta\eta}f_{xx} + \frac{y_\xi}{2\tan\theta}f_{yy} +$$

$$\frac{x_{\eta\eta}}{2\tan\theta}f_{xy} + 高阶小量 \quad (3.32a)$$

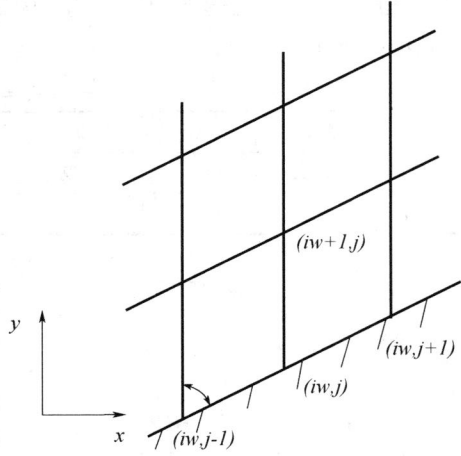

图 3.10　近壁区网格

又有

$$x_{\eta\eta} = 0$$

这时,式(3.32a)变为

$$T_x = \frac{y_\xi}{2\tan\theta}f_{yy} + 高阶小量 \quad (3.32b)$$

同理可得

$$T_y = \frac{1}{2}y_\xi f_{yy} + 高阶小量 \quad (3.32c)$$

　　方程式(3.32a)～式(3.22c)表明,流动参数 y 方向偏导数离散误差与网格线夹角无关,而 x 方向偏导数离散误差与 $\tan\theta$ 成反比。由于壁面附近流动参数变化剧烈,其二阶导数值 f_{xx}、f_{xy}、f_{yy} 相应较大,因此,提高网格在壁面处正交性,可减小离散误差,提高计算精度。

　　下面通过平板湍流附面层流场数值计算,考察网格正交性对计算结果影响。平板长度为 0.06m,来流 $M_\infty = 0.4$。计算网格由平行于平板和斜交于平板两簇网格线构成;斜交于平板网格线与平板交角 θ 分别为 90°、80°、70°、60°、50°、40°、30°;与平板相邻网格线距平板 y^+ 约为 2.0。取距离平板前缘 $x = 0.05\text{m}$($Re_x = 4.5 \times 10^5$)处垂直截面上计算结果进行比较。图 3.11(a)和图 3.11(b)分别为附面层内速度整体与近壁区局部分布比较。表 3.1 为壁面剪切应力,其中经验值为采用经验公式 $C_f = 0.0592Re_x^{-0.2}$ 计算值,其中 DE 表示与经验值相对差。由图 3.11(a)、图 3.11(b)和表 3.1 可知,当 $\theta \geqslant 70°$ 时,附面层内速度分布及壁面剪切应力与经验公式符合很好。比较图 3.11(a)和图 3.11(b),θ 角对近壁处速度分布影响更大。

近壁处速度分布决定壁面剪切应力,由图 3.11(b)和表 3.1 可知,要准确预测壁面阻力,θ 不应小于 70°。

表 3.1　壁面剪切应力

$\theta/(°)$	试验值	90	80	70	60	50	40	30
τ_w/Pa	48.92	49.44	49.52	51.60	58.76	66.56	78.20	95.61
$DE/\%$	0.0	1.1	1.2	5.5	20.1	36.0	59.5	95.4

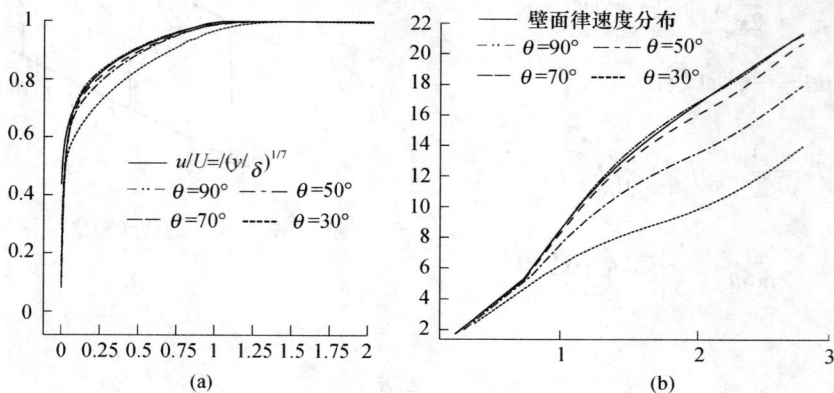

图 3.11　附面层内速度分布和非常靠近壁面处速度分布

在采用椭圆型微分方程式(3.29)进行网格生成时,如果要保证壁面正交性,则在壁面处 P、Q 值可采用以下关系,即

$$P = -\frac{r_\xi \cdot r_{\xi\xi}}{r_\xi \cdot r_\xi} - \frac{r_\xi \cdot r_{\xi\eta}}{r_\eta \cdot r_\eta}$$

$$Q = -\frac{r_\eta \cdot r_{\eta\eta}}{r_\eta \cdot r_\eta} - \frac{r_\eta \cdot r_{\xi\eta}}{r_\xi \cdot r_\xi} \tag{3.33}$$

式中:$r = xi + yj + zk$。如果是平面问题:$r = xi + yj$。图 3.12 为采用椭圆型微分方程式(3.29)结合式(3.33)生成的壁面正交平面叶栅网格。如采用任意曲面上的椭圆型方程,再结合式(3.34),则可生成任意回转面上平面叶栅 C 型网格。任意曲面坐标系下椭圆型微分方程为

$$g_{\eta\eta}(r_{\xi\xi} + Pr_\xi) + g_{\xi\xi}(r_{\eta\eta} + Qr_\eta) - 2g_{\xi\eta}r_{\xi\eta} = nR \tag{3.34}$$

其中

$$g_{\xi\xi} = r_\xi \cdot r_\xi, g_{\eta\eta} = r_\eta \cdot r_\eta, g_{\xi\eta} = r_\xi \cdot r_\eta$$

式中:$n = \dfrac{r_\xi \times r_\eta}{|r_\xi \times r_\eta|}$ 为曲面上某点单位外法线;$R = (g_{\xi\xi} \cdot g_{\eta\eta} - g_{\xi\eta}{}^2) \cdot (2k)$ 为曲面上某点平均曲率半径。

50

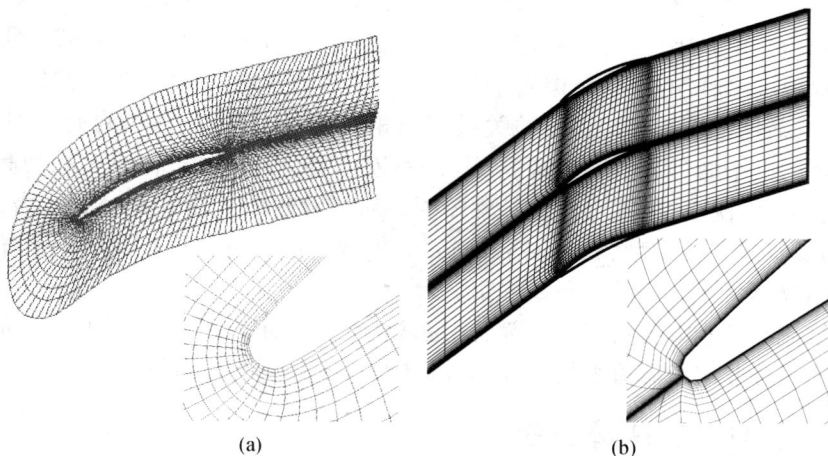

(a)   (b)

图 3.12　壁面正交 C 型网格和壁面正交 H 型网格

3.3　流场数值计算控制方程

　　叶轮机流场可分为 S1 流面流场、S2 流面流场和三维流场。流线曲率法是 S2 流面流场计算方法之一。这种方法采用积分形式连续方程与完全径向平衡方程以及能量方程组合,并引入相关的经验关系式(主要为损失和落后角模型)计算 S2 流面流场。该方法相对简单,能处理亚声和超声流,是目前应用最广泛的方法。在压气机/风扇叶片设计过程中,对于转子叶片根据转子轮缘功分布规律(通常有等环量、等反力度和通用规律)、对于静子叶片根据气流角分布,通过 S2 流面流场计算确定叶片扭向,再进行 S1 流面叶型设计。此外,S2 流面流场计算也常用于多级压气机性能分析。但是 S2 流面流场计算精度很大程度上依赖于损失和落后角等经验关系的准确性。本书着重于 S1 流面叶型和三维叶片气动优化,因此,对 S2 流面流场计算方法不作介绍。

　　工程中的流动问题通常都属于湍流流动,流动参数随时间和空间不规则变化,因而是非定常流动。从理论角度考虑,流动参数瞬时满足的 NS 方程是可解的,即采用直接 NS 方程方法(Direct Numerical Simulation,DNS)。由于湍流流动空间变化的不规则性和时间变化的随机性,要求空间网格节点非常密、时间步长非常小,从目前计算机水平考虑,直接 NS 方程方法对计算机内存和速度要求过高,在工程实际中难以应用。还有一种大涡模拟方法(Large Eddy Simulation,LES),该方法只将比网格尺度大的大涡运动通过数值计算直接模拟,将比网格尺度小的涡通过滤波函数建立与大涡的经验关系。采用这种方法网格也需要很密,否则,计算不出湍流黏性系数或计算不准。目前应用较广泛的方法是雷诺平均 NS 方程方法(Reynold Averaged Navier-Stokes Equation Method,RANS),即湍流平均流 NS 方程方法。湍流平均流 NS 方程是流动参数瞬时满足的 NS 方程时间平均形式,在时间平均过程中引入一些湍流量组合的时均值项,即雷诺应力项,这些项需采用经验关系式,即湍流模型确定。因而,计算精度在一定程度上依赖于这种经验关系式。很多研究人员提出了多种湍流模型,但由于其带有经验性的特点,任意一种湍流模型都有局限性,其适用范围与模型中经验关系获取相关;这也是目前采用湍流平均流 NS 方程计算的一个瓶颈。但总体来说,从工程应用角度看,这种方法具有相当高的精度,在大多数情况下,精度可满足工程需要。对于叶轮机流场计算一般认为,Baldwin-Lomax 双层代数模型、Spalart-Allmaras 一方程模型计算精度较高。关于湍流模型的介绍读者可参阅相关资料或书籍。

二维流动控制方程为三维的简化,定常流动为非定常流动的简化。下面介绍多种形式三维非定常湍流平均流控制方程(Navier – Stokes 方程)。

3.3.1 张量形式的基本方程

根据质量守恒、动量守恒和能量守恒可推得绝对和相对坐标系下张量形式的基本方程组。

1. 连续方程

绝对坐标系为

$$\frac{\partial_a \rho}{\partial t} + \nabla_a \cdot (\rho \boldsymbol{V}) = 0 \tag{3.35a}$$

相对坐标系为

$$\frac{\partial_R \rho}{\partial t} + \nabla_R \cdot (\rho \boldsymbol{W}) = 0 \tag{3.35b}$$

其中

$$\boldsymbol{V} = \boldsymbol{W} + \boldsymbol{\omega} \times \boldsymbol{r}$$

2. 运动方程

绝对坐标系为

$$\frac{\partial_a \rho \boldsymbol{V}}{\partial t} + \nabla_a \cdot (\rho \boldsymbol{V} \boldsymbol{V}) = \nabla_a \cdot \prod_a \tag{3.36a}$$

其中

$$\prod_a = \tau_a - p\boldsymbol{I}$$

式中:τ_a 为应力张量;$\boldsymbol{I}$ 为单位张量。

$$\tau_a = \mu[\nabla \boldsymbol{V} + (\nabla \boldsymbol{V})_c] - \frac{2}{3}\mu(\nabla \cdot \boldsymbol{V})\boldsymbol{I}$$

如果 $\boldsymbol{V} = u\boldsymbol{i}_1 + v\boldsymbol{i}_2 + w\boldsymbol{i}_3$,则

$$\nabla \boldsymbol{V} = (\nabla u)\boldsymbol{i}_1 + (\nabla v)\boldsymbol{i}_2 + (\nabla w)\boldsymbol{i}_3$$

$$(\nabla \boldsymbol{V})_c = \boldsymbol{i}_1(\nabla u) + \boldsymbol{i}_2(\nabla v) + \boldsymbol{i}_3(\nabla w)$$

相对坐标系为

$$\frac{\partial_R(\rho W)}{\partial t} + \nabla_R \cdot (\rho WW) + 2\rho\boldsymbol{\omega} \times \boldsymbol{W} - \rho\omega^2 \boldsymbol{r} + \rho\omega r\boldsymbol{i}_\varphi = \nabla_R \cdot \boldsymbol{\Pi}_R \quad (3.36\mathrm{b})$$

3. 能量方程

绝对坐标系为

$$\rho\frac{D_a\left(E + \dfrac{\boldsymbol{V} \cdot \boldsymbol{V}}{2}\right)}{Dt} = \nabla_a \cdot (\boldsymbol{\tau} \cdot \boldsymbol{V}) + \rho\dot{q} \quad (3.37\mathrm{a})$$

相对坐标系为

$$\frac{\partial_R e}{\partial t} + \nabla_R \cdot \left[(e+p)\boldsymbol{W}\right] = \nabla_R \cdot (\boldsymbol{\Pi}' \cdot \boldsymbol{W}) +$$

$$\rho\dot{q} + \rho\omega^2(\boldsymbol{W} \cdot \boldsymbol{r}) - \rho r\omega(\boldsymbol{i}_\varphi \cdot \boldsymbol{W}) \quad (3.37\mathrm{b})$$

式中：$\boldsymbol{\Pi}'$ 为黏性应力张量，其表达式为 $\boldsymbol{\Pi}' = \mu\left[\nabla\boldsymbol{W} + (\nabla\boldsymbol{W})^T\right] - \dfrac{2}{3}\mu(\nabla \cdot \boldsymbol{W})I$；$e$ 为广义能量，$e = \rho\left(C_v T + \dfrac{1}{2}\boldsymbol{W} \cdot \boldsymbol{W}\right)$。

3.3.2　直角坐标系下的基本方程

在绝对直角坐标系下，速度表示成：$\boldsymbol{V} = u\boldsymbol{i} + v\boldsymbol{j} + w\boldsymbol{k}$，则基本方程可表示为

$$\frac{\partial \boldsymbol{U}}{\partial t} + \frac{\partial \boldsymbol{F}}{\partial x} + \frac{\partial \boldsymbol{G}}{\partial y} + \frac{\partial \boldsymbol{H}}{\partial z} = \frac{\partial \boldsymbol{F}_v}{\partial x} + \frac{\partial \boldsymbol{G}^v}{\partial y} + \frac{\partial \boldsymbol{H}_v}{\partial z} \quad (3.38\mathrm{a})$$

$$\boldsymbol{U} = [\rho, \rho u, \rho v, \rho w, e]^T$$

$$\boldsymbol{F} = \begin{bmatrix} \rho u \\ \rho u^2 + p \\ \rho uv \\ \rho uw \\ (e+p)u \end{bmatrix}, \boldsymbol{G} = \begin{bmatrix} \rho v \\ \rho uv \\ \rho v^2 + p \\ \rho vw \\ (e+p)v \end{bmatrix}, \boldsymbol{H} = \begin{bmatrix} \rho w \\ \rho uw \\ \rho vw \\ \rho w^2 + p \\ (e+p)w \end{bmatrix}$$

$$\boldsymbol{F}_v = \begin{bmatrix} 0 \\ \tau_{xx} \\ \tau_{yx} \\ \tau_{zx} \\ a_1 \end{bmatrix}, \boldsymbol{G}_v = \begin{bmatrix} 0 \\ \tau_{xy} \\ \tau_{yy} \\ \tau_{zy} \\ a_2 \end{bmatrix}, \boldsymbol{H}_v = \begin{bmatrix} 0 \\ \tau_{xz} \\ \tau_{yz} \\ \tau_{zz} \\ a_3 \end{bmatrix}$$

$$\begin{bmatrix} a_1 \\ a_2 \\ a_3 \end{bmatrix} = \begin{pmatrix} \tau_{xx} & \tau_{xy} & \tau_{xz} & \lambda\partial T/\partial x \\ \tau_{yx} & \tau_{yy} & \tau_{yz} & \lambda\partial T/\partial y \\ \tau_{zx} & \tau_{zy} & \tau_{zz} & \lambda\partial T/\partial z \end{pmatrix}\begin{bmatrix} u \\ v \\ w \\ 1 \end{bmatrix}, e = \rho\left(C_v T + \frac{1}{2}\boldsymbol{V} \cdot \boldsymbol{V}\right)$$

$$\tau_{xx} = 2\mu u_x + \lambda(u_x + v_y + w_z), \tau_{xy} = \tau_{yx} = \mu(u_y + v_x),$$

$$\tau_{xz} = \tau_{zx} = \mu(u_z + w_x)$$

$$\tau_{yy} = 2\mu v_y + \lambda(u_x + v_y + w_z), \tau_{yz} = \tau_{zy} = \mu(v_z + w_y),$$

$$\tau_{zz} = 2\mu w_z + \lambda(u_x + v_y + w_z)$$

如果相对直角坐标系 z 轴与旋转轴重合,并且以角速度 ω 转动;相对速度表示为 $\boldsymbol{W} = W_1\boldsymbol{i} + W_2\boldsymbol{j} + W_3\boldsymbol{k}$。于是,有

$$W_1 = u - \omega y, W_2 = v + \omega x, W_3 = w$$

这样可得在相对直角坐标系下基本方程

$$\frac{\partial \boldsymbol{U}}{\partial t} + \frac{\partial \boldsymbol{F}}{\partial x} + \frac{\partial \boldsymbol{G}}{\partial y} + \frac{\partial \boldsymbol{H}}{\partial z} = \frac{\partial \boldsymbol{F}_v}{\partial x} + \frac{\partial \boldsymbol{G}^v}{\partial y} + \frac{\partial \boldsymbol{H}_v}{\partial z} + S \quad (3.38b)$$

其中

$$\boldsymbol{U} = [\rho, \rho u, \rho v, \rho w, e]^{\mathrm{T}}, e = \rho(C_v + \frac{1}{2}\boldsymbol{V} \cdot \boldsymbol{V})$$

$$\boldsymbol{F} = \begin{bmatrix} \rho W_1 \\ \rho W_1 u + p \\ \rho W_1 v \\ \rho W_1 w \\ (e+p)W_1 \end{bmatrix}, \boldsymbol{G} = \begin{bmatrix} \rho W_2 \\ \rho W_2 u \\ \rho W_2 v + p \\ \rho W_2 w \\ (e+p)W_2 \end{bmatrix}, \boldsymbol{H} = \begin{bmatrix} \rho W_3 \\ \rho W_3 u \\ \rho W_3 v \\ \rho W_3 w + p \\ (e+p)W_3 \end{bmatrix}$$

$$\boldsymbol{F}_v = \begin{bmatrix} 0 \\ \tau_{xx} \\ \tau_{yx} \\ \tau_{zx} \\ a_1 \end{bmatrix}, \boldsymbol{G}_v = \begin{bmatrix} 0 \\ \tau_{xy} \\ \tau_{yy} \\ \tau_{zy} \\ a_2 \end{bmatrix}, \boldsymbol{H}_v = \begin{bmatrix} 0 \\ \tau_{xz} \\ \tau_{yz} \\ \tau_{zz} \\ a_3 \end{bmatrix}$$

$$\begin{bmatrix} a_1 \\ a_2 \\ a_3 \end{bmatrix} = \begin{pmatrix} \tau_{xx} & \tau_{xy} & \tau_{xz} & \lambda\partial T/\partial x \\ \tau_{yx} & \tau_{yy} & \tau_{yz} & \lambda\partial T/\partial y \\ \tau_{zx} & \tau_{zy} & \tau_{zz} & \lambda\partial T/\partial z \end{pmatrix} \begin{bmatrix} W_1 \\ W_2 \\ W_3 \\ 1 \end{bmatrix}, S = \begin{bmatrix} 0 \\ -\rho\omega v \\ \rho\omega u \\ 0 \\ 0 \end{bmatrix}$$

剪切应力与绝对坐标表达式相同。S 为源项,由旋转运动的哥氏力和离心力产生。

3.3.3 柱坐标系下的基本方程

在绝对柱坐标系下,如果速度表示成 $\boldsymbol{V} = V_r\boldsymbol{i}_r + V_\theta\boldsymbol{i}_\theta + V_z\boldsymbol{i}_z = u\boldsymbol{i}_r + v\boldsymbol{i}_\theta + w\boldsymbol{i}_z$,则基本方程可表示为

$$\frac{\partial \boldsymbol{U}}{\partial t} + \frac{\partial \boldsymbol{F}}{\partial r} + \frac{\partial \boldsymbol{G}}{r\partial \theta} + \frac{\partial \boldsymbol{H}}{\partial z} = \frac{\partial \boldsymbol{F}_v}{\partial r} + \frac{\partial \boldsymbol{G}^v}{r\partial \theta} + \frac{\partial \boldsymbol{H}_v}{\partial z} + S \quad (3.39a)$$

$$\boldsymbol{U} = r[\rho, \rho u, \rho v, \rho w, e]^{\mathrm{T}}$$

$$\boldsymbol{F} = r\begin{bmatrix} \rho u \\ \rho u^2 + p \\ r\rho uv \\ \rho uw \\ (e+p)u \end{bmatrix}, \boldsymbol{G} = r\begin{bmatrix} \rho v \\ \rho uv \\ r(\rho v^2 + p) \\ \rho vw \\ (e+p)v \end{bmatrix}, \boldsymbol{H} = r\begin{bmatrix} \rho w \\ \rho uw \\ r\rho vw \\ \rho w^2 + p \\ (e+p)w \end{bmatrix}$$

$$\boldsymbol{F}_v = r\begin{bmatrix} 0 \\ \tau_{rr} \\ r\tau_{r\theta} \\ \tau_{zr} \\ a_1 \end{bmatrix}, \boldsymbol{G}_v = r\begin{bmatrix} 0 \\ \tau_{r\theta} \\ r\tau_{\theta\theta} \\ \tau_{z\theta} \\ a_2 \end{bmatrix}, \boldsymbol{H}_v = r\begin{bmatrix} 0 \\ \tau_{rz} \\ r\tau_{\theta z} \\ \tau_{zz} \\ a_3 \end{bmatrix}$$

$$\begin{bmatrix} a_1 \\ a_2 \\ a_3 \end{bmatrix} = \begin{pmatrix} \tau_{rr} & \tau_{r\theta} & \tau_{rz} & \lambda \partial T/\partial r \\ \tau_{\theta r} & \tau_{\theta\theta} & \tau_{\theta z} & \lambda \partial T/r\partial\theta \\ \tau_{zr} & \tau_{z\theta} & \tau_{zz} & \lambda \partial T/\partial z \end{pmatrix} \begin{bmatrix} u \\ v \\ w \\ 1 \end{bmatrix}$$

$$\begin{bmatrix} \tau_{r\theta} \\ \tau_{\theta z} \\ \tau_{zr} \end{bmatrix} = \begin{bmatrix} \tau_{\theta r} \\ \tau_{z\theta} \\ \tau_{rz} \end{bmatrix} = \mu \begin{bmatrix} \dfrac{\partial v}{\partial r} + \dfrac{\partial u}{r\partial\theta} - \dfrac{v}{r} \\ \dfrac{\partial v}{\partial z} + \dfrac{\partial w}{r\partial\theta} \\ \dfrac{\partial w}{\partial r} + \dfrac{\partial u}{\partial z} \end{bmatrix}, \begin{bmatrix} \tau_{rr} \\ \tau_{\theta\theta} \\ \tau_{zz} \end{bmatrix} = -\dfrac{2}{3}\mu \nabla \cdot \boldsymbol{V} \begin{bmatrix} 1 \\ 1 \\ 1 \end{bmatrix} + 2\mu \begin{bmatrix} \dfrac{\partial u}{\partial r} \\ \dfrac{\partial v}{r\partial\theta} \\ \dfrac{\partial w}{\partial z} \end{bmatrix}$$

在相对柱坐标系下,如果速度表示成 $\boldsymbol{W} = W_r \boldsymbol{i}_r + W_\varphi \boldsymbol{i}_\varphi + W_z \boldsymbol{i}_z = u\boldsymbol{i}_r + v\boldsymbol{i}_\theta + w\boldsymbol{i}_z$,于是,有

$$W_r = V_r, W_\theta = V_\theta + r\omega, W_z = V_z$$

这时,基本方程可表示为

$$\frac{\partial \boldsymbol{U}}{\partial t} + \frac{\partial \boldsymbol{F}}{\partial r} + \frac{\partial \boldsymbol{G}}{r\partial\varphi} + \frac{\partial \boldsymbol{H}}{\partial z} = \frac{\partial \boldsymbol{F}_v}{\partial r} + \frac{\partial \boldsymbol{G}^v}{r\partial\varphi} + \frac{\partial \boldsymbol{H}_v}{\partial z} + \boldsymbol{S} \qquad (3.39\text{b})$$

$$\boldsymbol{U} = r\left[\rho, \rho u, \rho v, \rho w, \rho I - p\right]^{\mathrm{T}}$$

$$\boldsymbol{F} = r\begin{bmatrix} \rho u \\ \rho u^2 + p \\ r\rho uv \\ \rho uw \\ \rho uI \end{bmatrix}, \boldsymbol{G} = r\begin{bmatrix} \rho v \\ \rho uv \\ r(\rho v^2 + p) \\ \rho vw \\ \rho vI \end{bmatrix}, \boldsymbol{H} = r\begin{bmatrix} \rho w \\ \rho uw \\ r\rho vw \\ \rho w^2 + p \\ \rho wI \end{bmatrix}$$

$$\boldsymbol{F}_v = r \begin{bmatrix} 0 \\ \tau_{rr} \\ r\tau_{r\varphi} \\ \tau_{zr} \\ a_1 \end{bmatrix}, \boldsymbol{G}_v = \begin{bmatrix} 0 \\ \tau_{r\varphi} \\ r\tau_{\varphi\varphi} \\ \tau_{z\varphi} \\ a_2 \end{bmatrix}, \boldsymbol{H}_v = r \begin{bmatrix} 0 \\ \tau_{rz} \\ r\tau_{\varphi z} \\ \tau_{zz} \\ a_3 \end{bmatrix}$$

$$\begin{bmatrix} a_1 \\ a_2 \\ a_3 \end{bmatrix} = \begin{pmatrix} \tau_{rr} & \tau_{r\varphi} & \tau_{rz} & \lambda\partial T/\partial r \\ \tau_{\varphi r} & \tau_{\varphi\varphi} & \tau_{\varphi z} & \lambda\partial T/r\partial\varphi \\ \tau_{zr} & \tau_{z\varphi} & \tau_{zz} & \lambda\partial T/\partial z \end{pmatrix} \begin{bmatrix} u \\ v \\ w \\ 1 \end{bmatrix}, \boldsymbol{S} = \begin{bmatrix} 0 \\ \rho(v + r\omega) + p - \tau_{\varphi\varphi} \\ -2\rho\omega r^2 u \\ 0 \\ 0 \end{bmatrix}$$

式中: $I = \dfrac{\gamma}{\gamma-1}\dfrac{p}{\rho} + \dfrac{1}{2}(u^2 + v^2 + w^2) - \dfrac{1}{2}(r\omega)^2$ 为单位质量气体所具有的滞止焓。

剪切应力与绝对坐标表示方法类同。

3.3.4　任意曲线坐标系下的基本方程

在绝对任意曲线坐标系 (ξ, η, ζ) 下，基本方程可表示成

$$\frac{\partial(\boldsymbol{J}^{-1}\boldsymbol{Q})}{\partial t} + \frac{\partial\boldsymbol{F}}{\partial\xi} + \frac{\partial\boldsymbol{G}}{\partial\eta} + \frac{\partial\boldsymbol{H}}{\partial\zeta} = \frac{\partial\boldsymbol{F}_v}{\partial\xi} + \frac{\partial\boldsymbol{G}_v}{\partial\eta} + \frac{\partial\boldsymbol{H}_v}{\partial\zeta} \tag{3.40a}$$

$$\boldsymbol{Q} = \begin{bmatrix} \rho \\ \rho u \\ \rho v \\ \rho w \\ \rho E \end{bmatrix}, \boldsymbol{F} = \boldsymbol{J}^{-1}\begin{bmatrix} \rho U \\ \rho uU + \xi_x P \\ \rho vU + \xi_y P \\ \rho wU + \xi_z P \\ \rho HU \end{bmatrix}, \boldsymbol{G} = \boldsymbol{J}^{-1}\begin{bmatrix} \rho V \\ \rho uV + \eta_x P \\ \rho vV + \eta_y P \\ \rho wV + \eta_z P \\ \rho HV \end{bmatrix}, \boldsymbol{H} = \boldsymbol{J}^{-1}\begin{bmatrix} \rho W \\ \rho uW + \zeta_x P \\ \rho vW + \zeta_y P \\ \rho wW + \zeta_z P \\ \rho HW \end{bmatrix}$$

$$\boldsymbol{F}_v = \boldsymbol{J}^{-1}\begin{bmatrix} 0 \\ \xi_x\tau_{xx} + \xi_y\tau_{xy} + \xi_z\tau_{xz} \\ \xi_x\tau_{yx} + \xi_y\tau_{yy} + \xi_z\tau_{yz} \\ \xi_x\tau_{zx} + \xi_y\tau_{zy} + \xi_z\tau_{zz} \\ \xi_x\beta_x + \xi_y\beta_y + \xi_z\beta_z \end{bmatrix}, \boldsymbol{G}_v = \boldsymbol{J}^{-1}\begin{bmatrix} 0 \\ \eta_x\tau_{xx} + \eta_y\tau_{xy} + \eta_z\tau_{xz} \\ \eta_x\tau_{yx} + \eta_y\tau_{yy} + \eta_z\tau_{yz} \\ \eta_x\tau_{zx} + \eta_y\tau_{zy} + \eta_z\tau_{zz} \\ \eta_x\beta_x + \eta_y\beta_y + \eta_z\beta_z \end{bmatrix}$$

56

$$\boldsymbol{H}_v = \boldsymbol{J}^{-1} \begin{bmatrix} 0 \\ \zeta_x \tau_{xx} + \zeta_y \tau_{xy} + \zeta_z \tau_{xz} \\ \zeta_x \tau_{yx} + \zeta_y \tau_{yy} + \zeta_z \tau_{yz} \\ \zeta_x \tau_{zx} + \zeta_y \tau_{zy} + \zeta_z \tau_{zz} \\ \zeta_x \beta_x + \zeta_y \beta_y + \zeta_z \beta_z \end{bmatrix}$$

$$E = \frac{P}{(\gamma - 1)\rho} + \frac{1}{2}(u^2 + v^2 + w^2)$$

$$U = \xi_x u + \xi_y v + \xi_z w, V = \eta_x u + \eta_y v + \eta_z w, W = \zeta_x u + \zeta_y v + \zeta_z w$$

式中：u、v、w 为直角坐标系(x,y,z)下的速度分量；U、V、W 为曲线坐标系(ξ,η,ζ)逆变速度分量。

$$\xi_x = \boldsymbol{J}(y_\eta z_\zeta - y_\zeta z_\eta), \xi_y = \boldsymbol{J}(z_\eta x_\zeta - z_\zeta x_\eta), \xi_z = \boldsymbol{J}(x_\eta y_\zeta - x_\zeta y_\eta)$$

$$\eta_x = \boldsymbol{J}(y_\zeta z_\xi - y_\xi z_\zeta), \eta_y = \boldsymbol{J}(z_\zeta x_\xi - z_\xi x_\zeta), \eta_z = \boldsymbol{J}(x_\zeta y_\xi - x_\xi y_\zeta)$$

$$\zeta_x = \boldsymbol{J}(y_\xi z_\eta - y_\eta z_\xi), \zeta_y = \boldsymbol{J}(z_\xi x_\eta - z_\eta x_\xi), \zeta_z = \boldsymbol{J}(x_\xi y_\eta - x_\eta y_\xi)$$

$$\boldsymbol{J}^{-1} = x_\xi y_\eta z_\zeta + x_\eta y_\zeta z_\xi + x_\xi y_\zeta z_\eta - x_\xi y_\zeta z_\eta - x_\eta y_\xi z_\zeta - x_\zeta y_\eta z_\xi$$

$$\beta_x = u\tau_{xx} + v\tau_{xy} + w\tau_z + kT_x$$

$$\beta_y = u\tau_{yx} + v\tau_{xy} + w\tau_{yz} + kT_y$$

$$\beta_z = u\tau_{zx} + v\tau_{zy} + w\tau_{zz} + kT_z$$

相对直角坐标系 z 轴与旋转轴重合，并且以角速度 ω 转动；相对速度表示为 $\boldsymbol{W} = \boldsymbol{W}_1 i + \boldsymbol{W}_2 j + \boldsymbol{W}_3 k$。于是，有

$$W_1 = u - \omega y, W_2 = v + \omega x, W_3 = w$$

在相对任意曲线坐标系(ξ,η,ζ)下，基本方程可表示成

$$\frac{\partial(\boldsymbol{J}^{-1}\boldsymbol{Q})}{\partial t} + \frac{\partial \boldsymbol{F}}{\partial \xi} + \frac{\partial \boldsymbol{G}}{\partial \eta} + \frac{\partial \boldsymbol{H}}{\partial \zeta} = \frac{\partial \boldsymbol{F}_v}{\partial \xi} + \frac{\partial \boldsymbol{G}_v}{\partial \eta} + \frac{\partial \boldsymbol{H}_v}{\partial \zeta} + \boldsymbol{S} \tag{3.40b}$$

$$\boldsymbol{Q} = \begin{bmatrix} \rho \\ \rho u \\ \rho v \\ \rho w \\ \rho E \end{bmatrix}, \boldsymbol{F} = \boldsymbol{J}^{-1} \begin{bmatrix} \rho U' \\ \rho u U' + \xi_x P \\ \rho v U' + \xi_y P \\ \rho w U' + \xi_z P \\ \rho H U' \end{bmatrix}, \boldsymbol{G} = \boldsymbol{J}^{-1} \begin{bmatrix} \rho V' \\ \rho u V' + \eta_x P \\ \rho v V' + \eta_y P \\ \rho w V' + \eta_z P \\ \rho H V' \end{bmatrix}$$

$$\boldsymbol{H} = \boldsymbol{J}^{-1} \begin{bmatrix} \rho W' \\ \rho u W' + \zeta_x P \\ \rho v W' + \zeta_y P \\ \rho w W' + \zeta_z P \\ \rho H W' \end{bmatrix}, \boldsymbol{S} = \begin{bmatrix} 0 \\ -\rho \omega v \\ \rho \omega u \\ 0 \\ 0 \end{bmatrix}$$

$$\boldsymbol{F}_v = \boldsymbol{J}^{-1} \begin{bmatrix} 0 \\ \xi_x \tau_{xx} + \xi_y \tau_{xy} + \xi_z \tau_{xz} \\ \xi_x \tau_{yx} + \xi_y \tau_{yy} + \xi_z \tau_{yz} \\ \xi_x \tau_{zx} + \xi_y \tau_{zy} + \xi_z \tau_{zz} \\ \xi_x \beta_x + \xi_y \beta_y + \xi_z \beta_z \end{bmatrix}, \boldsymbol{G}_v = \boldsymbol{J}^{-1} \begin{bmatrix} 0 \\ \eta_x \tau_{xx} + \eta_y \tau_{xy} + \eta_z \tau_{xz} \\ \eta_x \tau_{yx} + \eta_y \tau_{yy} + \eta_z \tau_{yz} \\ \eta_x \tau_{zx} + \eta_y \tau_{zy} + \eta_z \tau_{zz} \\ \eta_x \beta_x + \eta_y \beta_y + \eta_z \beta_z \end{bmatrix},$$

$$\boldsymbol{H}_v = \boldsymbol{J}^{-1} \begin{bmatrix} 0 \\ \zeta_x \tau_{xx} + \zeta_y \tau_{xy} + \zeta_z \tau_{xz} \\ \zeta_x \tau_{yx} + \zeta_y \tau_{yy} + \zeta_z \tau_{yz} \\ \zeta_x \tau_{zx} + \zeta_y \tau_{zy} + \zeta_z \tau_{zz} \\ \zeta_x \beta_x + \zeta_y \beta_y + \zeta_z \beta_z \end{bmatrix}$$

$$E = \frac{P}{(\gamma - 1)\rho} + \frac{1}{2}(u^2 + v^2 + w^2)$$

$$U' = \xi_x W_1 + \xi_y W_2 + \xi_z W_3, V' = \eta_x W_1 + \eta_y W_2 + \eta_z W_3, W' = \zeta_x W_1 + \zeta_y W_2 + \zeta_z W_3$$

式中：U'、V'、W' 为相对曲线坐标系 (ξ, η, ζ) 逆变速度分量。

3.3.5　积分形式基本方程

采用有限体积法进行方程离散时,需采用积分形式的基本方程。有限体积法适用于结构网格和非结构网格。对于相对坐标系下的基本方程

$$\frac{\partial \boldsymbol{U}}{\partial t} + \frac{\partial \boldsymbol{F}}{\partial x} + \frac{\partial \boldsymbol{G}}{\partial y} + \frac{\partial \boldsymbol{H}}{\partial z} = \frac{\partial \boldsymbol{F}_v}{\partial x} + \frac{\partial \boldsymbol{G}_v}{\partial y} + \frac{\partial \boldsymbol{H}_v}{\partial z} + S \tag{3.41}$$

改写成积分形式为

$$\frac{\partial}{\partial t} \iiint_\Omega \boldsymbol{U} \mathrm{d}\Omega + \oiint_{\partial\Omega} \boldsymbol{F}_{inv} \cdot \boldsymbol{n} \mathrm{d}\sigma = \iiint_\Omega (VIS + S) \mathrm{d}\Omega$$

式中：$\boldsymbol{F}_{inv} = \boldsymbol{F}i + \boldsymbol{G}j + \boldsymbol{H}k$ 为对流项；$\boldsymbol{n}$ 为单元面外法向；σ 为单元面；Ω 为单元体体积；$VIS = \dfrac{\partial \boldsymbol{F}_v}{\partial x} + \dfrac{\partial \boldsymbol{G}_v}{\partial y} + \dfrac{\partial \boldsymbol{H}_v}{\partial z}$ 为黏性力项。

3.4　NS 方程离散求解

流动控制方程求解方法主要有有限差分法、有限体积法、有限元法。采用有限差分方法对流动控制方程离散,要求采用结构化网格。通过坐标转换将直角坐标系下控制方程转化到任意曲线坐标系下(即采用任意曲线坐标系下控制方程),才能进行差分离散。有限体积法和有限元法可采用结构网格也可采用非结构网格。下面介绍采用一种典型的任意曲线坐标系下控制方程有限差分方法离散求解过程。

3.4.1 控制方程差分离散

对任意曲线坐标系下三维 NS 方程(3.40a)的空间偏导数项采用中心差分进行离散,于是,方程离散成

$$\frac{\partial(\boldsymbol{J}^{-1}\boldsymbol{Q})}{\partial t} + \boldsymbol{F}_{i+\frac{1}{2},j,k} - \boldsymbol{F}_{i-\frac{1}{2},j,k} + \boldsymbol{G}_{i,j+\frac{1}{2},k} - \boldsymbol{G}_{i,j-\frac{1}{2},k} + \boldsymbol{H}_{i,j,k+\frac{1}{2}} - \boldsymbol{H}_{i,j,k-\frac{1}{2}}$$

$$= \boldsymbol{F}_{vi+\frac{1}{2},j,k} - \boldsymbol{F}_{vi-\frac{1}{2},j,k} + \boldsymbol{G}_{vi,j+\frac{1}{2},k} - \boldsymbol{G}_{vi,j-\frac{1}{2},k} + \boldsymbol{H}_{vi,j,k+\frac{1}{2}} - \boldsymbol{H}_{vi,j,k-\frac{1}{2}}$$

$$(3.42)$$

在此以 a 代表控制面 $\left(i \pm \frac{1}{2}, j, k\right)$,即

$$\boldsymbol{F}_a^1 = (\boldsymbol{J}^{-1}\xi_x)_a Q_a^2 + (\boldsymbol{J}^{-1}\xi_y)_a Q_a^3 + (\boldsymbol{J}^{-1}\xi_z)_a Q_a^4 \qquad (3.43a)$$

$$\boldsymbol{F}_a^2 = \boldsymbol{F}_a^1 Q_a^2/Q_a^1 + (\boldsymbol{J}^{-1}\xi_x)_a P_a \qquad (3.43b)$$

$$\boldsymbol{F}_a^3 = \boldsymbol{F}_a^1 Q_a^3/Q_a^1 + (\boldsymbol{J}^{-1}\xi_y)_a P_a \qquad (3.43c)$$

$$\boldsymbol{F}_a^4 = \boldsymbol{F}_a^1 Q_a^4/Q_a^1 + (\boldsymbol{J}^{-1}\xi_z)_a P_a \qquad (3.43d)$$

$$\boldsymbol{F}_a^5 = \boldsymbol{F}_a^1 H_a = \boldsymbol{F}_a^1 Q_a^5/Q_a^1 + \boldsymbol{F}_a^1 P_a/Q_a^1 \qquad (3.43e)$$

以 b 代表控制面 $\left(i, j \pm \frac{1}{2}, k\right)$,即

$$\boldsymbol{G}_b^1 = (\boldsymbol{J}^{-1}\eta_x)_b Q_b^2 + (\boldsymbol{J}^{-1}\eta_y)_b Q_b^3 + (\boldsymbol{J}^{-1}\eta_z)_b Q_b^4 \qquad (3.44a)$$

$$\boldsymbol{G}_b^2 = \boldsymbol{G}_b^1 Q_b^2/Q_b^1 + (\boldsymbol{J}^{-1}\eta_x)_b P_b \qquad (3.44b)$$

$$\boldsymbol{G}_b^3 = \boldsymbol{G}_b^1 Q_b^3/Q_b^1 + (\boldsymbol{J}^{-1}\eta_y)_b P_b \qquad (3.44c)$$

$$\boldsymbol{G}_b^4 = \boldsymbol{G}_b^1 Q_b^4/Q_b^1 + (\boldsymbol{J}^{-1}\eta_z)_b P_b \qquad (3.44d)$$

$$\boldsymbol{G}_b^5 = \boldsymbol{G}_b^1 H_b = \boldsymbol{G}_b^1 Q_b^5/Q_b^1 + \boldsymbol{G}_b^1 P_b/Q_b^1 \qquad (3.44e)$$

以 c 代表控制面 $\left(i, j, k \pm \frac{1}{2}\right)$,即

$$\boldsymbol{H}_c^1 = (\boldsymbol{J}^{-1}\zeta_x)_c Q_c^2 + (\boldsymbol{J}^{-1}\zeta_y)_c Q_c^3 + (\boldsymbol{J}^{-1}\zeta_z)_c Q_c^4 \qquad (3.45a)$$

$$\boldsymbol{H}_c^2 = \boldsymbol{H}_c^1 Q_c^2/Q_c^1 + (\boldsymbol{J}^{-1}\zeta_x)_c P_c \qquad (3.45b)$$

$$\boldsymbol{H}_c^3 = \boldsymbol{H}_c^1 Q_c^3/Q_c^1 + (\boldsymbol{J}^{-1}\zeta_y)_c P_c \qquad (3.45c)$$

$$\boldsymbol{H}_c^4 = \boldsymbol{H}_c^1 Q_c^4/Q_c^1 + (\boldsymbol{J}^{-1}\zeta_z)_c P_c \qquad (3.45d)$$

$$\boldsymbol{H}_c^5 = \boldsymbol{H}_c^1 Q_c^5/Q_c^1 + \boldsymbol{H}_c^1 P_c/Q_c^1 \qquad (3.45e)$$

在式(3.43)、式(3.44)、式(3.45)计算中用到控制面上参数 p 和 $\rho(= Q^1)$,$\rho u(= $

Q^2), $\rho v(=Q^3)$, $\rho w(=Q^4)$, $\rho H(=Q^5)$的值。这些数值采用相邻两个节点上的平均值。此外,$\boldsymbol{F}$、$\boldsymbol{G}$、$\boldsymbol{H}$、$\boldsymbol{Q}$上标1、2、3、4、5表示$\boldsymbol{F}$、$\boldsymbol{G}$、$\boldsymbol{Q}$向量中第一个到第五个元素,对于下面的$\boldsymbol{F}_v$、$\boldsymbol{G}_v$、$\boldsymbol{H}_v$意义相同,即

$$\boldsymbol{F}_{va}^1 = 0 \tag{3.46a}$$

$$\boldsymbol{F}_{va}^2 = \boldsymbol{J}_a^{-1}(\xi_x\tau_{xx} + \xi_y\tau_{xy} + \xi_z\tau_{xz})_a \tag{3.46b}$$

$$\boldsymbol{F}_{va}^3 = \boldsymbol{J}_a^{-1}(\xi_x\tau_{yx} + \xi_y\tau_{yy} + \xi_z\tau_{yz})_a \tag{3.46c}$$

$$\boldsymbol{F}_{va}^4 = \boldsymbol{J}_a^{-1}(\xi_x\tau_{zx} + \xi_y\tau_{zy} + \xi_z\tau_{zz})_a \tag{3.46d}$$

$$\boldsymbol{F}_{va}^5 = \boldsymbol{J}_a^{-1}(\xi_x\beta_x + \xi_y\beta_y + \xi_z\beta_z)_a \tag{3.46e}$$

$$\boldsymbol{G}_{vb}^1 = 0 \tag{3.47a}$$

$$\boldsymbol{G}_{vb}^2 = \boldsymbol{J}_b^{-1}(\eta_x\tau_{xx} + \eta_y\tau_{xy} + \eta_z\tau_{xz})_b \tag{3.47b}$$

$$\boldsymbol{G}_{vb}^3 = \boldsymbol{J}_b^{-1}(\eta_x\tau_{yx} + \eta_y\tau_{yy} + \eta_z\tau_{yz})_b \tag{3.47c}$$

$$\boldsymbol{G}_{vb}^4 = \boldsymbol{J}_b^{-1}(\eta_x\tau_{zx} + \eta_y\tau_{zy} + \eta_z\tau_{zz})_b \tag{3.47d}$$

$$\boldsymbol{G}_{vb}^5 = \boldsymbol{J}_b^{-1}(\eta_x\beta_x + \eta_y\beta_y + \eta_z\beta_z)_b \tag{3.47e}$$

$$\boldsymbol{H}_{vc}^1 = 0 \tag{3.48a}$$

$$\boldsymbol{H}_{vc}^2 = \boldsymbol{J}_c^{-1}(\zeta_x\tau_{xx} + \zeta_y\tau_{xy} + \zeta_z\tau_{xz})_c \tag{3.48b}$$

$$\boldsymbol{H}_{vc}^3 = \boldsymbol{J}_c^{-1}(\zeta_x\tau_{yx} + \zeta_y\tau_{yy} + \zeta_z\tau_{yz})_c \tag{3.48c}$$

$$\boldsymbol{H}_{vc}^4 = \boldsymbol{J}_c^{-1}(\zeta_x\tau_{zx} + \zeta_y\tau_{zy} + \zeta_z\tau_{zz})_c \tag{3.48d}$$

$$\boldsymbol{H}_{vc}^5 = \boldsymbol{J}_c^{-1}(\zeta_x\beta_x + \zeta_y\beta_y + \zeta_z\beta_z)_c \tag{3.48e}$$

3.4.2　人工黏性

对于上述对流项采用中心差分离散的差分格式,稳定性限制较严格(时间步长允许取值小、计算收敛慢),并且在流场数值计算时,流动参数变化较骤烈的区域(如激波和滞止点附近)易产生数值振荡,影响计算过程的稳定性。为此,在离散方程中加入人工黏性项,以提高格式稳定性和抑制数值振荡。人工黏性引入相当于增加了离散误差,在此采用自适应变系数人工黏性模型,以达到根据流动参数变化量确定引入人工黏性大小,以减小人工黏性项对计算结果精度的影响。

将方程式(3.40a)改写成

$$\frac{\partial}{\partial t}(\boldsymbol{J}^{-1}\boldsymbol{Q}) + C(\boldsymbol{Q}) - D(\boldsymbol{Q}) - AD(\boldsymbol{Q}) = 0 \tag{3.49}$$

式中:$C(\boldsymbol{Q})$、$D(\boldsymbol{Q})$分别为对流项和物理黏性项;$AD(\boldsymbol{Q})$为人工黏性项,并且

60

$$AD(Q) = AD_\xi(Q) + AD_\eta(Q) + AD_\zeta(Q) \tag{3.50}$$

其中

$$AD_\xi(Q) = AD_\xi^2(Q) - AD_\xi^4(Q)$$
$$AD_\eta(Q) = AD_\eta^2(Q) - AD_\eta^4(Q)$$
$$AD_\zeta(Q) = AD_\zeta^2(Q) - AD_\zeta^4(Q) \tag{3.51}$$

而

$$AD_\xi^2(Q) = \nabla_\xi(\varLambda_{i+\frac{1}{2},j,k}^\xi \varepsilon_{i+\frac{1}{2},j,k}^{\xi 2})\Delta_\xi Q_{i,j,k} \tag{3.52}$$

$$AD_\xi^4(Q) = \nabla_\xi(\varLambda_{i+\frac{1}{2},j,k}^\xi \varepsilon_{i+\frac{1}{2},j,k}^{\xi 4})\Delta_\xi \nabla_\xi \Delta_\xi Q_{i,j,k} \tag{3.53}$$

式中:$AD_\xi^2(Q)$、$AD_\xi^4(Q)$ 分别为二阶和四阶人工黏性项;Δ_ξ、∇_ξ 分别为向前和向后差分算子。

对于某一标量 A,有

$$\Delta_\xi A_i = A_{i+1} - A_i,\ \nabla_\xi A_i = A_i - A_{i-1} \tag{3.54}$$

于是,可推得

$$\nabla_\xi \Delta_\xi A_i = A_{i+1} - 2A_i + A_{i-1} \tag{3.55}$$

$$\Delta_\xi \nabla_\xi \Delta_\xi A_i = A_{i+2} - 3A_{i+1} + 3A_i - A_{i-1} \tag{3.56}$$

$$AD_\xi^2(Q) = \varLambda_{i+\frac{1}{2},j,k}^\xi \varepsilon_{i+\frac{1}{2},j,k}^{\xi 2}(Q_{i+1,j,k} - Q_{i,j,k}) -$$
$$\Delta_{i-\frac{1}{2},j,k}^\xi \varepsilon_{i-\frac{1}{2},j,k}^{\xi 2}(Q_{i,j,k} - Q_{i-1,j,k}) \tag{3.57}$$

$$AD_\xi^4(Q) = \varLambda_{i+\frac{1}{2},j,k}^\xi \varepsilon_{i+\frac{1}{2},j,k}^{\xi 4}(Q_{i+2,j,k} - 3Q_{i+1,j,k} - 3Q_{i,j,k} + Q_{i-1,j,k}) -$$
$$\varLambda_{i-\frac{1}{2},j,k}^\xi \varepsilon_{i+\frac{1}{2},j,k}^{\xi 4}(Q_{i+1,j,k} - 3Q_{i,j,k} - 3Q_{i-1,j,k} + Q_{i-2,j,k}) \tag{3.58}$$

$$\varLambda^\xi = \varPhi_\xi \lambda^\xi \tag{3.59}$$

$$\lambda^\xi = \mathrm{d}s^\xi(a + |V_n|) \tag{3.60}$$

式中:$\mathrm{d}s^\xi$ 为等 ξ 微元面面积;a 为声速;V_n 为等 ξ 面法向速度,并且

$$\lambda^\xi = (|U| + a\sqrt{\xi_x^2 + \xi_y^2 + \xi_z^2}) \tag{3.61a}$$

同理,可推得

$$\lambda^\eta = (|V| + a\sqrt{\eta_x^2 + \eta_y^2 + \eta_z^2})/J \tag{3.61b}$$

$$\lambda^\zeta = (|W| + a\sqrt{\zeta_x^2 + \zeta_y^2 + \zeta_z^2})/J \tag{3.61c}$$

$$\varPhi^\xi = 1 + (\lambda^\eta/\lambda^\xi)^\sigma + (\lambda^\zeta/\lambda^\xi)^\sigma \tag{3.62a}$$

$$\varPhi^\eta = 1 + (\lambda^\xi/\lambda^\eta)^\sigma + (\lambda^\zeta/\lambda^\eta)^\sigma \tag{3.62b}$$

$$\varPhi^\zeta = 1 + (\lambda^\xi/\lambda^\zeta)^\sigma + (\lambda^\eta/\lambda^\zeta)^\sigma \tag{3.62c}$$

式中:σ 为经验系数,取值 $0.4 \sim 0.8$ 计算过程收敛性较好,并且

$$\varepsilon_{i+\frac{1}{2},j,k}^{\xi 2} = K^{(2)}\max(\nu_{i-2,j,k}^\xi, \nu_{i-1,j,k}^\xi, \nu_{i,j,k}^\xi, \nu_{i+1,j,k}^\xi \nu_{i+2,j,k}^\xi) \tag{3.63}$$

$$\nu_{i,j,k}^{\xi} = \frac{|\ P_{i+1,j,k} - 2P_{i,j,k} + P_{i-1,j,k}\ |}{P_{i+1,j,k} + 2P_{i,j,k} + P_{i-1,j,k}} \tag{3.64}$$

$$\varepsilon_{i+\frac{1}{2},j,k}^{\xi 4} = \max\left\{0, \left(K^{(4)} - \varepsilon^{\xi 2} + \frac{1}{2}, j, k\right)\right\} \tag{3.65}$$

式中:$K^{(2)} = 1/2$;$K^{(4)} = 1/64$。在式(3.63)中,人工黏性由压力作为感受因子,使其数值在激波或驻点附近自动加大。$AD_{\eta}(Q)$ 和 $AD_{\zeta}(Q)$ 计算与 $AD_{\xi}(Q)$ 计算方法完全相同。

3.4.3　控制方程的时间离散

采用四步龙格—库塔对守恒方程式(3.49)进行时间积分,为此,将方程改写成

$$\frac{\partial Q}{\partial t} + R(Q) = 0 \tag{3.66}$$

$$R(Q) = J(C(Q) - D(Q) - AD(Q)) \tag{3.67}$$

于是,有

$$Q^{(0)} = Q^{(n)}$$
$$Q^{(1)} = Q^{(0)} - \alpha_1 \Delta t R(Q)^{(0)}$$
$$Q^{(2)} = Q^{(0)} - \alpha_2 \Delta t R(Q)^{(1)}$$
$$Q^{(3)} = Q^{(0)} - \alpha_3 \Delta t R(Q)^{(2)}$$
$$Q^{(4)} = Q^{(0)} - \alpha_4 \Delta t R(Q)^{(3)}$$
$$Q^{(n+1)} = Q^{(4)} \tag{3.68}$$

式中:$\alpha_1 = 1/4$;$\alpha_2 = 1/3$;$\alpha_3 = 1/2$;$\alpha_4 = 1$。该时间离散格式为二阶精度。

3.4.4　流场计算加速技术

三维黏性流场计算网格点多,迭代计算速度慢。为了提高迭代收敛速度,通常要采用一些加速技术,如局部时间步长、多重网格法、残值光顺;对于无黏流还可采用焓阻尼技术。

1. 局部时间步长

采用时间推进法求稳态解,采用局部时间步长,可加快扰动传播速度,提高迭代收敛速度。由于每一迭代时间步各网格节点所采用时间步长不同,因而,这种加速方法不适用于求非定常解。

局部时间步长(Δt)由对流项(Δt_c)和扩散项(Δt_d)限制综合考虑得到,即

$$\Delta t = c_1 \min(\Delta t_c, \Delta t_d) \tag{3.69}$$

c_1 为与 CFL 条件相关联系数,c_1 取值越大,计算过程收敛越快,此数值由试验确定。在此可取

$$\Delta t_c = \frac{1}{J(\lambda_{\xi} + \lambda_{\eta} + \lambda_{\zeta})} \tag{3.70}$$

$$\frac{1}{\Delta t_d} = K_t \frac{r\mu}{\rho_{Pr}} J^2 (S_\eta^2 S_\zeta^2 + S_\xi^2 S_\zeta^2 + S_\xi^2 S_\eta^2) \tag{3.71}$$

其中

$$S_\xi^2 = x_\xi^2 + y_\xi^2 + z_\xi^2$$
$$S_\eta^2 = x_\eta^2 + y_\eta^2 + z_\eta^2$$
$$S_\zeta^2 = x_\zeta^2 + y_\zeta^2 + z_\zeta^2$$

2. 隐式残值光顺

对于基于不稳定方法的稳态问题(通常称为时间推进法),为了缓解显式离散格式对时间步长的限制(时间步长由 CFL 数确定),可采用光顺技术对每一迭代步计算出的网格节点上的参数值进行光顺处理。隐式残值光顺(Implicit Residual Smoothing, IRS)技术近年来被广泛地用于定常和非定常问题的求解。由下式对网格节点上计算残值进行光顺处理,即

$$(1 - \beta_\xi \Delta_\xi \nabla_\xi)(1 - \beta_\eta \Delta_\eta \nabla_\eta)(1 - \beta_\zeta \Delta_\zeta \nabla_\zeta)\overline{R} = R \tag{3.72}$$

式中:$\overline{R}$ 为残值 R 的光顺值,并且

$$\beta_\xi = \max\left\{0, \frac{1}{4}\left[\left(\frac{FL}{CFL^*} \frac{\lambda^\xi}{\lambda^\xi + \lambda^\eta + \lambda^\zeta} \Phi_\xi\right)^2 - 1\right]\right\}$$

$$\beta_\eta = \max\left\{0, \frac{1}{4}\left[\left(\frac{FL}{CFL^*} \frac{\lambda^\eta}{\lambda^\xi + \lambda^\eta + \lambda^\zeta} \Phi_\eta\right)^2 - 1\right]\right\}$$

$$\beta_\zeta = \max\left\{0, \frac{1}{4}\left[\left(\frac{FL}{CFL^*} \frac{\lambda^\zeta}{\lambda^\xi + \lambda^\eta + \lambda^\zeta} \Phi_\zeta\right)^2 - 1\right]\right\} \tag{3.73}$$

式(3.72)可分裂成下列 3 个分式,即

$$(1 - \beta_\xi \Delta_\xi \nabla_\xi)\overline{R^*} = R \tag{3.74a}$$

$$(1 - \beta_\eta \Delta_\eta \nabla_\eta)\overline{R^{**}} = \overline{R^*} \tag{3.74b}$$

$$(1 - \beta_\zeta \Delta_\zeta \nabla_\zeta)\overline{R} = \overline{R^{**}} \tag{3.74c}$$

其中

$$\Delta_\xi \nabla_\xi \overline{R^*} = \overline{R^*_{i+1,j,k}} - 2\overline{R^*_{i,j,k}} + \overline{R^*_{i-1,j,k}}$$

$$\Delta_\eta \nabla_\eta \overline{R^*} = \overline{R^*_{i,j+1,k}} - 2\overline{R^*_{i,j,k}} + \overline{R^*_{i,j-1,k}}$$

$$\Delta_\zeta \nabla_\zeta \overline{R^*} = \overline{R^*_{i,j,k+1}} - 2\overline{R^*_{i,j,k}} + \overline{R^*_{i,j,k-1}}$$

式(3.74a)~式(3.74c)形式完全一样,写成下列统一形式,即

$$(1 - \beta\Delta\nabla)\overline{r} = r \tag{3.75}$$

式(3.75)展开得

$$-\beta_l \overline{r_{l-1}} + (2\beta_l + 1)\overline{r_l} - \beta_l \overline{r_{l+1}} = r_l \tag{3.76}$$

将式(3.76)在所有节点展开,得到的方程组是三对角矩阵方程。因而,残值光顺过程实际为通过求解三对角矩阵对应的方程组,达到残值在节点上分布的光顺处理。求解三对角矩阵方程计算过程速度快、耗时少,因此,在流场数值计算过程中残值光顺所占用的时间相对较短;而增加残值光顺后,可显著增加时间步长,加快计算收敛速度。

3.5　黏性体积力方法叶片通道流场计算

基于黏性体积力流场计算方法是 Denton[19] 于 1986 年提出的,其基本思想是:在无黏流计算的动量和能量方程中加入黏性力项和黏性耗散项。壁面处理与无黏流相同,即采用滑移边界条件,因此,可采用较稀的网格节点分布。同时,由于黏性体积力计算只需每迭代 10 ~ 25 次进行一次,并且黏性体积力项计算相比于采用 Navier – Stokes 方程方法黏性力项计算简单得多。所以计算耗时与无黏流计算方法相差不大,比采用 Navier – Stokes 方程方法流场计算所耗时间少得多。由于这种方法具有较高的计算精度,同时计算速度快,在英国怀特(Whittle)实验室、美国 NASA 以及国内相关研究领域得到广泛应用。对于采用数值最优化方法叶片设计,优化过程需要大量计算各种叶片造型对应的流场。因此,本文在三维叶片优化设计软件研制中,流场计算模块采用这种方法编制。

3.5.1　控制方程及其离散

旋转坐标系(r,θ,z)的 z 轴与叶轮机械旋转轴重合,并且 θ 增大与叶轮旋转方向一致,r、θ、z 方向对应的黏性体积力为 F_r、F_θ、F_z,则守恒型三维 NS 方程组为

$$
\begin{cases}
\dfrac{\partial \rho}{\partial t} + \dfrac{\partial(r\rho V_r)}{r\partial r} + \dfrac{\partial[\rho W_\theta]}{r\partial\theta} + \dfrac{\partial(\rho V_z)}{\partial z} = 0 \\[2mm]
\dfrac{\partial(\rho V_r)}{\partial t} + \dfrac{1}{r}\cdot\dfrac{\partial(r\rho V_r^2)}{\partial r} + \dfrac{\partial[\rho V_r W_\theta]}{r\partial\theta} + \dfrac{\partial(\rho V_r V_z)}{\partial z} + \dfrac{\partial p}{\partial r} - F_r = \dfrac{\rho V_\theta^2 + p}{r} \\[2mm]
\dfrac{\partial(r\rho V_\theta)}{\partial t} + \dfrac{1}{r}\cdot\dfrac{\partial(r\cdot r\rho V_r V_\theta)}{\partial r} + \dfrac{\partial[r\rho V_\theta W_\theta]}{r\partial\theta} + \dfrac{\partial(r\rho V_r V_\theta)}{\partial z} + \dfrac{\partial p}{\partial\theta} - rF_\theta = 0 \\[2mm]
\dfrac{\partial(\rho V_z)}{\partial t} + \dfrac{1}{r}\cdot\dfrac{\partial(r\rho V_r V_z)}{\partial r} + \dfrac{\partial[\rho V_z W_\theta]}{r\partial\theta} + \dfrac{\partial(\rho V_z^2)}{\partial z} + \dfrac{\partial p}{\partial z} - F_z = 0 \\[2mm]
\dfrac{\partial(\rho E)}{\partial t} + \dfrac{1}{r}\cdot\dfrac{\partial(r\rho V_r H)}{\partial r} + \dfrac{1}{r}\cdot\dfrac{\partial[\rho W_\theta H]}{\partial\theta} + \dfrac{\partial(\rho V_z H)}{\partial z} - \omega r F_\theta = 0
\end{cases}
$$

$$(3.77)$$

以积分形式统一上述质量、动量和能量方程,可得

$$
\int_{C_V} \frac{\partial \boldsymbol{Q}}{\partial t}\mathrm{d}V_{ol} + \oint_{C_S} \boldsymbol{\Gamma}(W\cdot\mathrm{d}A) + \oint_{C_S} p\mathrm{d}\boldsymbol{G} = \oint_{C_V} \boldsymbol{B}\mathrm{d}V_{ol} \tag{3.78}
$$

其中

$$\boldsymbol{Q} = \begin{bmatrix} \rho \\ \rho V_r \\ r\rho V_\theta \\ \rho V_z \\ \rho E \end{bmatrix}, \boldsymbol{\Gamma} = \begin{bmatrix} \rho \\ \rho V_r \\ r\rho V_\theta \\ \rho V_z \\ \rho H \end{bmatrix}, \mathrm{d}\boldsymbol{G} = \begin{bmatrix} 0 \\ \mathrm{d}A_r \\ r\mathrm{d}A_\theta \\ \mathrm{d}A_z \\ 0 \end{bmatrix}, \boldsymbol{B} = \begin{bmatrix} 0 \\ F_r + (\rho V_\theta^2 + p)/r \\ rF_\theta \\ F_z \\ r\omega F_\theta \end{bmatrix} \quad (3.79)$$

式中:ρ 为密度;p 为压力;V 为绝对速度;W 为相对速度;ω 为旋转角速度;V_{ol} 为控制体体积;A 为控制体面积;C_V、C_S 分别表示体积分和面积积分区域;E 为单位质量气体总能,$H = E + p/\rho$ 滞止熵,对于量热完全气体,可给出气体状态方程 $p = (\gamma - 1)\rho[E - 0.5V^2]$,$\gamma$ 为气体比热比。绝对速度与相对速度之间关系有 $W_z = V_z$,$W_r = V_r$,$W_\theta = V_\theta - \omega r$

采用有限体积方法显示离散积分表达式(3.78),其离散形式可写成

$$\frac{\mathrm{d}\boldsymbol{Q}}{\mathrm{d}t} \cdot V_{ol} = \boldsymbol{Rflux}_{i,j,k} - \boldsymbol{Rflux}_{i,j,k+1} +$$

$$\boldsymbol{Tflux}_{i,j,k} - \boldsymbol{Tflux}_{i+1,j,k} + \boldsymbol{Zflux}_{i,j-1,k} - \boldsymbol{Zflux}_{i,j,k} - \boldsymbol{Source} \quad (3.80)$$

式中:i、j、k 分别代表切向、轴向和径向网格节点序号;$\boldsymbol{Rflux}$、$\boldsymbol{Tflux}$、$\boldsymbol{Zflux}$ 分别代表径向通量、切向通量和轴向通量;$\boldsymbol{Source}$ 表示源项。它们的具体表达式为

$$\begin{cases} \boldsymbol{Rflux} = \begin{bmatrix} g_r \\ V_r g_r + pA_{Sr} \\ V_\theta r g_r \\ V_z g_z + pA_{Sz} \\ Hg_r \end{bmatrix}, \boldsymbol{Tflux} = \begin{bmatrix} g_t \\ V_r g_t - \rho V_r \omega r A_{bt} + pA_{br} \\ r(V_\theta g_t - \rho V_\theta \omega r A_{bt} + pA_{br}) \\ V_z g_t - \rho V_z \omega r A_{bt} + pA_{br} \\ Hg_t - \rho H\omega r A_{bt} \end{bmatrix} \\ \\ \boldsymbol{Zflux} = \begin{bmatrix} g_z \\ V_r g_z + pA_{qr} \\ V_\theta r g_z \\ V_z g_z + pA_{qz} \\ Hg_z \end{bmatrix}, \boldsymbol{Source} = \begin{bmatrix} 0 \\ F_r + [(p + \rho V_\theta^2)/r] \cdot V_{ol} \\ rF_\theta \\ F_z \\ r\omega F_\theta \end{bmatrix} \end{cases} \quad (3.81)$$

式中：$g_r = \rho V_r A_{Sr} + \rho V_z A_{Sz}$，$g_t = \rho V_r A_{br} + \rho V_\theta A_{bt} + \rho V_z A_{bz}$，$g_z = \rho V_r A_{qr} + \rho V_z A_{qz}$ 分别是指流过 S1 流面的质量流量、流过 S2 流面的质量流量、流过拟正交面的质量流量。A_q 是拟正交面上微元体表面积，A_{qr}、A_{qz} 是 A_q 分别在垂直于 r 方向上投影面积和垂直于 z 方向上投影面积；A_S 是 S1 流面上微元体表面积，A_{Sr}、A_{Sz} 是 A_S 分别在垂直于 r 方向上投影面积和垂直于 z 方向上投影面积；A_b 是 S2 流面上微元体表面积，A_{br}、A_{bt}、A_{bz} 是 A_b 分别在垂直于 r 方向上投影面积、垂直于 θ 方向上投影面积和垂直于 z 方向上投影面积。求解上述通量和源项过程用到参数为微元体平均值。

3.5.2 黏性体积力计算

计算黏性体积力过程中，忽略流向黏性力，对于结构网格的六面体微元来说，只需要计算剩下的 4 个表面黏性应力，也就是 S1 流面、S2 流面上的黏性力，把作用在这 4 个表面相同方向上的黏性力相加，就得到作用在微元体上总的黏性体积力 3 个方向的分量。黏性体积力可以表达成

$$\begin{cases} F_r = F_r^k + F_r^i \\ F_\theta = F_\theta^k + F_\theta^i \\ F_z = F_z^k + F_z^i \end{cases} \tag{3.82}$$

1. 径向黏性体积力

黏性体积力计算涉及到壁面处黏性应力计算和内部节点黏性应力计算。只要壁面处黏性应力计算正确，即可保证整个流动的能量与动量变化计算准确，而黏性应力在流场中的分布对其无影响[19]。在附面层线性底层，$Y^+ = y\sqrt{\tau_w/\rho}/\mu$ 典型数值为 11，并且易于推得等 Y^+ 线一定为流线。因此，假设第一条网格线处于黏性底层的流线上，则流场计算可采用滑移边界。由 $Y^+ = y\sqrt{\tau_w/\rho}/\mu$ 及 $\tau_w = \mu W/y = 0.5 C_f \rho W^2$ 导出壁面摩擦系数 $C_f = 2/(Y^+)^2$。因此，由下式可计算出上下环壁面处微元体所受壁面剪切应力 τ_w 及其分量 τ_r、τ_θ、τ_z，即

$$\begin{cases} \tau_w = 0.5 C_f \rho W^2 \\ \tau_r = \tau_w \cdot V_r \cdot \Delta A_2 / W \\ \tau_\theta = \tau_w \cdot (V_\theta - \omega r) \cdot \Delta A_2 / W \\ \tau_z = \tau_w \cdot V_z \cdot \Delta A_2 / W \end{cases} \tag{3.83}$$

式中：ρ 为近环壁面微元体密度；W 为近环壁面微元体速度；ΔA_2 为近环壁面微元体 S2 流面面积；V_r、V_θ、V_z 分别为网格节点 (i,j,k) 的径向、切向、轴向绝对速度。

上下环壁附面层区黏性效应由紊流黏性力和层流黏性力组成，根据混合长度

模型可得某轴向位置处微元体的黏性剪切应力为

$$
\begin{cases}
\tau_{r,k} = f_r \cdot (V_{r,k+1} - V_{r,k-1}) \\
\tau_{\theta,k} = f_r \cdot (W_{\theta,k+1} - V_{\theta,k-1}) \\
\tau_{z,k} = f_r \cdot (V_{z,k+1} - V_{z,k-1}) \\
f_r = l_k\rho \mid W_{k+1} - W_{k-1} \mid \Delta A_1 + \dfrac{\mu \cdot \Delta r_k \cdot \Delta A_1}{(\Delta r_k + \Delta r_{k-1})y_s} \\
\Delta r_k = r_{k+1} - r_k, l_k = xl^2/\mathrm{d}s^2 \\
xl = 0.41 \displaystyle\sum_{k=2}^{km-1} \Delta r_{k-1} \cdot \left(1 - \sum_{k=2}^{km-1} \Delta r_{k-1}\right) \cdot s_{km} \\
\mathrm{d}s = s_{km} \cdot (\Delta r_k + \Delta r_{k-1}) \\
s_k = \displaystyle\sum_{k=2}^{km}(s_{k-1} + \sqrt{(z_k - z_{k-1})^2 + (r_k - r_{k-1})^2}, s_1 = 0
\end{cases}
\tag{3.84}
$$

式中:μ 为层流黏性系数,ΔA_1 为 S1 流面面积;近壁面处微元体流线长度 $y_s = \Delta V/\Delta A_1$;$km$ 为径向最大网格节点序号;l_k 为混合长度沿径向分布规律。

最后,由式(3.84)计算出 $\tau_{r,k}$、$\tau_{\theta,k}$、$\tau_{z,k}$,从而可得到径向黏性体积力为

$$
\begin{cases}
F_r^k = \tau_{r,k} - \tau_{r,k+1} \\
F_\theta^k = \tau_{\theta,k} - \tau_{\theta,k+1} \\
F_z^k = \tau_{z,k} - \tau_{z,k+1}
\end{cases}
\tag{3.85}
$$

2. 切向黏性体积力

与上下环壁附面层区计算方法类似,叶片表面所受壁面剪切应力 τ_w 由下式计算,即

$$
\begin{cases}
\tau_w = 0.5C_f\rho W^2 \\
\tau_r = \tau_w \cdot V_r \cdot \Delta A_1/W \\
\tau_\theta = \tau_w \cdot (V_\theta - \omega r) \cdot \Delta A_1/W \\
\tau_z = \tau_w \cdot V_z \cdot \Delta A_1/W
\end{cases}
\tag{3.86}
$$

式中:ρ 为近叶片壁面微元体密度;W 为近叶片壁面微元体速度;ΔA_1 为近叶片壁面微元体 S1 流面面积;V_r、V_θ、V_z 分别为网格节点(i,j,k)的径向、切向、轴向绝对速度。

再由下式计算叶片表面附面层区黏性应力,即

$$\begin{cases} \tau_{r,i} = f_t \cdot (V_{r,i+1} - V_{r,i-1}) \\ \tau_{\theta,i} = f_t \cdot (W_{\theta,i+1} - V_{\theta,i-1}) \\ \tau_{z,i} = f_t \cdot (V_{z,i+1} - V_{z,i-1}) \\ f_t = l_i \rho \mid W_{i+1} - W_{i-1} \mid \Delta A_2 + \dfrac{\mu \cdot \Delta p_i \cdot \Delta A_2}{(\Delta p_i + \Delta p_{i-1}) y_s} \\ \Delta p_i = p_{i+1} - p_i, l_i = pl^2/\mathrm{d}p^2 \\ pl = 0.41 \displaystyle\sum_{i=2}^{im-1} \Delta p_{i-1} \cdot (1 - \sum_{i=2}^{im-1} \Delta p_{i-1}) \cdot g \\ \mathrm{d}p = g \cdot (\Delta p_i + \Delta p_{i-1}) \\ g = \dfrac{2\pi r}{n} - p_i \end{cases} \tag{3.87}$$

式中：n 为叶片数；μ 为层流黏性系数；ΔA_2 为 S2 流面面积；近壁面处微元体流线长度 $y_s = \Delta V/\Delta A_2$；$im$ 为切向最大网格节点序号；l_i 是混合长度沿切向分布规律；p_i 为切向所在弧长位置。为了保证前后缘处的稳定性和连续性，可对前后缘处的混合长度沿切向分布规律 l_i 在轴向方向上进行松弛迭代。

由式(3.87)计算出 $\tau_{r,i}$、$\tau_{\theta,i}$、$\tau_{z,i}$ 可求得切向黏性体积力为

$$\begin{cases} F_r^i = \tau_{r,i} - \tau_{r,i+1} \\ F_\theta^i = \tau_{\theta,i} - \tau_{\theta,i+1} \\ F_z^i = \tau_{z,i} - \tau_{z,i+1} \end{cases} \tag{3.88}$$

3.5.3　计算网格和壁面处黏性剪切应力经验关系研究

采用黏性体积力方法进行流场计算，壁面处 Y^+ 由经验给定。由于 $C_f = 2/(Y^+)^2$，网格节点数以及网格节点分布规律对计算结果有较大影响，对于采用 NS 方程流场计算方法来说，理论上网格节点越密，离散误差越小，计算精度越高。但是本文计算程序壁面处黏性剪切应力采用经验关系给定。因此，只有网格节点分布与壁面处黏性剪切应力关系相适应，才有较高的计算精度。为了合理分布网格节点，针对 NASA Rotor67 风扇转子和 NASA Rotor37 压气机转子，选取多种网格节点数和节点分布规律进行计算比较，考察其对全流量范围内压比和效率的影响，最终确定合适的网格。

1. 用于程序测试的转子简介

NASA Rotor67 转子是一种低展弦比跨声速轴流风扇转子；该转子有丰富的试

验数据,而且其内部的流动在跨声速风扇中具有一定的代表性。NASA Rotor37 转子是具有代表性的超声速压气机转子,转子进口沿叶高全部相对超声。多年来,Rotor67(图 3.13、图 3.14)、Rotor37 转子的试验结果一直用于评估 CFD 程序预测能力。这里给出它们主要设计参数(表 3.2、表 3.3)。

图 3.13   Rotor67 实物照片

图 3.14   Rotor67 流场计算外形

表 3.2   Rotor67 转子基本参数

设计转速	16043r/min	展弦比	1.56
设计流量	33.25kg/s	叶根处稠度	3.11
进口叶尖速度	429.0m/s	叶尖处稠度	1.29
设计压比	1.63	进口半径比	0.375
进口叶尖马赫数	1.38	出口半径比	0.478
叶片数	22	叶尖间隙	1.016mm

表 3.3   Rotor37 转子基本参数

设计转速	17188.7r/min	叶片数	36
设计流量	20.19kg/s	展弦比	1.19
进口叶尖速度	454.14m/s	叶尖处稠度	1.29
设计点压比	2.106	进口半径比	0.7
设计点效率	0.877	叶尖间隙	0.356mm

2. 网格节点分布规律研究

首先对网格节点数 $37 \times 28 \times 73$(径向×切向×流向)和 $Y^+ = 11$,采用 9 种网格节点分布规律对 Rotor67 转子叶片通道进行流场计算。表 3.4 为 9 种决定网格节点分布规律的系数值。x_m 和 x_d 为阻尼和伸展因子,x_m 越小,x_d 越大,壁面处网格线越密集(具体见式(3.2))。由于流向网格节点分布规律变化对计算结果影响较小,并且流向节点分布规律对计算收敛性影响较大,因此不改变流向节点分布规律。9 种网格可分为 3 组,网格序号 1(A)~3(C)为第一组,该组中径向节点分布规律不变,由 1(A)到 3(C)叶片表面附近节点逐渐变稀疏。网格序号 4(D)~6(F)为第二组,该组中径向节点分布规律同样不变,但与第一组比较,上下环壁面附近网格节点较稀疏,由 4(D)到 6(F)切向节点分布变化同第一组。网格序号 7(G)~9(I)为第三组,该组中径向节点分布规律同样不变,但与第一组、第二组比较,上下环壁面附近网格节点更稀疏,由 7(G)到 9(I)切向节点分布变化仍同第一组。

表 3.4　网格节点分布系数值与网格序号

组序号	网格序号	径向节点分布		切向节点分布		流向节点分布	
		x_m	x_d	x_m	x_d	x_m	x_d
一组	1(A)	0.01	4.0	0.01	3.0	0.01	1.0
	2(B)	0.01	4.0	0.01	2.0	0.01	1.0
	3(C)	0.01	4.0	0.1	2.0	0.01	1.0
二组	4(D)	0.01	3.0	0.01	3.0	0.01	1.0
	5(E)	0.01	3.0	0.01	2.0	0.01	1.0
	6(F)	0.01	3.0	0.1	2.0	0.01	1.0
三组	7(G)	0.1	3.0	0.01	3.0	0.01	1.0
	8(H)	0.1	3.0	0.01	2.0	0.01	1.0
	9(I)	0.1	3.0	0.1	2.0	0.01	1.0

由图 3.15 给出的计算压比和效率特性可知,同样网格节点数,网格节点分布规律不同计算结果相差较大,壁面处网格越密计算出压比越大,效率越高。Y^+ 一定,由 $Y^+ = y\sqrt{\tau_w/\rho}/\mu$,则壁面处网格越密,$y$ 越小,τ_w 越大;而 $\tau_w = \mu W/y = 0.5C_f\rho W^2$,则 W 越大,附面层越薄,因此计算效率、压比增加。

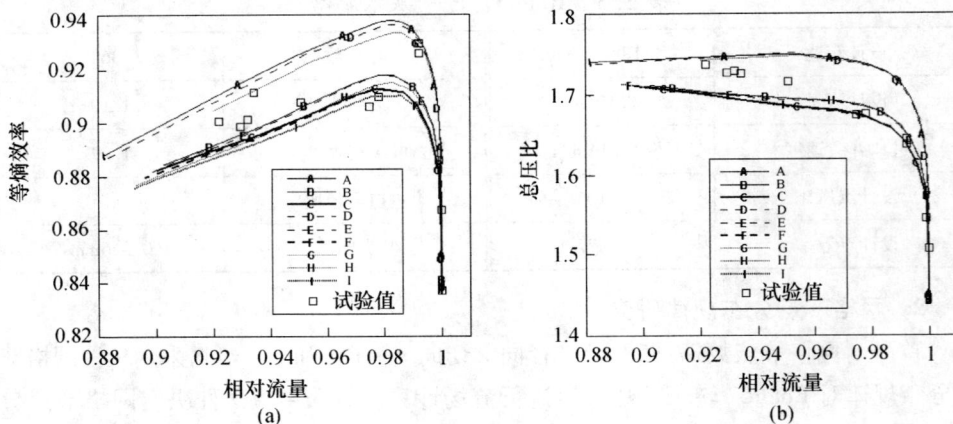

图 3.15　不同网格节点分布计算特性曲线
(a)等熵效率;(b)总压比。

叶片通道内上下环壁面附面层所占比例比叶片表面附面层所占比例小。因此,径向网格节点分布规律变化对计算结果影响相对较小,而切向网格节点变化对计算结果影响较大。特别是对于1(A)、4(D)、7(G)3种网格切向节点分布,由于网格线过于靠近叶片表面,叶片表面处网格节点上速度过大,使计算压比、效率与试验值比较明显偏大。

3. 网格节点数研究

为了进一步研究网格节点数对计算结果的影响,取上述网格中计算结果相对较好的5(E)网格,采用不变的网格节点分布规律和 Y^+（$=11$）,改变网格节点数（网格节点数取值如表3.5所列）。由图3.16可知,网格节点数增加,计算效率和压比都增加;但对压比影响相对较小。

表3.5　网格序号与网格节点数

网格序号	10(A)	11(B)	12(C)	13(D)
节点数	46×28×82	37×28×73	28×22×73	22×19×73

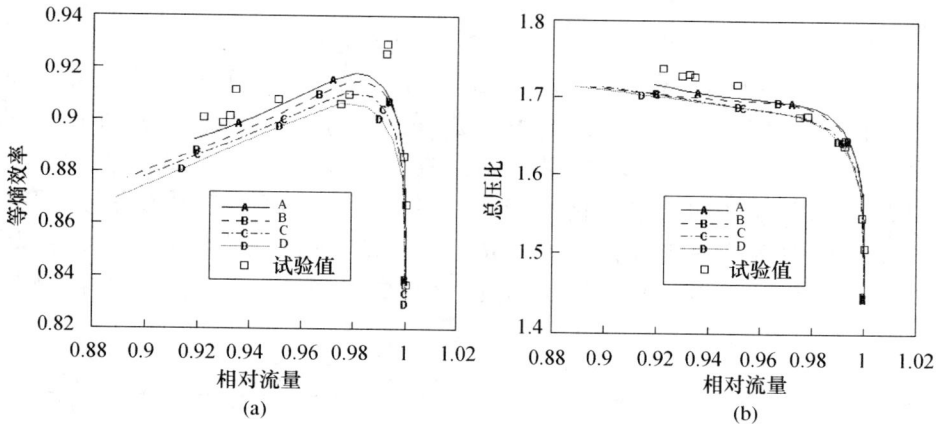

图3.16　不同网格节点数计算特性曲线
（a）等熵效率；（b）总压比。

4. Y^+ 取值研究

同样的计算网格,Y^+越大,壁面网格线速度越大,流动损失越小,因此,计算出的压比越高,效率越高,流量越大。表3.6为采用表3.5中11(B)网格,选取的7个 Y^+ 数值;图3.17为计算结果比较。由图3.17可以看出,对于11(B)网格 Y^+ 取值为11~13计算结果与实测值吻合较好。

表3.6　网格序号与 Y^+ 数值

网格序号	14(A)	15(B)	16(C)	17(D)	18(E)	19(F)	20(G)
Y^+	6	8	10	11	13	15	20

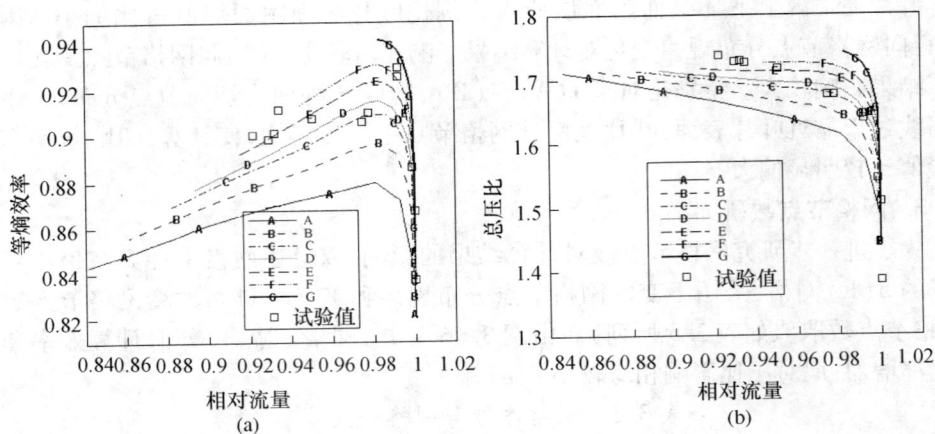

图 3.17 不同 Y^+ 取值的计算特性曲线
（a）等熵效率；（b）总压比。

5. 网格节点数、网格节点分布规律和 Y^+ 取值组合研究

对于 NASA Rotor67 风扇转子,通过上述计算比较确定了网格节点分布规律、网格节点数以及 Y^+ 选取范围。为了进一步提高计算精度,再构成 6 个网格节点数、网格节点分布规律和 Y^+ 的组合进行计算比较,如表 3.7 所列。由图 3.18 可知,从压比和效率在整个流量范围内与试验值吻合程度考虑,网格序号为 26(F)计算结果与实测值吻合最好。图 3.18 给出设计点风扇出口截面切向平均参数沿径向分布的试验与计算值比较,也表明计算与实测值吻合较好。

表 3.7   网格节点数、分布规律、Y^+ 与网格序号

网格序号	径向节点分布		切向节点分布		节点数	Y^+
	x_m	x_d	x_m	x_d		
21(A)	0.01	3.0	0.01	2.0	37×22×73	11
22(B)	0.01	3.0	0.05	2.0	37×22×73	11
23(C)	0.01	3.0	0.01	2.0	37×22×73	13
24(D)	0.01	3.0	0.05	2.0	37×22×73	13
25(E)	0.01	3.0	0.1	2.0	37×37×73	13
26(F)	0.01	3.0	0.1	2.0	37×37×73	11

图 3.19 是在表 3.7 中 26(F)组合参数条件下,本文计算和试验在绝对流量下的效率、压比特性曲线比较。由图可知,本文计算与试验的堵点流量相差 1% 左

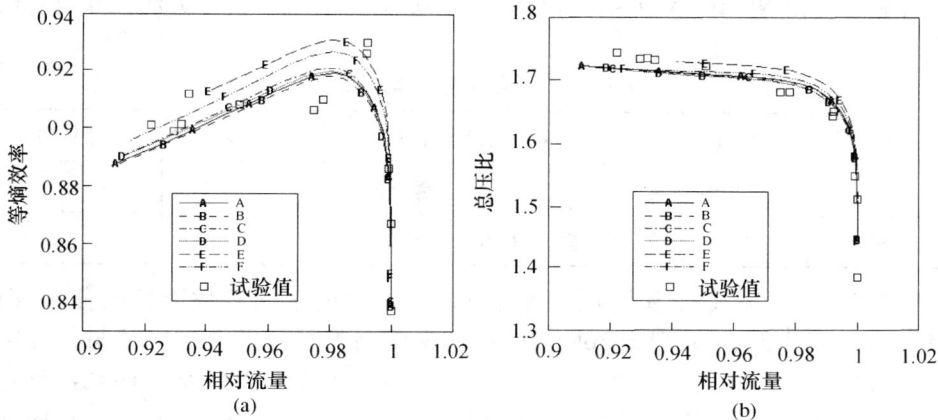

图 3.18 不同 Y^+、网格节点数及分布规律计算特性曲线
（a）等熵效率；（b）总压比。

右,整个流量范围内计算与试验所得效率、压比吻合较好。

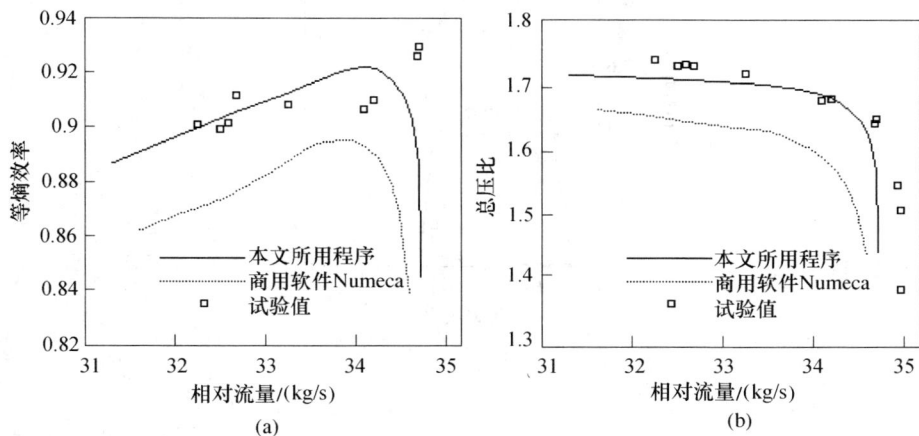

图 3.19 Rotor67 转子试验与计算特性曲线
（a）等熵效率；（b）总压比。

本文同时也采用 NUMECA 软件对 Rotor67 转子进行了计算。计算采用 SA 紊流模型、网格节点数大于 30 万。从计算结果看,本文基于黏性体积力方法计算程序的计算精度还要好于 NUMECA 软件的计算精度,特别是最大流量和整个流量范围内总压比本文计算结果更接近试验值。

表 3.8 为本文流场计算程序和 NUMECA 软件流场计算时间消耗比较(这里的迭代步仅为了时间消耗比较,而非流场计算迭代步)。本文黏性体积力流场计算方

法的计算速度比 NUMECA 软件采用的雷诺平均 NS 方程流场计算方法计算速度快许多。

表 3.8　数值计算时间比较

比较项	网格节点	计算模型、差分格式	迭代步	花费时间
NUMECA	298524	S – A 模型,中心差分	300	约 47min
本文程序	99937	黏性体积力,中心差分	900	约 4min

图 3.20 给出最大效率点附近风扇出口截面切向平均参数沿径向分布,图 3.21、图 3.22、图 3.23 分别为 30% 、70% 、90% 叶高处马赫数分布试验与计算结果。由这些图可看出,本文计算、NUMECA 计算和试验结果在大部分区域都吻合较好。可见,Rotor67 风扇转子流场计算网格节点数取 $37 \times 37 \times 73$(径向 × 切向 × 流向),径向、切向和流向网格阻尼和伸展因子(x_m, x_d)分别取$(0.01, 3.0)$、$(0.1, 2.0)$、$(0.01, 1.0)$,Y^+取值 11,能获得较好的计算精度。

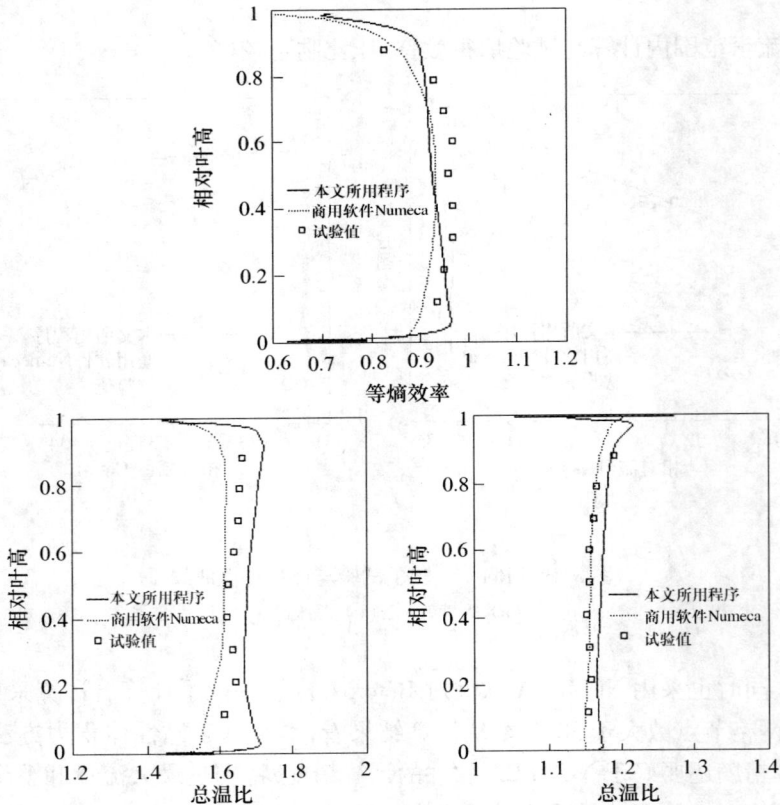

图 3.20　Rotor67 转子最大效率点附近切向平均参数沿径向分布

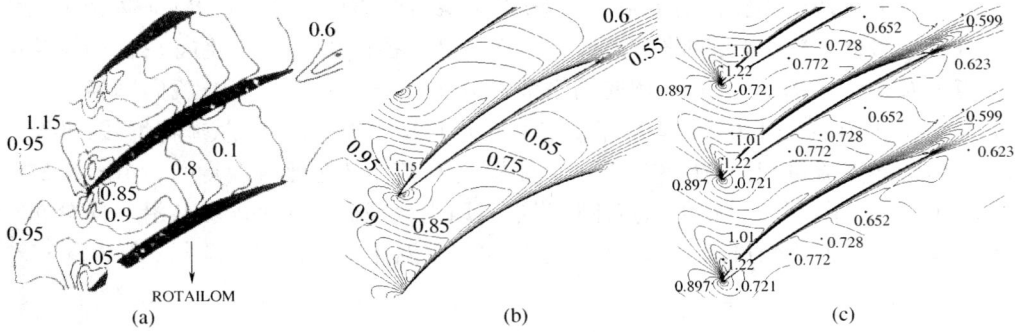

图 3.21 Rotor67 转子最大效率点附近 30% 叶高处马赫数

（a）试验结果；（b）本文计算；（c）NUMECA 计算。

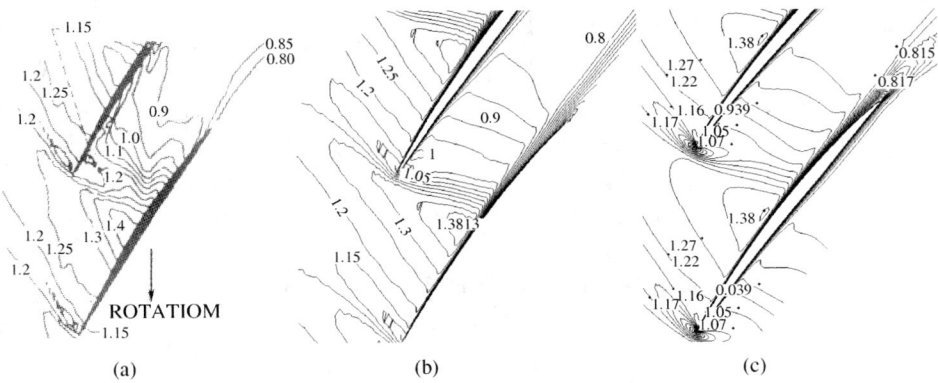

图 3.22 Rotor67 转子最大效率点附近 70% 叶高处马赫数

（a）试验结果；（b）本文计算；（c）NUMECA 计算。

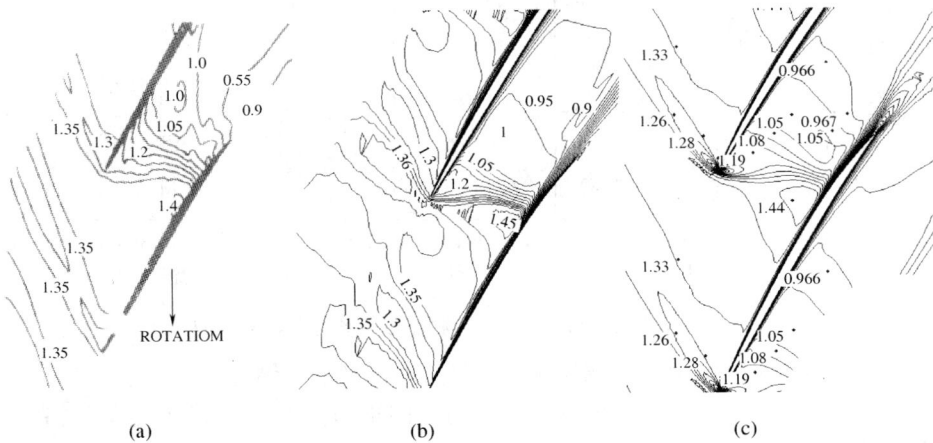

图 3.23 Rotor67 转子最大效率点附近 90% 叶高处马赫数

（a）试验结果；（b）本文计算；（c）NUMECA 计算。

采用上述调试步骤再对 Rotor37 转子进行多个流场计算,得到 Rotor37 转子数值计算的最佳参数组合:网格节点数 $37 \times 28 \times 73$(径向×切向×流向);径向网格节点分布 $x_m = 0.01, x_d = 3.0$,切向网格节点分布 $x_m = 0.1, x_d = 2.0$;流向网格节点分布 $x_m = 0.01, x_d = 1.0, Y^+ = 9$。图 3.24 给出了 Rotor37 转子的总体特性线,计算与试验的堵点流量相当,在整个流量范围内,计算精度还是比较满意的。由图 3.25 中 Rotor37 转子叶片 0.98 倍堵点流量附近风扇出口截面切向平均参数沿径向分布的试验与计算值比较可知,等熵效率、总压比和总温比均吻合较好。

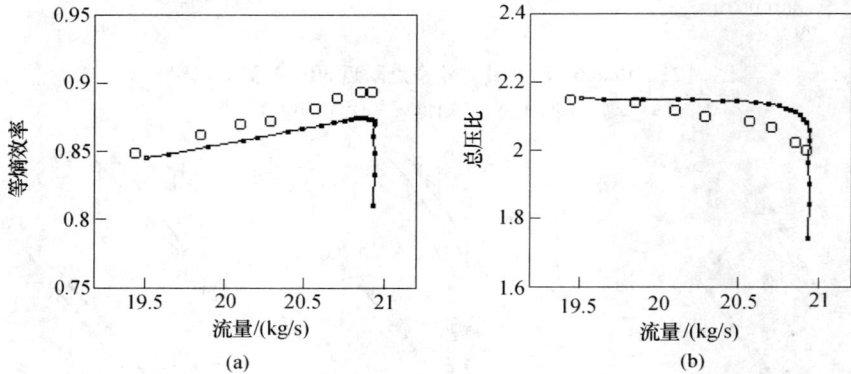

图 3.24　Rotor37 转子试验与计算特性曲线

(a) 等熵效率;(b) 总压比。

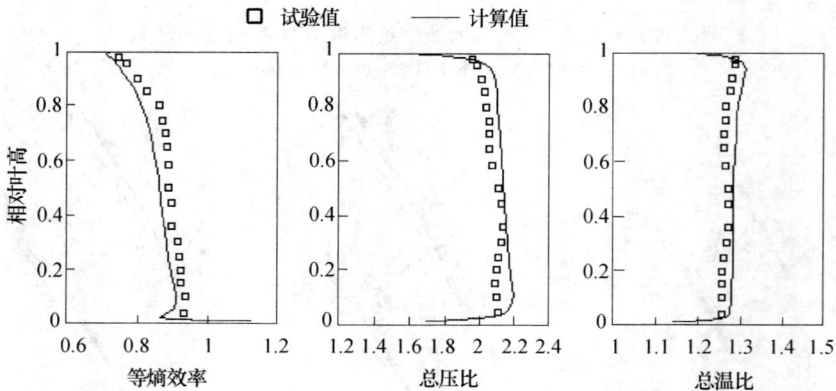

图 3.25　Rotor37 转子最大效率点附近切向平均参数沿径向分布

综合上述对黏性体积力法流场计算研究,可得到如下结论。

(1) 从参数对计算结果的影响上看,切向网格节点分布规律比径向网格节点分布规律对计算结果影响更大;Y^+ 取值越大,计算流量越大,压比越高,效率越高;对于压比越高的风扇转子,由于附面层越厚,Y^+ 取值应越小;Y^+ 取值在 $9 \sim 13$ 范围内。

76

（2）相对于雷诺平均 NS 方程计算方法，黏性体积力计算方法较多地依赖经验参数，即网格节点数、网格节点分布规律和 Y^+ 的选取。对于以原始叶轮为基础的风扇/压气机叶片气动优化设计，由于在保持压比、流量相同情况下，优化叶轮几何与原始叶轮差别不会太大。因此，原始叶轮流场数值计算的经验参数可用于叶轮优化设计过程中的流场计算。

3.6　多排叶片流场计算动静叶排交界面处理

由于叶轮机转静子叶片排的相对运动，上游叶片尾迹造成下游叶片进口呈切向非均匀随时间变化的流场；同时，下游叶片排相对于上游叶片排的非定常运动所产生扰动上传也使上游叶片排流场呈非均匀随时间变化。这样上下游叶片通道内流动一定是非定常的。但是由于转子转速高，在稳定工作状态下，时间平均的流动参数近于定常，所以现在的研究大多数仍采用定常方法。随着计算机技术、流场数值计算技术和流场测试方法的发展，研究人员也在逐步开展非定常流动研究。

在多排叶片流场数值计算中，转静子交界面的处理存在定常和非定常两类方法。早期的多排叶片流场计算通常采用单排流场计算与 S2 流面流场计算相结合的方法。即单排三维流场采用 EULER 方程或 NS 方程方法计算，而其上下游边界条件采用 S2 流面通流计算方法给定。通流计算中落后角和损失采用单排叶片通道流场计算结果给出，反复迭代计算出多排叶片流场。这种方法属于定常流处理方法。

3.6.1　混合面方法

Denton[21] 提出基于混合面定常流场计算方法。其方法大致如下：对于一个转子和一个静子构成的两排叶片流场计算，每排叶片内流动独立计算，动静叶排共有的截面即称为混合面。在每一次迭代计算中，上游叶排出口边界条件由下游叶排在混合面上的切向平均参数确定；下游叶排进口边界条件由上游叶排在混合面上的切向平均参数确定。这样达到考虑上下游叶排的相互影响。采用混合面计算方法进行多于两排叶片流场计算与两排叶片方法相同。单排流场计算中，为便于进出口边界条件给定通常进出口边界离叶片前后缘较远。采用混合面方法进行多排叶片流场计算时，上下游相邻叶排轴向距离通常较近，实质是相当于假设在此面上流动参数切向均匀分布，因此影响混合面附近流场计算精度。以下具体介绍混合面处理方法。

图 3.26 为守恒量切向不变混合面方法示意图[22]。图 3.26（a）为转静子叶片示意图。采用混合面方法，上下游叶片只需计算一个叶片通道，如图 3.26（b）所示。两排叶片在混合面两侧分别设置一个虚拟网格层，如图 3.26（c）所示。对上

下游叶排在与混合面相邻与虚网格重合的网格线上的守恒变量($\rho, \rho u, \rho v, \rho w, \rho e$)进行切向平均,上游叶排出口虚网格上参数取下游叶片进口与之重合的网格线上参数切向平均;下游叶排进口虚网格上的参数取上游叶排出口与之重合的网格线上参数平均,这样即完成了上下游叶排在混合面上的流动参数交换。为了保证计算稳定性,混合面上的参数交换要采用低松弛方法。这种混合面处理方法可保证质量、动量和能量守恒,但不能保证通过混合面的总温和总压守恒,不过通常总温和总压变化很小。图 3.27 为一带导叶的三级压气机采用混合面方法计算网格和稳态流场等马赫数线分布。计算网格为简单 H 型,图中可看出马赫数等值线在混合面附近有突变。这是因为混合面处理方法只保证混合面上下游总的通量守恒,而不保证每一网格单元通量守恒。这样造成混合面上下游附近流场流动参数突变。

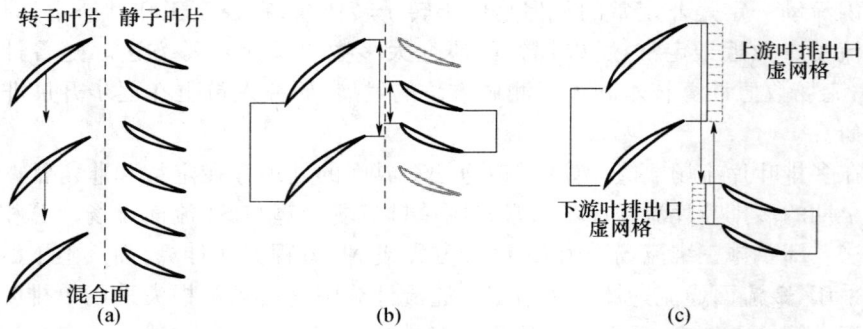

图 3.26 守恒量切向不变混合面

（a）叶片几何形状；（b）计算域；（c）边界处理。

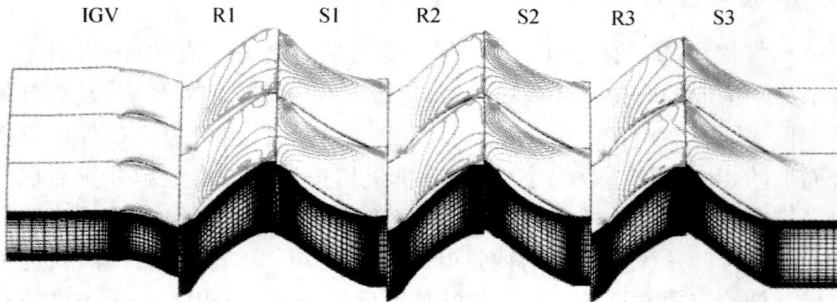

图 3.27 3.5 级压气机计算风格与等马赫数线

采用上述混合面处理方法相当于假设上下游截面流动在混合面处沿切向均布。当相邻两排叶片轴向间距很小时,会在叶片前后缘产生一定的计算误差,甚至计算出的流场在前后缘局部不符合物理规律,特别是对于前后缘载荷较大（如涡轮叶片）情况。为此,参考文献[21]提出在混合面上保留流动参数的切向变化,具体

78

方法如下。如图 3.28 所示,在某一径向位置混合面(j_{mix})上,上游切向第 i 个节点 (i,j_{mixu}) 上参数采用式(3.89a)给定;下游切向第 i 个节点 (i,j_{mixd}) 上参数采用式 (3.89b)给定,即

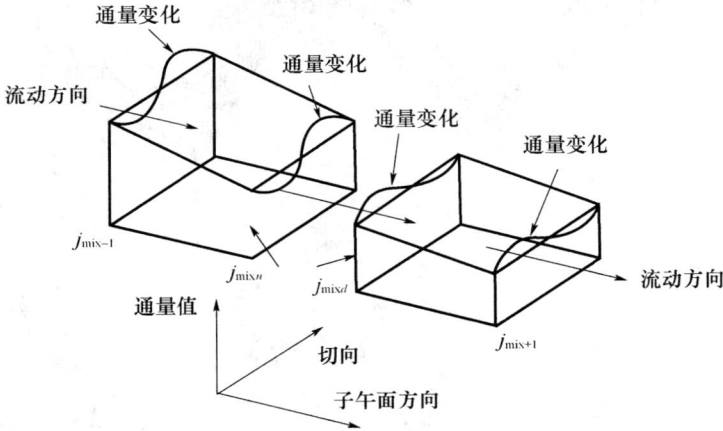

图 3.28 守恒量切向变化混合面

$$F_{i,jmixu} = F_{i,jmix-1} \frac{\overline{F}_{jmixu}}{\overline{F}_{jmix-1}} \tag{3.89a}$$

$$F_{i,jmixd} = F_{i,jmix+1} \frac{\overline{F}_{jmixd}}{\overline{F}_{jmix+1}} \tag{3.89b}$$

式中:$\overline{F}_{jmixu}$、$\overline{F}_{jmixd}$、$\overline{F}_{jmix-1}$、$\overline{F}_{jmix+1}$ 分别为对应截面的参数切向平均值。

这种处理方法既保证流动通量的总体守恒,又保留了上下游参数切向变化;但由于不考虑转静子之间相对运动,因此,也是一种近似处理。由于允许流动参数沿切向变化,因而,比混合面上采用平均值的方法更接近于真实流动。特别是对于上下游叶排轴向间距小的涡轮叶片通道内流动,采用这种方法可大大提高在前后缘区域计算精度。

图 3.29 为参考文献[21]采用流动参数切向变化混合面方法计算两级涡轮的网格和计算结果。其中图 3.29(a)为两级涡轮流场计算网格,图中显示为示意性粗网格,图 3.29(b)为计算涡轮中径处等马赫数线图。由图 3.29(b)在混合面附近仍存在马赫数等值线突变。采用混合面参数切向变化处理方法实现了对流动参数切向变化的模拟。但为了达到混合面上下游通量的总体平衡,要采用式(3.89)对每一网格单元守恒变量进行修改,因此造成混合面上下游流动参数的突变。

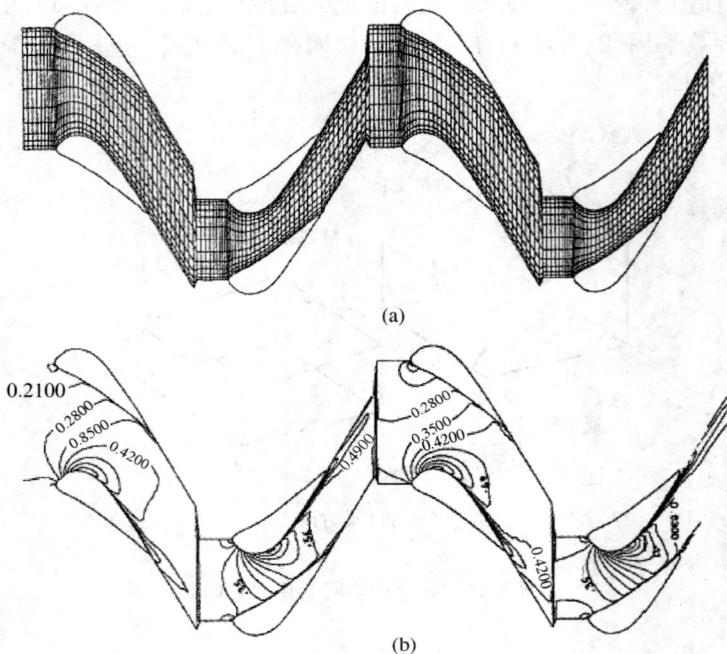

(a)

(b)

图 3.29　两级涡轮计算网格和两级涡轮计算马赫数等值线

3.6.2　转子冷结方法

　　转子冷结方法的基本思想是忽略转静子相对运动,对于转子叶片通道流动在相对坐标系下求解,静子叶片通道流在绝对坐标系下求解。转静子通道交界面不需做近似处理。这种方法是一种稳态流场计算方法,忽略了非定常流动的历史影响,同时计算结果与转静子相对位置相关。因此,一般需设置多个转静子切向相对位置求解,并且上下游叶片数选取要与下面所述非定常流计算一样满足周期性要求。图 3.30 为采用这种方法对涡轮叶片通道流动的计算结果,表明采用转子冷结

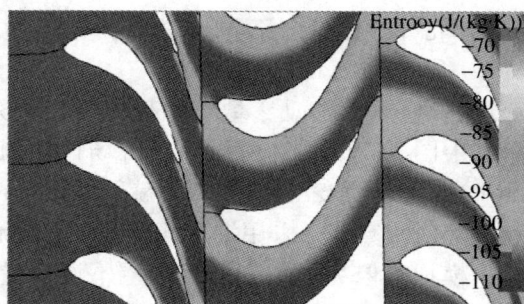

图 3.30　涡轮转子冷结计算熵等值线图

方法计算在转静子交界面上没有流动参数的突变。

3.6.3 非定常方法

对于动静叶排流动可直接采用非定常方法进行数值模拟。采用这种方法从技术上考虑与定常流场计算一样，只是由于要计算流场随时间的变化，计算时间比定常流场计算多得多。如果动静两排叶片不成倍数关系，流动不呈周期性，需进行整排叶片流场计算，而不能像采用混合面方法只计算上下游叶排中一个叶片通道流场，计算时间进一步加长。为了减少计算工作量，也有采用近似处理方法，即寻找上下游叶排近似公倍数，减少上下游叶排计算叶片通道个数（通常所说的"区域缩放"）。在多排叶片非定常流场计算中，目前应用较多的是双时间步长隐式格式，下面以二维平面叶栅流场计算为例阐述其思想。

在绝对直角坐标系下，二维 NS 方程的积分形式为

$$\frac{\partial}{\partial t}\int_{\Delta A}\boldsymbol{Q}\mathrm{d}A + \oint_{\partial A}\left[\,(\boldsymbol{F}-\boldsymbol{Q}u_{mg})\mathrm{d}y + (\boldsymbol{G}-\boldsymbol{Q}v_{mg})\mathrm{d}x\,\right] = 0 \qquad (3.90)$$

式中：$\boldsymbol{Q}=[\rho,\rho u,\rho v,e]^{\mathrm{T}}$；$\boldsymbol{F}$、$\boldsymbol{G}$ 为包含黏性项的通量，u_{mg}、v_{mg} 为 x 和 y 方向网格移动速度。引入虚拟时间步长 τ，方程改写成

$$\frac{\partial}{\partial \tau}\int_{\Delta A}\boldsymbol{Q}\mathrm{d}A + \frac{\partial}{\partial t}\int_{\Delta A}\boldsymbol{Q}\mathrm{d}A + \oint_{\partial A}\left[\,(\boldsymbol{F}-\boldsymbol{Q}u_{mg})\mathrm{d}y + (\boldsymbol{G}-\boldsymbol{Q}v_{mg})\mathrm{d}x\,\right] = 0 \quad (3.91)$$

方程可离散为

$$\frac{\Delta A}{\Delta \tau}\Delta Q_f = -\left(\frac{\partial}{\partial t}\int_{\Delta A}\boldsymbol{Q}\mathrm{d}A + \boldsymbol{R}^{n+1}\right) \qquad (3.92)$$

其中

$$\boldsymbol{R}^{n+1} = \oint_{\partial A}\left[\,(\boldsymbol{F}-\boldsymbol{Q}u_{mg})\mathrm{d}y + (\boldsymbol{G}-\boldsymbol{Q}v_{mg})\mathrm{d}x\,\right] = 0$$

离散形式为

$$\boldsymbol{R}^{n+1} = \sum_{l=1}^{4}\left[\,(\boldsymbol{F}-\boldsymbol{Q}u_{mg})\Delta y + (\boldsymbol{G}-\boldsymbol{Q}v_{mg})\Delta x\,\right]^{n+1}$$

物理时间项采用时间向后二阶精度差分格式，即

$$\frac{\partial}{\partial t}\int_{\Delta A}\boldsymbol{Q}\mathrm{d}A = \frac{3(\boldsymbol{Q}\Delta A)^{n+1} - 4(\boldsymbol{Q}\Delta A)^{n} + (\boldsymbol{Q}\Delta A)^{n-1}}{2\Delta t}$$

由于物理时间步离散采用隐式形式，因此允许较大的时间步长。对式

（3.92）在虚拟时间中推进，使其右边项趋于零，所得解即为非定常流场的解。由于在虚拟时间中求解，不存在统一时间步长的要求，因此可应用局部时间步长加速技术。

3.6.4 转静子交界面不同处理方法计算结果比较

参考文献[22]对一轴流压气机第二排转静子加第三排转子共三排叶片进行了非定常流场计算和采用混合面方法计算，并且与试验结果进行了比较分析。三排叶片数分别是：第二级转子72片；第二级静子73片；第三级转子74片。为了减少计算工作量，将三排叶片都处理成73个叶片，这样每排叶片只需计算一个叶片通道。计算物理时间步长取 3.038×10^{-6} 和 1.519×10^{-6}，分别对应于通过一个叶片通道需50和100时间步。由表3.9可知，采用两种方法计算性能参数相差很小，可以忽略不计。图3.31为第二级静子出口5.6%弦长处两种方法计算沿径向压力和速度分布与实测值比较。图3.31表明两种方法计算值差别同样很小，但与实测值比较，在接近叶尖区域计算误差大一些。原因主要在于上游第二级转子叶尖间隙流的影响（因为叶尖间隙流的复杂性影响湍流模型的适用性以及对网格生成有更高要求）。图3.32表明动静叶排尾迹、尾迹与附面层相互干扰以及在动叶叶尖泄漏流和静叶在叶尖处的角涡。图3.33为采用混合面方法和非定常方法计算三排叶片中径处等马赫数线分布，图3.33(b)中等马赫数线为非定常计算结果的时间平均值。比较表明，非定常计算方法所得尾迹明显比混合面方法大，主要原因在于每排叶片上下游流动的非定常，使叶片表面附面层和尾迹随时间变化，进行时间平均后其尺寸相应比采用定常计算方法要大。

表3.9 混合面和非定常方法计算性能参数比较

计算方法	流量/(lb/s)	压比	效率
混合面法	18.8	1.2328	0.91615
非定常法	18.8	1.2297	0.91528

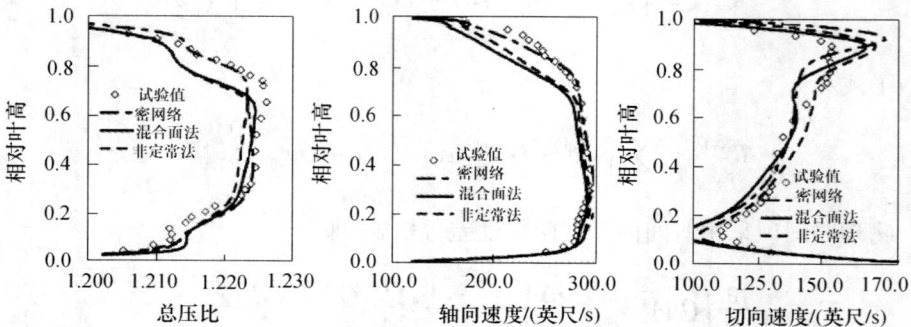

图3.31 两种方法计算沿径向压力和速度分布比较

82

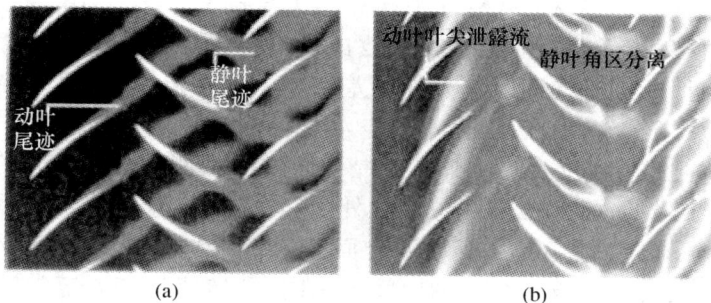

图 3.32 非定常方法计算瞬时熵分布
(a) 叶中截面；(b) 叶尖附近。

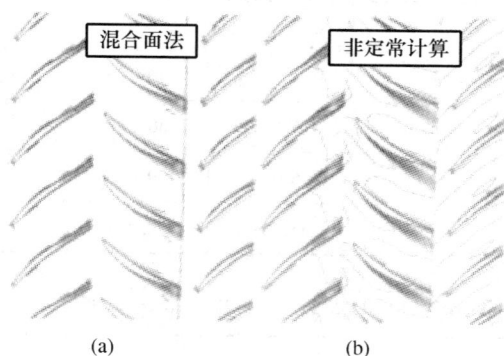

图 3.33 等马赫数线分布
(a) 混合面计算；(b) 非定常方法计算。

　　作者分别对压气机和涡轮转静子平面叶栅二维流动和三维流动采用混合面方法、转子冻结法和非定常方法进行流场计算,比较转静子交界面不同处理方法对计算结果影响[23]。

1. 涡轮基元级平面叶栅计算

　　转静子交界面采用混合处理方法造成的误差与交界面上参数分布的均匀性相关,交界面上参数分布越均匀,混合面处理带来的误差越小。因此同样两排转静子叶片不同轴向间距,两种计算方法产生的差别不同,即轴向间距越大差别越小。为了定量考察这种差别,对一冲压涡轮叶栅调整动静叶排之间的轴向间距,使其分别等于 20%B、60%B 和 100%B(其中 B 为上游静子叶片轴向弦长),进行交界面采用混合面和非定常数值模拟。图 3.34 为采用混合面法与非定常方法计算出的叶栅通道内压力等值线。图 3.35 为转静子交界面上气流角沿切向分布。该图表明,采用非定常方法计算轴向间距越大,流动参数沿切向分布越均匀;采用混合面方法对转静子交界面上参数沿切向分布有

83

抹平作用;轴向间距越大,两种方法计算结果越吻合。表3.10、表3.11转静子叶片通道内气流转角和总压损失系数比较表明:轴向间距越大,两种计算方法结果越接近;相同轴向间距上游静子差别小于下游转子,体现出混合面处理对下游影响大于上游;对于转静子叶栅,混合面法计算气流转角比非定常方法大,总压损失比非定常方法小,即采用混合面方法预测性能较好(交界面处均匀流场有利于降低损失和落后角)。此外,作者还在转静子轴向间距不变的情况下改变转子转速,研究转速变化混合面计算方法与非定常计算方法结果差异。结果表明,转速影响规律与轴向间距相同,即转速越高非定常计算流动参数切向分布越均匀(体现出转速增加对流动切向平均作用增大),定常与非定常计算结果差别越小。

表3.10 转静子叶栅气流转角

轴向间距	非定常方法		混合面法		计算结果差异	
	静子/(°)	转子/(°)	静子/(°)	转子/(°)	静子/%	转子/%
20%B	54.397	75.680	55.807	80.282	2.591	6.081
60%B	55.230	76.185	56.163	79.015	1.690	3.714
100%B	55.222	76.130	56.119	78.411	1.625	2.995

表3.11 转静子叶栅总压损失系数

轴向间距	非定常方法		混合面法		计算结果差异	
	静子/%	转子/%	静子/%	转子/%	静子/%	转子/%
20%B	3.358	5.379	3.028	3.533	9.830	34.326
60%B	2.997	5.040	2.864	4.517	4.440	10.378
100%B	2.998	5.045	2.928	4.669	2.343	7.458

2. 涡轮级三维流场计算

图3.36为该涡轮采用混合面和非定常流场计算三维网格。分别采用混合面法、转子冻结法计算了转速为6000r/min(设计转速)和3000r/min特性;由于非定常流场计算耗时多,在上述两个转速下只计算3个特征点(分别为设计流量附近和小流量、大流量状态)。

由图3.37(a)不同的交界面处理方法,所计算涡轮的流量和总压比差异不大;但采用冻结转子法与采用非定常计算吻合更好;转子的转速越低,差异越大,表明流动非定常性越强,采用混合面定常计算误差越大。图3.37(b)表明效率的差别趋势与压比相同。

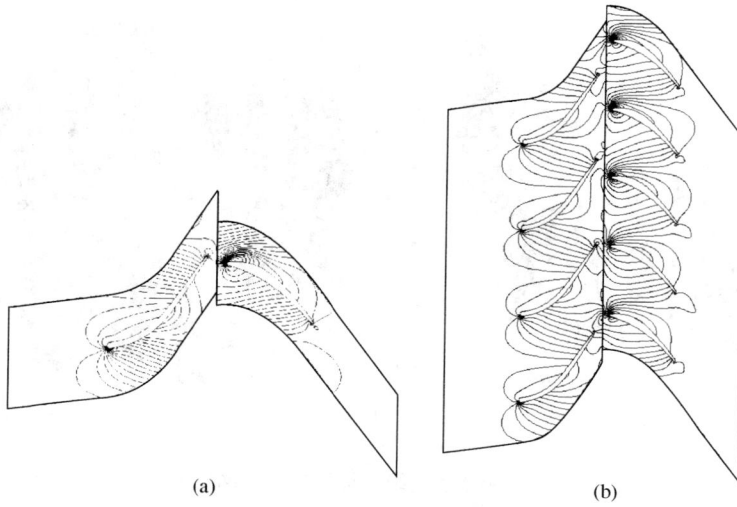

图 3. 34　叶栅通道内压力等值线

（a）混合面法；（b）非定常法。

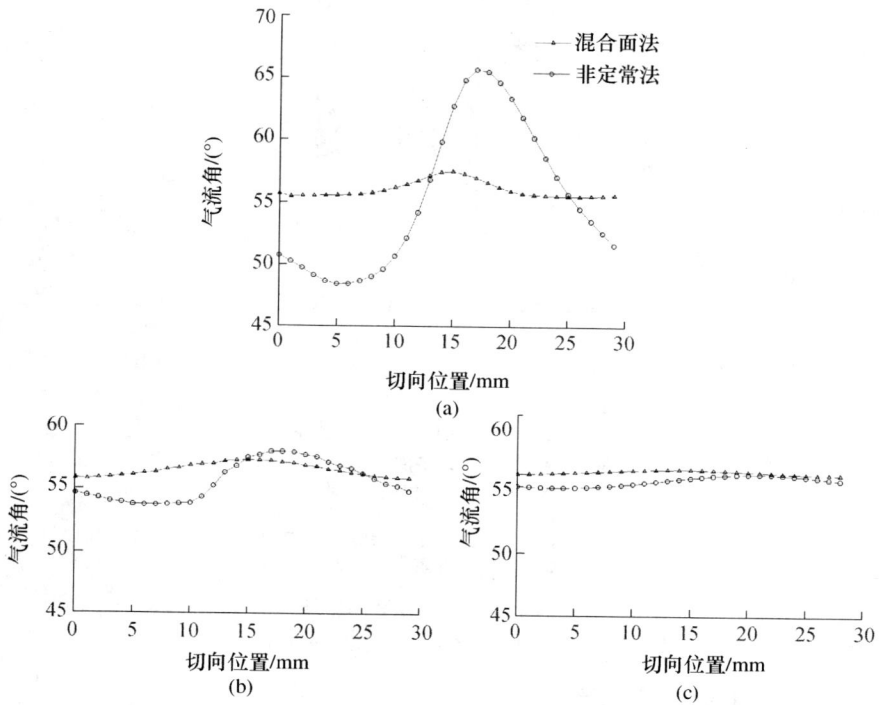

(a)

(b)

(c)

图 3. 35　交界面上气流角沿切向分布

（a）20% 弦长；（b）60% 弦长；（c）100% 弦长。

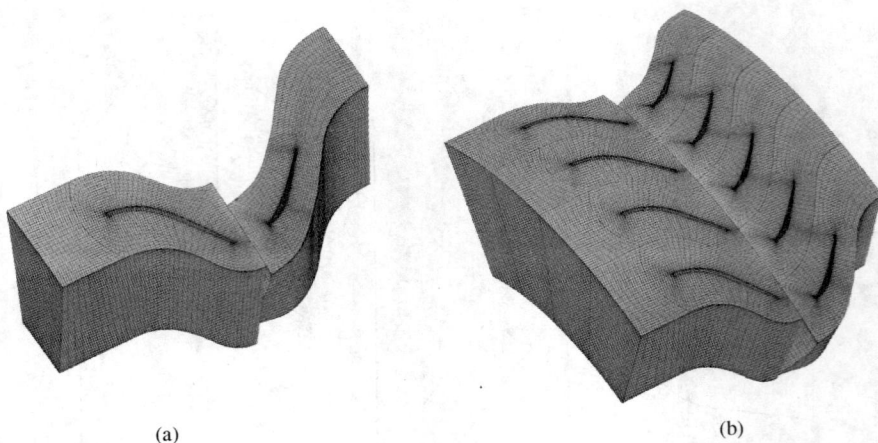

(a)   (b)

图 3.36 涡轮级三维流场计算网格
（a）单叶片通道网格；（b）多叶片通道网格。

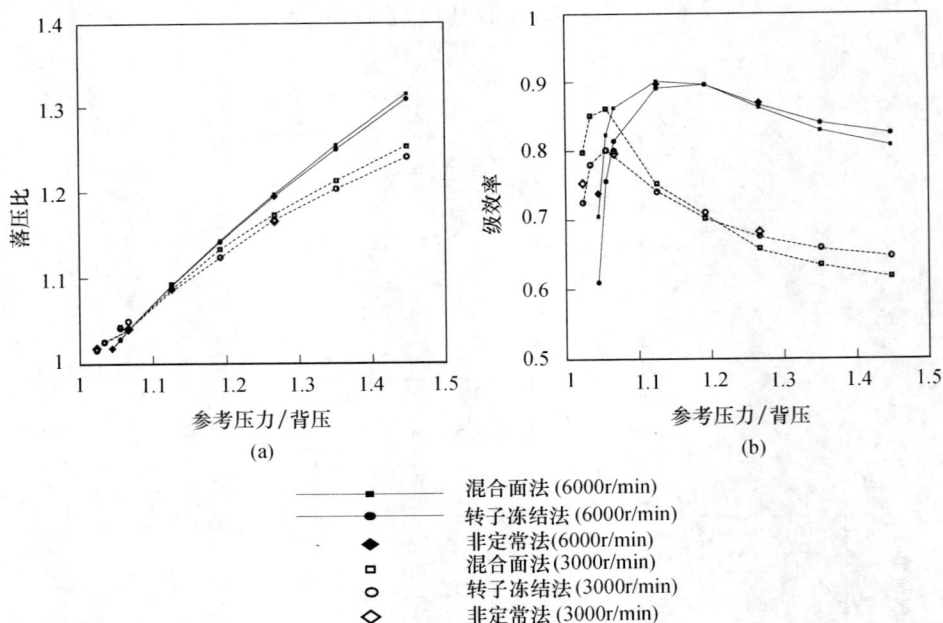

(a)   (b)

混合面法 (6000r/min)
转子冻结法 (6000r/min)
非定常法 (6000r/min)
混合面法 (3000r/min)
转子冻结法 (3000r/min)
非定常法 (3000r/min)

图 3.37 3 种方法计算涡轮特性
（a）反压与落压比关系；（b）反压与效率关系。

3. NASA Stage35 三维流场计算

NASA Stage35 是高级负荷压气机级，其主要几何设计参数见表 3.12。压气机与涡轮内流动差别主要体现在压气机叶片通道内有较大的逆压力梯度、附面层较厚、损失较大。

表 3.12　NASA Stage35 部分几何设计参数

设计转速 n_D	17188.7 RPM	静叶展弦比	1.26
设计流量 $\dot{m}_D$	20.5kg/s	动叶叶片数	36
叶尖速度	454.5m/s	静叶叶片数	46
转子进口轮毂比	0.7	叶尖间隙	0.2 mm
动叶展弦比	1.19		

图 3.38 表明,虽然计算压比、效率与实测有一定差别,但与冲压涡轮计算一样,采用转子冻结法处理交界面的压气机定常计算与采用非定常计算结果吻合更好。图 3.39 表明,冻结转子法处理交界面,交界面前后的总压周向平均值沿径向分布十分接近;混合面处理交界面,交界面前后的总压周向平均值沿径向分布差别相对较大。

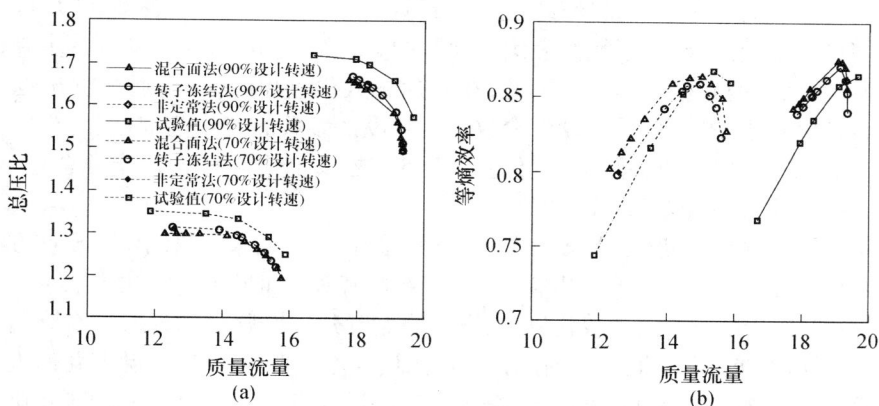

图 3.38　3 种方法计算压气机特性

（a）流量与压比关系；（b）流量与效率关系。

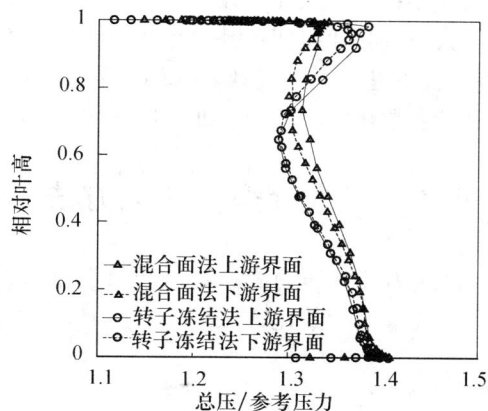

图 3.39　交界面上切向平均总压径向分布

87

第4章 叶片参数化及目标函数设置方法

由于叶片参数化和目标函数设置两部份内容篇幅相对较小,因此合并为一章介绍,首先介绍叶片参数化方法。

叶片自动优化设计过程中涉及到的叶片参数化即为:采用若干个设计参数描述叶片几何形状。一组设计参数数值组合表达一个确定的叶片几何形状,叶片自动优化设计过程实质是在由表达叶片几何的设计参数所构成的向量空间内,应用数值最优化方法寻找最优设计参数组合(最优叶片)。设计参数越多,叶片可变性越大,但是由于设计参数个数代表优化问题的空间维数,因此设计参数越多寻优空间越大,最优解搜索难度越大。因此,在叶片参数化过程中,需要通过分析选定合适的参数化方法,确定合适的设计参数个数和设计参数的变化范围,最终构成合理的寻优空间。换句话说,叶片参数化要达到用较少设计参数确定出定性合理、可变性较大的叶片造型,提高寻优效率。

压气机/风扇叶片设计分为二维叶型和三维叶片设计,采用自动优化设计方法也相应涉及到二维叶型和三维叶片参数化。三维叶片和二维叶型参数化方法可分为两类:第一类,基于修改量的参数化方法,即对原始叶片/叶型叠加修改量,修改量采用设计参数描述;第二类,直接参数化方法,即用设计参数直接对叶片/叶型几何进行描述。采用基于修改量参数化方法,结合遗传算法设计参数范围给定可保证优化过程中生成叶片/叶型可控性、合理性。由于初始叶片/叶型和遗传算法中设计变量范围共同决定优化过程生成叶片/叶型范围,所以初始叶片/叶型优劣会影响优化结果。因此,也可认为基于修改量参数化方法是自动设计与人工经验的有效组合。采用直接参数化方法无需给定初始叶片/叶型,但叶片/叶型几何变化较难控制,因此在优化过程中有可能产生较多不合理叶片/叶型影响寻优效果。下面分别介绍二维叶型直接参数化方法、基于修改量参数化方法以及三维叶片参数化方法。

4.1 二维叶型参数化方法

叶型参数化是对叶片吸力面和压力面二维型线参数化。以下分别介绍典型的直接参数化方法和基于修改量的参数化方法。

4.1.1 直接参数化方法

1. 以叶型几何参数作为设计参数

叶型生成常用方法是在叶型中弧线上叠加厚度分布构成叶型的吸力面和压力

面,即包络造型法(图4.1)。采用这种方法进行叶型参数化涉及到中弧线和叶型厚度参数化。作者采用三次多项式和多圆弧组合方法生成叶型中弧线、三次多项式分布叶型厚度,对叶型进行参数化,具体过程如下[24]。

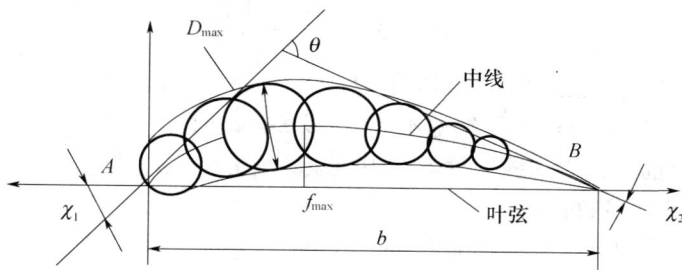

图4.1　包络造型法示意图

(1) 叶型中弧线参数化

给定前后缘角 θ_1、θ_2,最大挠度 y_{max} 及其弦线方向所在位置 x_s;要求生成的叶型中弧线光滑而且一致下凹。将中弧线从最大挠度点 x_s 分开成前后两段(图4.2),两段曲线生成采用相同方法。下面以前段($x = 0 \sim x_s$)为例。首先用多圆弧方法生成曲线 $y_1 = y_1(x)$。圆弧半径为

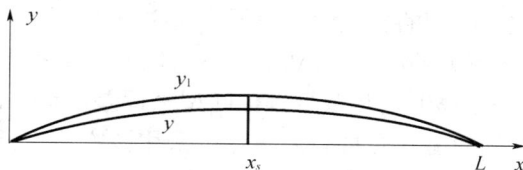

图4.2　中弧线生成示意图

$$R(x) = R_0/H(x)$$
$$H(x) = ax^2 + bx + c \tag{4.1}$$

式中:R_0 为起始圆弧半径,为设计参数,要求 $x = 0$,$H(x) = 1$,$x = x_s$,$H(x) = H_m$。$H(x)$ 对系数 a 最敏感,将其作为设计参数;H_m 由迭代计算求得,保证 $R(x)$ 分布恰好使得在 $x = x_s$ 时,$dy_1/dx = 0$。迭代过程在此采用黄金分割法实现。此外,还需再给定前缘角 θ_1,并由曲线一阶导数连续可推得 $R(x)$ 的圆心坐标。如上即可生成光滑一致下凹、前缘角为 θ_1,$x = x_s$ 时,$dy_1/dx = 0$ 的曲线 $y_1 = y_1(x)$。但在 $x = x_s$ 处,$y_1 = y_{1max}$;通常,y_{1max} 不可能恰好等于要求的最大挠度 y_{max}。为此,再采用下式对 $y_1 = y_1(x)$ 曲线进行修改,即

$$y = y_1 + 6(y_{max} - y_{1max}) \frac{x_s \cdot x^2/2 - x^3/3}{x_s^3} \tag{4.2}$$

对式(4.2)求导得到

$$\frac{dy}{dx} = \frac{dy_1}{dx} + 6(y_{max} - y_{1max}) \frac{x_s x - x^2}{x_s^3} \tag{4.3}$$

89

从而有

$$x = 0, y = y_1, \frac{dy}{dx} = \frac{dy_1}{dx}$$

$$x = x_s, y = y_{max}, \frac{dy}{dx} = \frac{dy_1}{dx} = 0 \tag{4.4}$$

这样构思的目的是:通过式(4.4)转换,达到将 $x = x_s$ 处,最大挠度 y_{1max} 调整为 y_{max};而维持在 $x = 0$ 处曲线坐标和斜率不变,以及 $x = x_s$ 时,$dy_1/dx = 0$。这样得到 $y = y(x)$ 即为所求前半段中弧线。后半段中弧线生成方法完全相同。

2)叶型厚度参数化描述

叶型厚度采用三次多项式确定,即

$$T(x) = a_t x^3 + b_t x^2 + c_t x + d_t \tag{4.5}$$

其中待定系数 a_t、b_t、c_t、d_t 根据下列条件确定;$x = 0, T(0) = R_{01}$;$x = L, T(L) = R_{02}$;$x = x_t, T(x_t) = T_m, dT/dx = 0, x_t, T_m$ 为设计参数。

综合以上中弧线和叶型厚度参数化过程,叶型设计参数共有:叶型中弧线前后缘角 θ_1, θ_2;中弧线最大挠度 y_{max} 及其位置 x_s;前后两段中弧线起始圆弧半径 R_{01}、R_{02} 以及叶型最大厚度及其位置 T_m、x_t,还有叶型弦长 L 和叶型安装角 α,共 10 个设计参数。由于上述叶型几何参数具有明确的物理意义,可通过参数数值范围控制大致达到优化过程生成叶型的合理性。为了验证这种参数化方法生成叶型的可变性,选取两个几何差异较大的叶型(NACA65 系列低速叶型和高亚声叶型)作为目标叶型,采用单纯形法寻找生成叶型与目标叶型坐标差值最小的叶型。图 4.3 表明所生成的叶型与目标叶型重合性较好。作者采用该方法进行过多种叶型生成,包括各种轴流压气机、涡轮叶型、民用风机等厚度板形叶型。

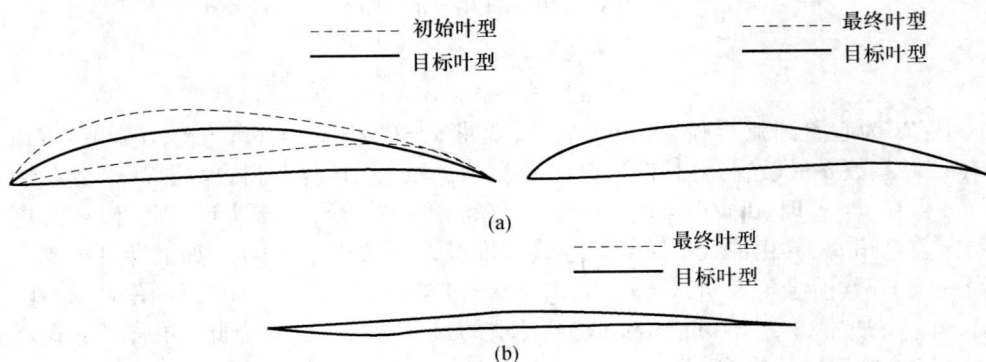

图 4.3 以叶型几何参数作为设计参数逼近叶型实例

(a) NACA65 - 12 - A_{10} - 10 叶型;(b) 跨声叶型。

2. 采用样条曲线参数化方法

参考文献[10]采用两个三阶样条函数构成一个型面,如图 4.4 所示。前缘采用椭圆,后缘采用圆弧描述。通常一段样条函数定义需要两个端点位置坐标和斜率。由前缘局部放大图可看出,给定前缘角 λ 和前缘楔角 $\Delta\lambda$ 以及前缘小圆半径

r_{LE}，即可确定 S_1 点的位置和斜率。给定 S_2 点的坐标(吸力面两段样条曲线的连接点)，这样吸力面前段样条函数即确定。类似地，可确定吸力面后段样条函数。再给定叶型最大厚度和位置，进一步确定压力面两条样条函线。图 4.5 为 3 种几何差异较大的压气机和涡轮叶型，采用上述参数化方法可较准确表达，表明了这种参数化方法的有效性和较大的叶型可变性。

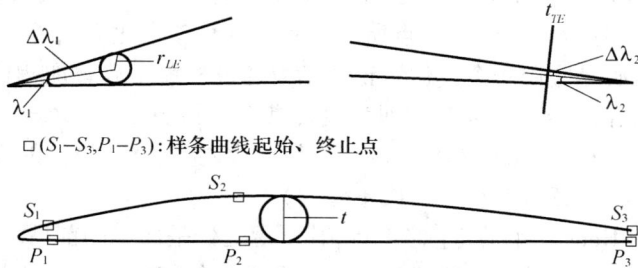

图 4.4　叶型参数化方法

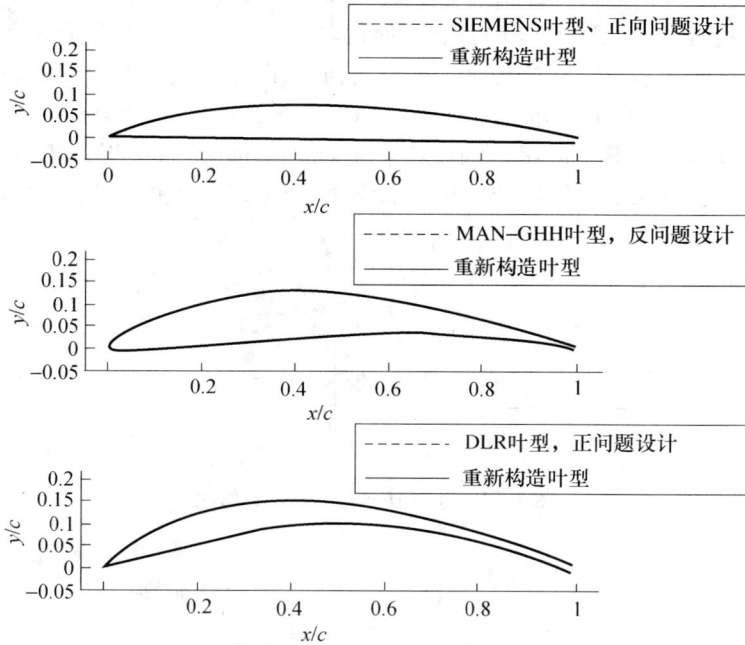

图 4.5　3 种叶型参数化表达

4.1.2　基于修改量参数化方法

在初始叶型上叠加修改量可通过以下函数来实现，如 Hicks – Henne 函数、Wagner 函数、Legendre 和 Patched 多项式、Bezier 曲线、B 样条曲线等。

1. 采用 Hicks-Henne 函数进行修改量参数化

采用 Hicks-Henne 函数对原始叶型附加修改量，叶型压力面和吸力面修改量定义为

$$\Delta n = \sum_{k=1}^{N} W_k f_k(x) \tag{4.6}$$

$$f_k(x) = \sin^n(\pi x^{e(k)}), \quad n = 2,3 \tag{4.7}$$

$$e(k) = \frac{\log 0.5}{\log(x_k)} \tag{4.8}$$

式中：Δn 为修改量；W_k 为权重系数，即为设计变量；N 为设计参数个数；$f_k(x)$ 为形状函数；x_k 为形状函数 $f_k(x)$ 峰值点所在位置。这种参数化方法类似于函数的傅里叶级数展开，实质是应用多个类似于正弦函数通过权重系数叠加构成曲线，设计参数个数即为函数的个数，权重系数即为设计参数。该方法进行修改量参数化具有较好的灵活性、便利性，如易于实现设计参数个数调整、修改位置的设定（哪些位置修改多一些，哪些位置修改少一些或不修改）。

采用 Hicks-Henne 函数产生修正量，其不足之处是曲线的前后端点处修正量为零，这样就不能实现对叶型前后缘的修改。参考文献[26]引入新坐标变量 x'，其与原坐标 x 关系可设为线性关系，即：$x' = c_1 x + c_2$。将式（4.6）、式（4.7）中的 x 用 x' 替代，可达到对形状函数 $f_k(x)$ 的调整，使得其在 $x=0$ 和 $x=1$ 两个端点数值不再为零，实现对曲线前后两端的修改。举一例，如果设计参数为 5 个，其大小 $W_k(k=1,2,3,4,5)$ 均为 0.1，并且取 $x_k = 0.1$、0.3、0.5、0.7、0.9，令 $x' = (8x+1)/10$。图 4.6 为采用原 Hicks-Henne 函数和修改后 Hicks-Henne 函数所得修正量 Δn 和 $\Delta n'$ 变化曲线比较；图 4.7 为原始叶型与叠加修改量叶型示意图。

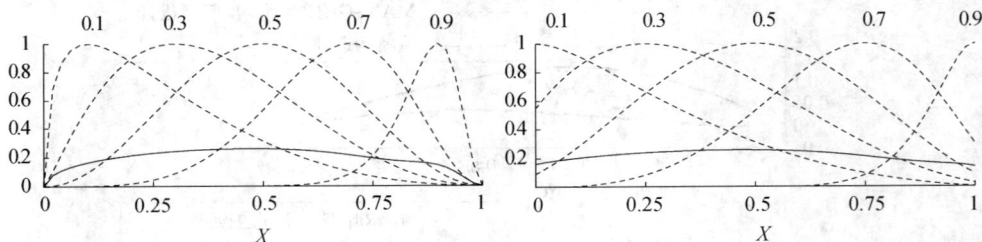

图 4.6　Hicks-Henne 函数及其修改

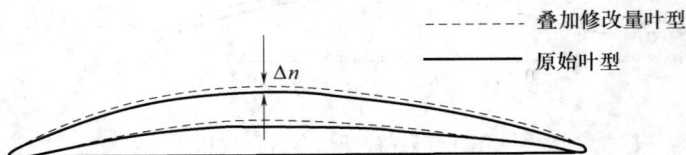

图 4.7　原始与修改叶型

2. 采用 Bezier 曲线进行修改量参数化

n 自由度 Bezier 曲线为

$$P(t) = \sum_{k=0}^{n} B_n^k(t) P_k, \quad B_n^k(t) = C_n^k t^k (1-t)^{n-k}, \quad k = 0,1,\cdots,n, \tag{4.9}$$

式中：$P_k(x_k,y_k)$ 为控制点。如图 4.8 所示，叶型修改量可采用 Bezier 曲线参数化，曲线的控制点作为设计参数。n 自由度的 Bezier 曲线有 n 个控制点，而每一控制点坐标由两个坐标分量 (X,Y) 确定，因此有 $2n$ 个设计参数。但是在采用 Bezier 曲线进行修改量参数化时，通常将弦向坐标（X 坐标）固定不变，仅以 Y 方向坐标作为设计参数。这样处理的好处有两点：其一是

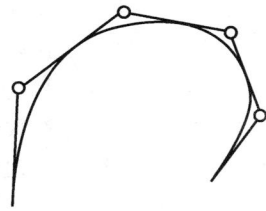

图 4.8　Bezier 曲线示意图

通过 Y 方向坐标数值范围控制（修改量幅值限制），使优化过程生成的叶型具有合理性；其二是通过给定控制点 X 坐标可实现叶型的局部修改或各位置不同程度修改（如只进行叶型前缘区域修改、只进行后缘区域修改或着重于前缘区域修改、着重于后缘区域修改等）。

4.2　三维叶片的参数化方法

三维叶片通常采用 S1 流面若干个二维叶型沿径向按一定积叠规律叠加形成，所以二维叶型是三维叶片的构成元素；同时三维叶片参数化还涉及到积叠线参数化、子午面流道参数化。早期叶片设计出于强度考虑多采用径向积叠。近年来，较多研究表明，积叠线的前后掠和切向弯可改变叶片载荷分布、控制激波强度，有益于提高压气机/风扇转静子气动性能。子午面流道变化能有效改变风扇/压气机的流量和压比，因此，在结构允许的前提下将其作为优化设计参数，也有益于寻找高性能叶片。叶片型线、子午面流道属二维曲线，叶片积叠线则属于三维空间曲线，但叶片积叠线参数化可分解成切向弯和前后掠两条二维曲线进行参数化。因此，三维叶片的参数化方法归结起来还是若干条二维曲线的参数化。

图 4.9 为参考文献[14]对叶片切向弯参数化方法。设计参数为 δ_1、δ_2 和最大挠度点位置 L，由此构成样条曲线。图 4.10 为作者对压气机静子叶片切向弯和轴向掠的参数化方法。通过对原始叶片积叠线采用 3 次 B 样条函数作修改，以实现轴向掠变化和切向弯变化。具体如下：叶根和叶尖型面位置坐标不变，中间型面位置在原有叶片型面位置基础上偏移。样条曲线的轴向最大变化 ΔX_{max} 由 $\Delta X_{max}=k_x h_x$ 决定；周向最大变化 ΔQ_{max} 由 $\Delta Q_{max}=k_\theta h_\theta$ 决定。因此轴向前后掠样条曲线取决于设计变量 k_x、h_x、α、α'；周向弯曲取决于设计变量 k_θ、h_θ、β、β'。

作者对子午面流道参数化也采用叠加修改量方法。如图 4.11 所示，先确定子午面流道曲线上 4 个关键数据点 A、B、C、D 的径向变化量，其它数

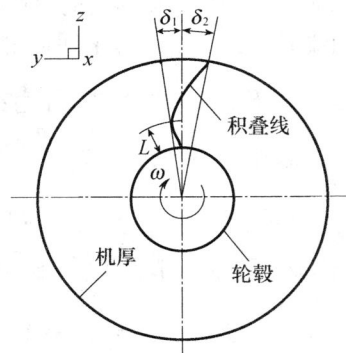

图 4.9　积叠线切向弯的参数化方法

93

据点径向变化量由 A、B、C、D 确定的 B 样条曲线插值得到。图中 z_1、z_2 为子午面流道曲线轴向方向的位置设计参数，Δr_1、Δr_2 是与 z_1、z_2 对应的径向变化量，也是设计参数；进口 A 点和出口 B 点 Δr 也为设计参数。因此，上下子午面流道各有 5 个设计参数，共 10 个设计参数。如果考虑与相邻叶排子午面流道对接，可令 A 和 B 两点 Δr 为零，以保持进出口子午面流道不变，这样总设计参数个数为 8 个。

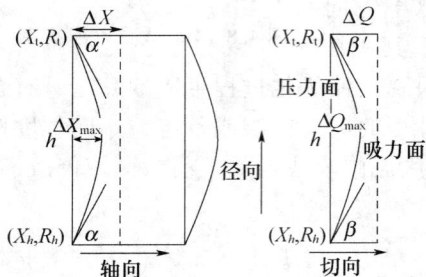

图 4.10　叶片积叠线设计

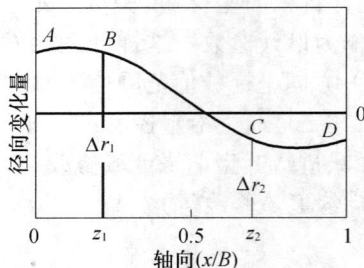

图 4.11　子午面流道节点位置径向变化量

4.3　多层参数化方法

三维叶片优化设计，由于涉及到多个叶片型面、子午面流道、叶型积叠线的组合参数化，设计参数多，设计空间大，难以搜索全局最优解。多层参数化方法[27]借鉴流场计算多重网格法思想，通过设计参数个数变化构造多层寻优空间，在多层寻优空间搜索及信息交换，改善优化算法全局寻优能力。

实现这种设计空间变化，关键是同一曲线、曲面可用不同数目的设计参数表达，这样才能实现不同寻优空间个体等价变换。根据 Bezier 线性运算理论，两组呈拓扑矩阵阵列的控制顶点(控制顶点数目不同的两组点集)可控制同一条 Bezier 曲线或者同一个 Bezier 曲面，而控制顶点数少的那组点集可推出另一组点集，即多控制顶点点集能代替少控制顶点点集产生相同的 Bezier 曲线曲面。利用这个原理，对设计参数由少到多的转化就能视之为等价转化(但不能实现多设计参数向少设计参数等价转化)。

4.3.1　Bezier 曲线曲面递推算法

n 自由度 Bezier 曲线为

$$P(t) = \sum_{k=0}^{n} B_n^k(t) P_k, B_n^k(t) = C_n^k t^k (1-t)^{n-k}, k = 0,1,\cdots,n \quad (4.10)$$

式中：$P_k(x_k, y_k)$ 为控制点。将 $P(t)$ 进行如下变换，即

$$P(t) = \sum_{k=0}^{n} C_n^k t^k (1-t)^{n+1-k} P_k + \sum_{k=0}^{n} C_n^k t^{k+1} (1-t)^{n-k} P_k$$

$$\quad (4.11)$$

$$= \sum_{k=0}^{n} C_n^k t^k (1-t)^{n+1-k} P_k + \sum_{m=1}^{n+1} C_n^{m-1} t^m (1-t)^{n+1-m} P_{m-1}$$

$n+1$ 自由度 Bezier 曲线: $P'(t) = \sum\limits_{k=0}^{n+1} B_{n+1}^k(t) P'_k$, 控制点 $P'_k(x_k, y_k)$, 则

$$P'(t) = \sum_{k=0}^{n+1} C_{n+1}^k t^k (1-t)^{n+1-k} P'_k \qquad (4.12)$$

要使得 $P(t) = P'(t)$, 那么, 控制点满足

$$P'_0 = P_0$$

$$P'_k = (C_n^{k-1} P_{k-1} + C_n^k P_k)/C_{n+1}^k$$

$$= \frac{k}{n+1} P_{k-1} + \frac{n+1-k}{n+1} P_k, 1 \leqslant k \leqslant n$$

$$P'_{n+1} = P_n \qquad (4.13)$$

由式(4.13)确定 P'_k, 即可实现将 n 自由度 Bezier 曲线转变成 $n+1$ 个自由度 Bezier 曲线。图 4.12 为 Bezier 曲线递推算法示意图, 利用该递推算法, 采用多自由度控制点代替少自由度控制点构造同一曲线, 从而可以实现数目较少设计参数与高数目较多设计变量的等价转化。

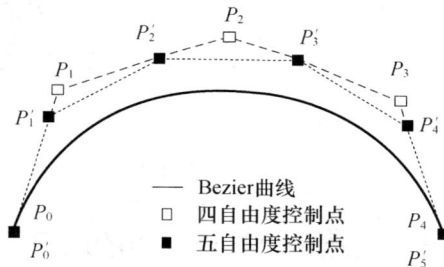

图 4.12　Bezier 曲线递推算法示意图

对于三维叶片优化设计, 叶片由若干个叶型沿径向积叠构成, 因此, 叶片的吸力面和压力面两个曲面的递推可直接利用 Bezier 曲线递推算法实现。图 4.13 给出在修改 5 个型面时, 每个型面从 4 个设计参数转变成 5 个设计参数情况下的曲面造型变化。尽管设计参数个数不等, 所得曲面造型一样。

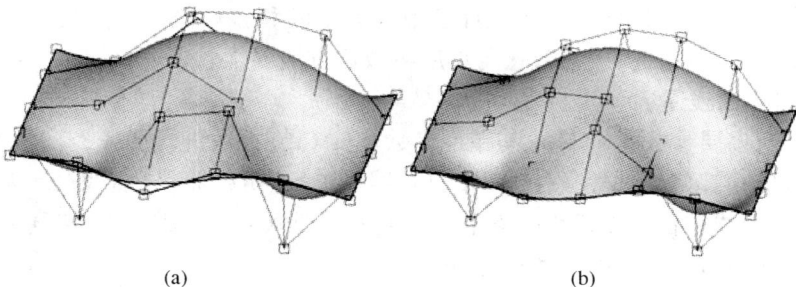

(a)　　　　　　　　　　　　(b)

图 4.13　不同设计参数个数构成相同样条曲面

（a）20 个设计参数；（b）25 个设计参数。

4.3.2　修改量的多层参数化

基于 Bezier 曲线递推算法来构建叶型多层参数化方法,以三层参数化方法说明其原理。图 4.14 中叶型上 A、B、C、D、A' 点与图 4.14 中 A、B、C、D、A' 点一一对应(图 4.15 中 s/s_0 为无量纲弧长)。在图 4.14 中,如果沿着 $ABCDA'$ 曲线选择 n_1 个位置布置设计参数,对应在图 4.15 中有第一层(L_1)设计参数 $\Delta y/y$ 与无量纲弧长分布(其中 y 表示叶型厚度,Δy 表示叶型厚度修改量);由这 n_1 个数据点生成 $[0,1]$ 区间 Bezier 曲线。只要有 $n_2 > n_1$,即可采用 n_2 参数表达该修改量曲线;同理,$n_3 > n_2$,即可采用 n_3 参数表达该修改量曲线,以此类推,可实现修改量曲线的多层参数等价表示。类似地,可进行三维叶片吸力面和压力面修改量的多层参数化方法。

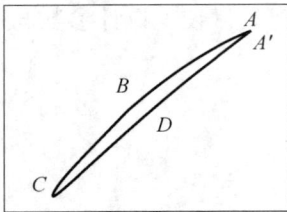

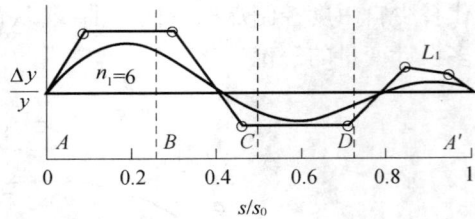

图 4.14　叶型曲线　　　　　　图 4.15　多层参数化修改量示意图

4.3.3　多层参数化方法在遗传算法寻优中的应用

在遗传算法寻优过程中,采用多层参数化方法实现变搜索空间寻优,具体实现过程如下:

采用遗传算法,从第一层 n_1 个设计参数构成的寻优空间开始优化迭代 m 步。将第 m 步的优化群体各个体采用等价转换,得到对应 $n_2(n_1 < n_2)$ 个设计参数表达相同群体。再由 n_2 个设计参数构成的寻优空间优化迭代 m 步。以此类推,直至设计参数最多的参数层寻优。多层参数化方法与遗传算法结合寻优实施简单,但可有效提高寻优效果,特别是对多设计参数的大空间和多峰值寻优问题。以下通过一些测试例分析比较多层参数化与单层参数化方法寻优效果。

1. 目标曲线逼近

为了对多层参数化(AMA)与单层参数化(AGA)方法进行比较,首先设计两个曲线逼近优化算例。如图 4.16 所示,以曲线(1)为初始曲线,曲线(2)为目标曲线,在优化曲线和目标曲线相同横坐标位置上分别取 100 个离散点,将同一离散点上优化曲线与目标曲线的距离相加,即

$$D = \sum_{i=1}^{100} |y_{2i} - y_{1i}| \tag{4.14}$$

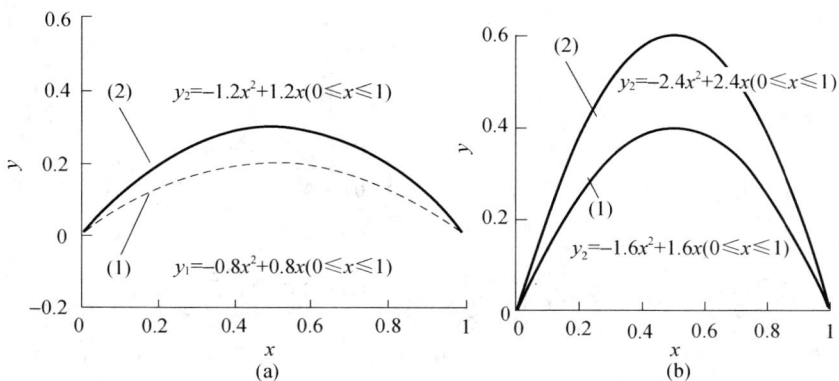

图 4.16 曲线逼近优化算例
（a）算例一；（b）算例二。

这个距离之和 D 越小，说明两条曲线越逼近，所采用的优化方法也越好。因此，我们将优化曲线和目标曲线对应点的距离之和 D 作为优化迭代过程中的目标函数，分别采用多层和单层参数化方法对群体取 10 个、20 个、40 个、100 个个体 4 种情况进行优化计算。其中，对于单层参数化，遗传优化迭代次数为 300 代；对于多层参数化，三层设计参数个数为 $n_1 = 3$，$n_2 = 6$，$n_3 = 9$，各层迭代次数为 100 代。为了避免单次优化结果的偶然性，每种情况下均计算 10 次，取 10 次结果的平均值。同时，为了表示这 10 组计算结果相对于平均值的离散度，计算它们的标准差 σ，即将各个结果与平均数之差的平方和取算术平均数，然后取算术平方根，即

$$\sigma = \sqrt{\frac{\sum_{i=1}^{10} (x_i - \bar{x})^2}{10}} \tag{4.15}$$

图 4.17 为平均目标函数随优化迭代次数曲线；表 4.1 和表 4.2 分别为两个优化算例最终优化结果。由以上图表可看出：相同个体数条件下，AMA 算法寻优效果明显好于 AGA 算法；相对于 AGA 算法，AMA 算法的优化结果离散性更小，减小了优化结果随机性；两种优化方法的优化能力都随着个体数增加而提高；优化个体数较少时，AMA 相对于 AGA 的优势比较明显，当个体数增加较多时，AMA 和 AGA 的性能相近。对于设计参数较多的大空间寻优问题（如三维叶片优化问题），为了使优化时间不致于过长，遗传算法群体个体数取值相对于设计参数个数较少，采用多层参数化方法可有效提高寻优效果。

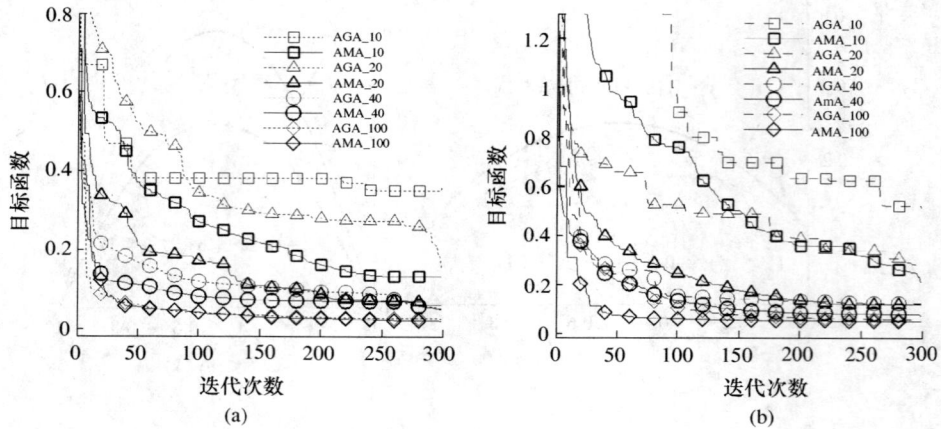

图 4.17 曲线逼近优化算例目标函数迭代曲线

（a）算例一优化迭代过程；（b）算例二优化迭代过程。

表 4.1 算例一计算结果比较

个体数	AGA		AMA	
	平均目标函数值	标准差	平均目标函数值	标准差
10	0.358286	0.058087	0.133371	0.057201
20	0.151572	0.043430	0.062141	0.024517
40	0.052811	0.013120	0.052102	0.014703
100	0.027346	0.011090	0.022258	0.010187

表 4.2 算例二计算结果比较

个体数	AGA		AMA	
	平均目标函数值	标准差	平均目标函数值	标准差
10	0.551077	0.110562	0.211704	0.076851
20	0.244811	0.056238	0.121925	0.044745
40	0.125256	0.041032	0.074671	0.039250
100	0.054645	0.021957	0.050773	0.010303

2. 二维叶型气动优化设计

为了进一步验证多层参数化方法提高寻优效果的有效性,再以二维叶型气动优化进行测式分析。在此以 NASA Rotor67 叶片叶中型面作为气动优化设计的初始叶型,构成平面叶栅。优化目标:平面叶栅压比 1.6,目标型面面积 340m²。目标函数设置为

$$f = c_1\omega + c_2\frac{|\pi - \pi_0|}{\pi_0} + c_3\frac{|s - s_0|}{s_0} \tag{4.16}$$

式中:ω 为损失系数;π_0 为目标压比;s_0 为目标叶型面积;c_1、c_2、c_3 为权重系数,因为减小流动损失比较困难,而达到指定压比和相对确定的叶型面积较为容易实现,根据经验取 $c_1 = 100$,$c_2 = 20$,$c_3 = 2$。优化搜索的目标是寻找尽可能小的目标函数值 f。该目标函数设置是希望在设计点达到给定的压比而流动损失最小,同时,为了在优化过程中保证叶片造型合理和叶片强度,将叶片型面面积纳入目标函数。

优化过程分别采用单层参数化方法(AGA)、多层参数化方法(AMA)在 10 个体和 40 个体条件下各自优化迭代 100 代。图 4.18 给出了优化迭代曲线,由图形可知,不论 10 个和 40 个个体情况下,AMA 算法优化结果都比 AGA 算法对应结果好。表 4.3 是叶型优化计算结果,所有压比和型面面积变化不大,但是损失能得到大幅度的减小,AMA 算法得到了最小损失。图 4.19、图 4.20 为叶型表面马赫数分布和流道内马赫数等值线。原始和优化叶型吸力面都存在局部激波,优化叶型激波强度小于原始叶型,个体数越多优化叶型激波强度越弱。

表 4.3 叶型优化结果

比较项	总压损失 ω	压比 π	面积 s/mm^2
原始叶型	0.1091	1.583	339.90
AGA10	0.0908	1.575	349.02
AMA10	0.0823	1.579	347.14
AGA40	0.0816	1.578	349.26
AMA40	0.0781	1.569	347.75

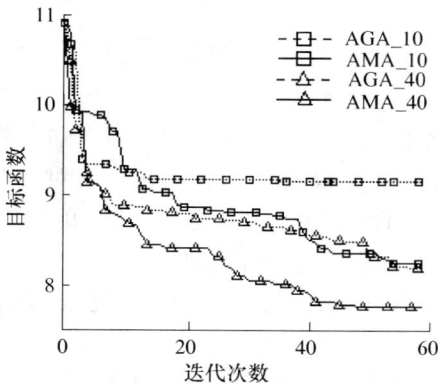

图 4.18 优化迭代过程

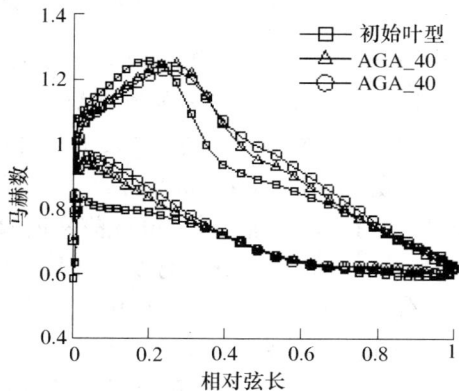

图 4.19 叶型表面马赫数

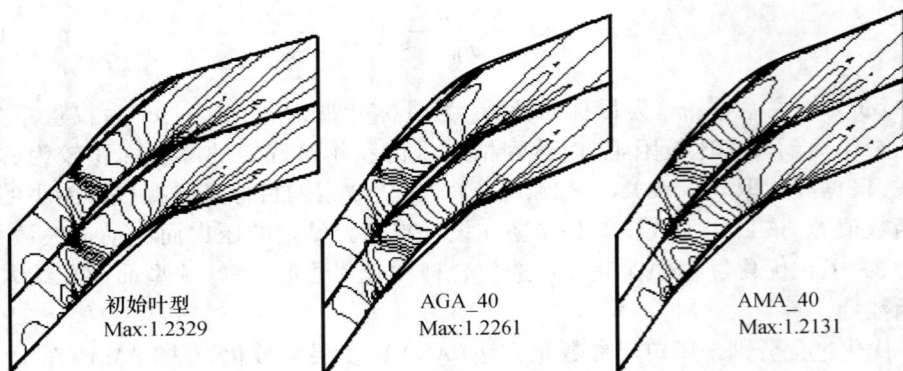

初始叶型
Max:1.2329

AGA_40
Max:1.2261

AMA_40
Max:1.2131

图 4.20　马赫数等值线图

4.4　目标函数设定

任何设计方案都可用一些设计指标加以衡量,这些指标表达为设计参数的函数,即为优化设计的目标函数。目标函数又称评价函数,是用来评价设计方案优劣的标准。优化设计过程通过不断搜索设计参数的组合,使其达到最大或最小。目标函数设置直接影响优化设计结果能否满足实际需要。

叶轮机三维叶片和二维叶型气动优化设计通常属多目标优化问题,如对于叶型设计,要实现在设计点(零攻角)下达到给定压比(气流转角),损失最小;同时还要保证在非设计点有较高的性能指标。因此,这种优化涉及到 3 个目标:在设计点达到指定压比;在设计点损失最小;在达到前两个设计指标的同时还要保证非设计点性能。多目标优化问题的可表达成

$$f(\boldsymbol{x}) = (f_1(x_1,x_2,\cdots,x_m),\cdots,f_n(x_1,x_2,\cdots,x_m)) \tag{4.17}$$

式中:$\boldsymbol{x} = (x_1,x_2,\cdots,x_m)$ 为由 m 个设计参数 $(x_1,x_2,\cdots,x_m)$ 组成的向量空间;$\boldsymbol{f} = (f_1,f_2,\cdots,f_n)$ 为 n 个目标函数 $(f_1,f_2,\cdots,f_n)$。

对于多目标优化问题,可采用多目标遗传算法直接寻优即采用遗传算法寻找 Parato 最优解集(即 Parato 前锋)。然后,在此最优解集中进行折中选择。对于两个设计分目标优化问题,Parato 前锋近似是一条曲线,对于 3 个设计分目标的优化问题是一个面,对于更多的设计分目标的优化问题,则是一个超平面。因此,对于较多分目标的优化问题,最优解集中个体较多、目标函数与分目标关系复杂,会给最优个体选择带来困难。

对于多目标优化问题,目前工程实际中应用较多的是引入权重因子将多目标优化转化成单目标优化。这种处理方法可操作性好,并且采用遗传算法优化,在最后一代群体中也可根据需要进行选择。如参考文献[10],对于压气机叶栅流动,

采用下式构造目标函数,即

$$f = c_1 \frac{\omega_D}{\omega_{\text{ref}}} + c_2 \frac{\Delta \beta_1}{\Delta \beta_{1,\text{ref}}} + c_3 \frac{|\Delta \beta_{St}/\Delta \beta_1 - (\Delta \beta_{St}/\Delta \beta_1)_{\text{ref}}|}{(\Delta \beta_{St}/\Delta \beta_1)_{\text{ref}}} + c_4 \frac{\omega_{80}}{\omega_{80,\text{ref}}} + \text{PF}$$

(4.18)

式中:角标"ref"表示参考值;如图4.21所示,ω_D 为设计点(零攻角)下的总压损失系数;$\Delta \beta_1$ 定义为两倍 ω_D 所对应的攻角范围;$\Delta \beta_{St}$ 为失速攻角;ω_{80} 为 $80\% \Delta \beta_1$ 所对应的总压损失系数。PF 为罚函数(围墙函数),取 $\text{PF} = \begin{cases} 0, \text{aera} > \text{aera}_0 \\ c_5, \text{aera} \leqslant \text{aera}_0 \end{cases}$,aera 为叶型面积,$\text{aera}_0$ 为最小允许叶型面积。这样对寻求极小值问题,叶型面积小于给定允许值时,目标函数中增加一个较大的罚函数,控制寻优方向,保证优化叶型型面面积满足强度要求。因此,采用上述目标函数可达到:设计点低损失;较大的低损失工作攻角范围;满足给定的失速边界;在80%气流转角范围内低损失;满足强度要求。c_1、c_2、c_3、c_4 为权重系数,其数值大小决定在优化过程中各因素所占比例。例如,c_1 取值增大,所得优化叶型设计点损失会下降;c_2 增大,所得优化叶型低损失工作攻角范围增大。

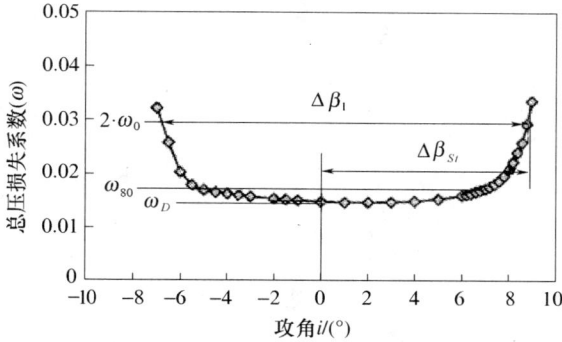

图4.21 叶型优化目标函数设定

对于压气机三维转子叶片优化设计可设置目标函数为

$$f = \sum_{i=1}^{N} \left(C_{i1} \frac{|\dot{m}_i - \dot{m}_{i0}|}{\dot{m}_{i0}} - C_{i2}(\eta_i - \eta_{i0}) + C_{i3} \frac{|\pi_i - \pi_{i0}|}{\pi_{i0}} \right)$$

(4.19)

式中:$i = 1, 2, \cdots, N$ 为在初始工作轮特性上取点数序号,C_{i1}、C_{i2}、C_{i3} 分别对应于第 i 点流量 $\dot{m}_i$、效率 η_i 和压比 π_i 权重系数。这种目标函数构造是要保证在 N 个工作点保持流量、压比不变,有尽可能高的效率。

引入权重系数将多目标优化转化成单目标优化,权重系数数值选取直接影响优化结果。通常可根据各分目标对设计参数变化的灵敏度确定各权重系数的量级,例如,对于压气机三维转子叶片优化,流量和压比的权重系数应比效率权重系数小。进一步在优化实践中,根据各分目标的满足程度调整各权重系数的数值,例如,压比满足程度较高、达到的效率不理想,则可调小压比权重系数、增大效率权重系数再重新进行优化。

在目标函数设置中,分目标越多,优化问题考虑因素越全面;但最优解各分目标实现的程度可能有所下降;同时,分目标越多,分目标的计算可能增加优化计算工作量,增加优化耗时。例如,对于上述三维转子叶片气动优化,如果将某一非设计点性能也作为目标,则需要进行该点流场计算。为了缩短优化时间,也有采用设计点优化非设计点检验,即在优化目标中仅包含设计点性能,得到最优叶片再进行非设计点流场计算,检验其非设计点性能是否满足要求。

第5章 二维叶型优化设计

目前,工程实际中压气机二维叶型设计主要采用正问题设计方法(分析设计方法)和反问题设计方法。正问题设计方法是:设计人员修改叶型几何,通过 CFD 预测或试验检验修改产生的影响,再进行进一步修改,此过程不断重复直至达到设计要求。这种方法有以下特点:设计过程中通过流动分析,可发现流动规律、产生创新设计思想;实质是一种试错法,效率较低;当涉及到多变量时,各变量之间存在相互影响,方法应用困难较大,如同时考虑叶片型面、安装角、稠度(或叶型弦长)相互影响。反问题设计方法是:根据设计人员给定的叶型表面压力或速度分布,通过 CFD 计算找出相应的叶型。对于二维叶型工程设计通常是多目标设计问题,如达到给定气流转角(压比)、损失尽可能小,并且有较大的低损失攻角范围。因此,上述正问题和反问题设计方法对设计人员经验有很强依赖性,并且需要有长期积累形成丰富的高性能叶型数据库为基础。

应用自动优化设计方法进行叶型设计,设计人员在确定设计目标和设计变量后,软件通过寻优自动找到最优叶型。与正问题和反问题设计方法比较,自动优化设计方法主要具有以下优点:设计过程中较少依赖于设计人员经验;可实现多变量组合优化(即将叶片型面、叶型弦长、安装角都作为设计变量);可将非设计点性能也作为设计目标实现多目标、全工况优化。由于应用这种设计方法设计过程不需要设计人员对多种流态进行分析研究,不利于设计人员经验积累;但如果加强对优化结果的分析,同样可达到提高设计人员对流动规律认识、积累经验的目的。

5.1　S1 流面流动特点

压气机/风扇叶片通道内流动可近似处理成 S1/S2 两类流面流动,任意回转面(S1 流面)流动可进一步近似处理成平面叶栅流动。叶栅流动特点如下:

(1) 在叶片吸力面和压力面存在附面层。如图 5.1 所示,吸力面逆压梯度比压力面大,因而吸力面附面层比压力面厚。压气机叶片通道流动为逆压力梯度,附面层比涡轮叶片通道厚。

(2) 叶片表面流动分离。在大的正攻角和负攻角下引起叶片吸力面和压力面流动分离。如果在叶片通道内有超声区,激波和附面层干扰也会产生附面层流动分离,如图 5.2(纹影照片)和图 5.3 所示。在叶片前缘由于流动呈层流,附面层内动量低,有时会产生前缘分离。随着流动向下游发展,层流转变成湍流分离区再附、形成分离泡;此外在叶片尾缘有时也会产生小的局部分离,如图 5.3 所示。

（3）叶片吸力面和压力面附面层在叶片尾缘处交汇并在其下游形成尾迹。随流动向下游推进,尾迹区低动量流体与尾迹外势流不断进行动量交换,使尾迹区范围增大,同时速度增加(图 5.1),由于动量不同和方向不一致的流体相互掺混引起尾迹掺混损失。

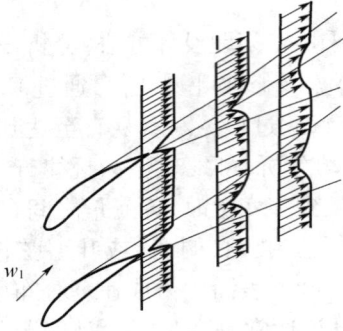

图 5.1　平面叶栅附面层和尾迹　　　　图 5.2　纹影照片激波和附面层干扰

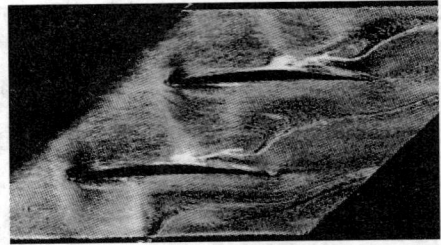

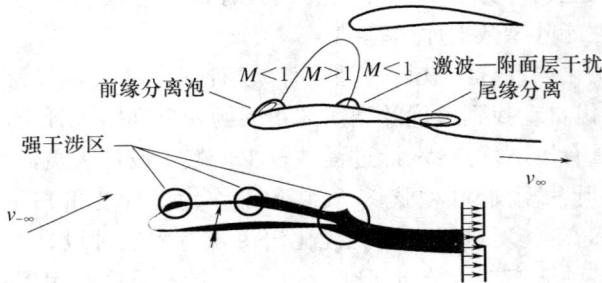

图 5.3　叶片吸力面流动分离

5.2　S1 流面流场计算分析

如第 1 章所述,根据吴仲华教授提出的 S1/S2 两类流面流动理论构成的 S1 流面(任意回转面)展开成平面流动,与回转面流动主要存在以下差别:流面弯曲(子午面流线和回转面流线弯曲);流面厚度变化(如压气机/风扇叶片子午面为收缩型流道,沿流向流面厚度减薄);沿流程叶栅栅距变化(如果沿流向回转面半径增加,叶栅栅距减小);对于转子任意回转面流动可考虑旋转产生的离心力影响。以下采用 CFD 方法计算比较上述 4 个差别造成的影响数值。作者采用自主研发的叶型气动优化设计软件带有流场计算模块。出于验证自编流场计算模块和使用简便性考虑,在此应用该流场计算模块对任意回转面流场计算分析。首先应用以下

104

典型任意回转面流场计算实例,通过与 NUMECA 软件计算结果比较验证自主研发流场计算模块的可靠性。

流场计算采用三维流场计算方法,将构成流片的两个任意回转面处理成滑移边界,其他边界与平面叶栅处理方法相同。自主研发流场计算模块采用 H 型网格;NUMECA 软件流场计算采用 HOH 型(图5.4)。

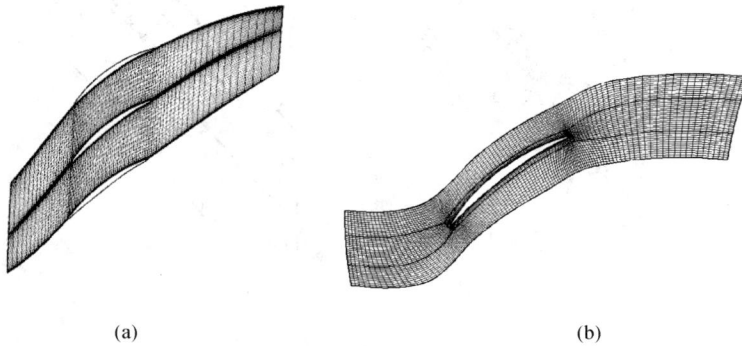

(a)　　　　　　　　　　　　　　　　　(b)

图5.4　流场计算网格结构

(a) 自编程序计算网格;(b) NUMECA 软件计算网格。

算例1:超声圆柱面叶栅流场计算。叶型取自一台压气机的第一级转子的叶尖附近,该压气机转子的转速为 35000r/min,叶栅进口相对总压为 208981.14Pa,进口静压 72397.1Pa,相对总温 369.58K,切向速度 402.97m/s,气流角 65.5°,出口静压 130000Pa,叶片数 14。

图5.5、图5.6 和表5.1 给出了对于超声流场两种计算方法的结果比较。由图5.5 可以得到,自编流场计算软件和 NUMECA 软件两种方法计算所得到的叶片表面压力分布基本相吻合。由图5.6 可以看出,叶栅通道内波系结构与马赫数数值

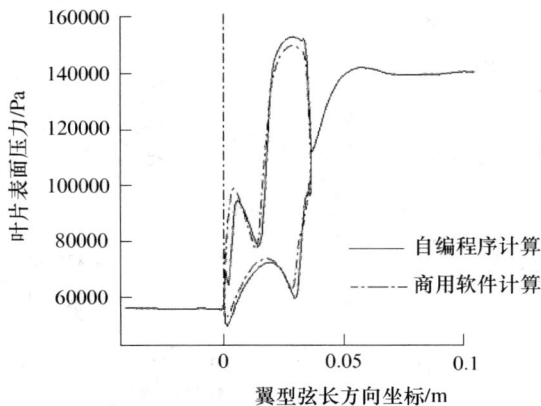

图5.5　超声流场叶片表面压力分布图

吻合较好,均预测得到两道激波,一道斜激波一道正激波,并且较为准确地模拟出斜激波前的预压缩过程。表 5.1 表明计算出的叶栅性能指标也较吻合。

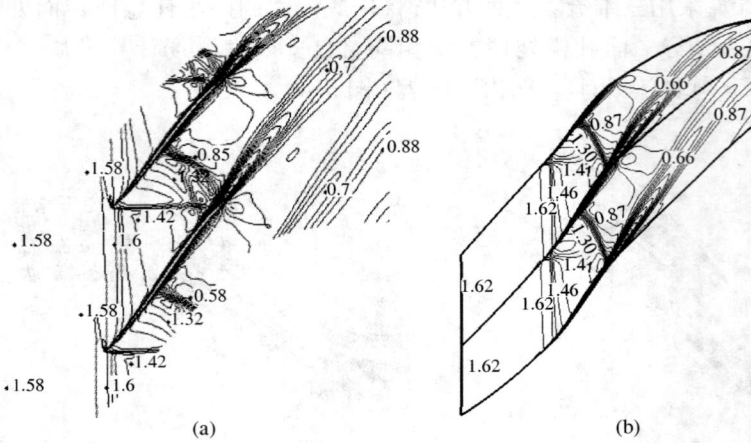

图 5.6　马赫数等值线分布图(超声流)
(a) 商用软件;(b) 自编计算软件。

表 5.1　超声叶栅性能参数

	进口气流角/(°)	出口气流角/(°)	气流转角/(°)	总压损失系数	压比
自编计算程序	53.30	56.20	2.90	0.088	2.50
NUMECA 计算	53.96	58.18	4.22	0.109	2.43

　　算例 2:高亚声圆柱面叶栅流场计算。由图 5.7 可知,采用自编流场计算软件和 NUMECA 软件计算所得的表面压力分布曲线吻合较好。图 5.8 表明,叶栅通道内局部激波以及马赫数等值线形状吻合较好。由表 5.2 中列出的本文计算方法和 NUMECA 软件计算所得到的总压损失系数、静压比以及气流转角也吻合较好。

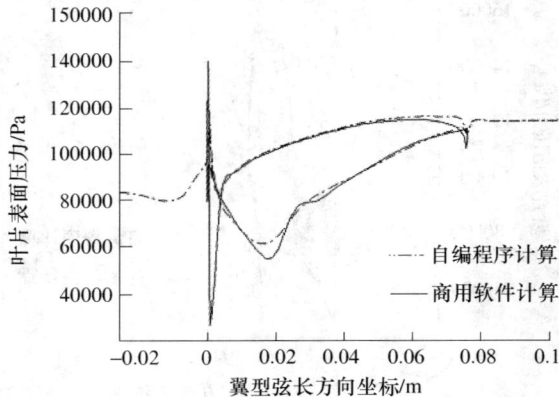

图 5.7　叶片表面压力分布图

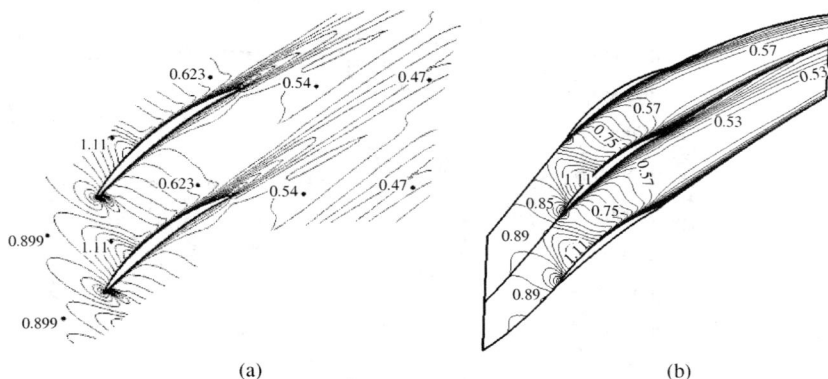

(a)   (b)

图 5.8   两种计算方法的马赫数等值线分布图(局部超声通道)
(a)商用软件;(b)自编计算软件。

表 5.2   局部超声叶栅性能参数

	总压损失系数	气流转角/(°)	压比
商用软件计	0.0468	15.390	1.395
自编流场计算软件	0.0534	16.100	1.378

综上所述,自主研发的任意回转面流场计算软件计算所得结果与 NUMECA 软件计算结果取得了良好的一致性,两个计算软件的计算结果可靠性得到彼此的验证。以下采用自编程序分别研究流面厚度、回转面半径、叶片转动等对叶栅性能的影响。

5.2.1 流面厚度对叶栅性能的影响

理论上 S1 流面流片厚度可视为无限小,但在实际流场计算中必须为有限值,否则计算无法进行。在此,针对圆柱面叶栅流动取多种厚度分布,比较叶栅性能差异。针对一台小尺寸压气机转子,在回转面半径 $R=150\text{mm}$ 处,叶栅进口相对总压为 200000Pa,相对总温 300K,切向速度 156m/s,气流角 58°,出口静压 180000Pa;选取 5 个流面厚度分别为 2mm、3mm、4mm、5mm、8mm 进行流场计算。

图 5.9、图 5.10 以及表 5.3 给出了不同流面厚度计算得到的叶片表面压力分布图、马赫数等值线分布图以及叶栅的性能参数。由图 5.9 可以看出,流面厚度 Δ 不同对叶片表面压力分布影响很小,压力分布曲线基本相吻合;由图 5.10 可以看出,对叶栅通道内的马赫数等值线分布也几乎完全相同。由表 5.3 可以看出,总体上回转面流面厚度对压比、总压损失和气流转角影响都不大。因此可得出:在所给定的流面厚度范围内(2mm ~ 8mm)取不同的流面厚度对叶栅流场计算结果影响可忽略不计。

107

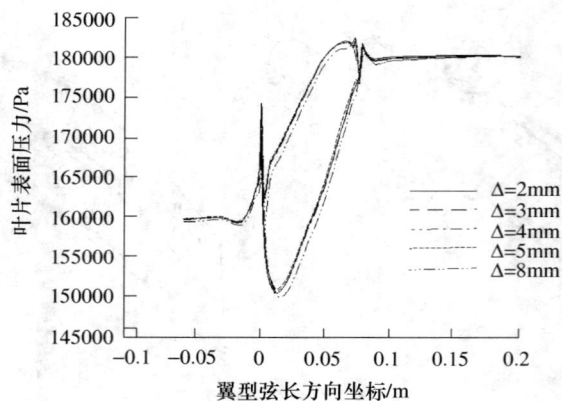

图 5.9　不同流面厚度的叶片表面压力分布图

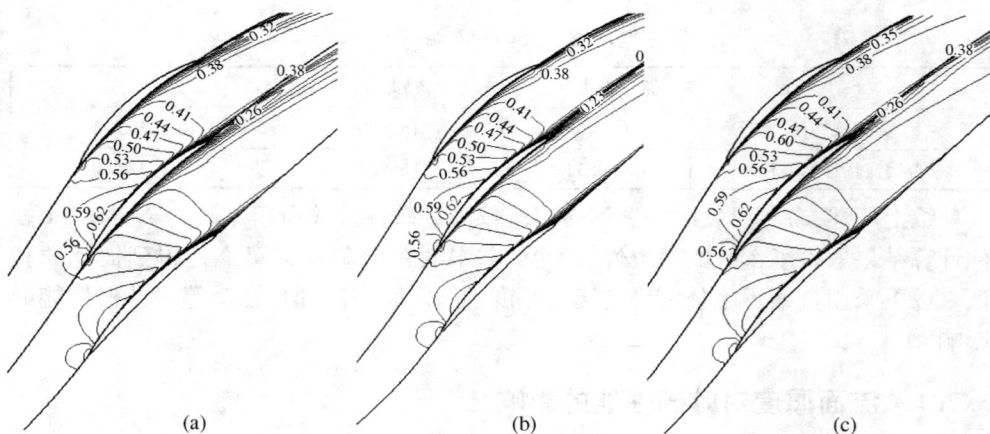

图 5.10　不同流面厚度的马赫数等值线分布图

（a）Δ=2mm；（b）流面厚度 Δ=5mm；（c）流面厚度 Δ=8mm。

表 5.3　不同流面厚度回转面叶栅的性能参数

厚度 Δ/mm	2	3	4	5	8
总压损失系数	0.0454	0.0443	0.0475	0.0424	0.0426
气流转角/°	20.2	20.1	20.1	19.5	19.2
压比	1.13	1.13	1.13	1.13	1.13

5.2.2　回转半径对叶栅性能的影响

回转面弯曲体现在子午面流线弯曲和回转面为圆弧两个方面。首先对某亚声速叶型分别构造半径为 125mm、150mm、175mm、200mm、5000mm 的圆柱面叶栅，其

108

中半径为5000mm的回转面近似为平面叶栅。为了计算结果的可比较性,保持上述5个叶栅进出口边界条件相同。

图5.11为不同回转半径下计算得到的叶片表面压力分布图,由该图可以看出,在出口压力一定的情况下,随着回转半径的减小进口静压增加,叶栅扩压能力下降。表5.4表明,随着回转面半径的减小,总压损失增加,气流转角减小。表5.5为进口相对马赫数为1.5的超声叶栅不同回转面半径计算结果,也表明随着回转面半径的减小,总压损失增加。

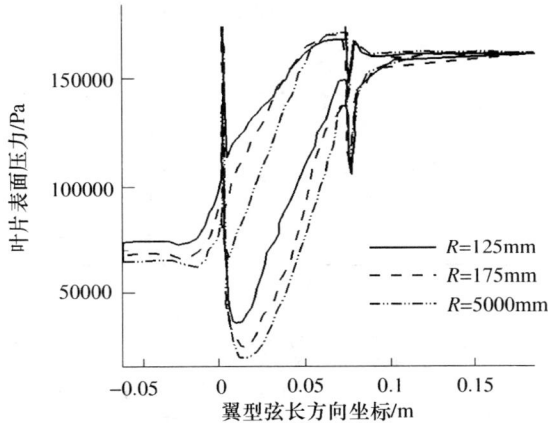

图5.11 亚声速叶栅叶片表面压力分布图

表5.4 不同半径亚声速回转面叶栅的性能参数

半径/mm	125	150	175	200	5000
总压损失系数(ω)	0.0430	0.0404	0.0391	0.0388	0.0351
气流转角/(°)	18.0	20.2	21.3	22.1	22.6

表5.5 不同回转半径下的跨声速回转面叶栅性能参数

半径/mm	600	650	700	750	800	5000
总压损失系数	0.1100	0.1090	0.1070	0.1090	0.1060	0.0949
气流转角/(°)	1.6	1.5	1.4	1.4	1.4	1.3

5.2.3 转动对叶栅性能的影响

转子叶片通道内流动,简化成平面叶栅流动无法考虑旋转产生的离心力和哥氏力对流动的影响。在此针对回转半径为150mm的圆柱叶栅,在保持进口相对总温、总压和相对气流角以及出口反压不变的前提下,研究转速变化对叶栅性能影响。图5.12表明,转速增加对叶片载荷影响较小,但由表5.6可以看出,转速增加使总压损失系数明显下降。

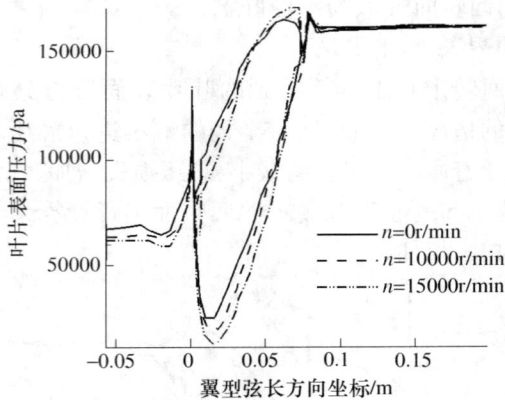

图 5.12　不同转速下的回转面叶栅叶片表面压力分布图

表 5.6　不同转速下的回转面叶栅性能参数

转速 n/(r/min)	0	5000	10000	15000
总压损失系数	0.0404	0.0360	0.0361	0.0235
气流转角/(°)	20.2	20.1	19.7	18.8

5.2.4　出/进口厚度比对叶栅性能的影响

从子午面流面看,压气机叶片通道为收缩形流道,流片厚度沿流程减薄。这种沿流程流面厚度变化等同于流道扩张度的变化,对叶栅气动性能应有较大影响。下面以圆锥回转面叶栅流为例,保持进口流面厚度为 2mm 分别选取出/进口厚度比为 0.90、0.92、0.94、0.96、0.98 来进行计算分析。选取的圆锥回转面通道进口半径为 150mm,出口半径为 190mm,锥角约为 9°,叶栅进口马赫数约等于 0.6。

图 5.13 表明,减小出口/进口厚度比 $\bar{\Delta}$,叶栅的扩张度减小,在出口静压一定的前提下进口静压增加,叶栅静压比下降。由表 5.7 可以看出,减小出/进口厚度比 $\bar{\Delta}$ 气流转角增加,总压损失系数也明显增加。表 5.8 为进口相对马赫数为 1.5 的超声圆锥回转面叶栅(通道进口半径为 400mm,出口半径为 380mm),损失、气流转角随 $\bar{\Delta}$ 变化趋势与表 5.7 相同。随 $\bar{\Delta}$ 减小,流面厚度沿流程减小,逆压梯度下降,叶片落后角下降,气流转角增加。叶栅损失由附面层损失、叶片表面摩擦损失、激波及激波附面层干扰损失、尾迹损失等多种损失构成。出/进口厚度比 $\bar{\Delta}$ 减小,逆压梯度下降可降低附面层损失,但上述损失中的其余损失有可能增加,因此最终造成总损失的增加。

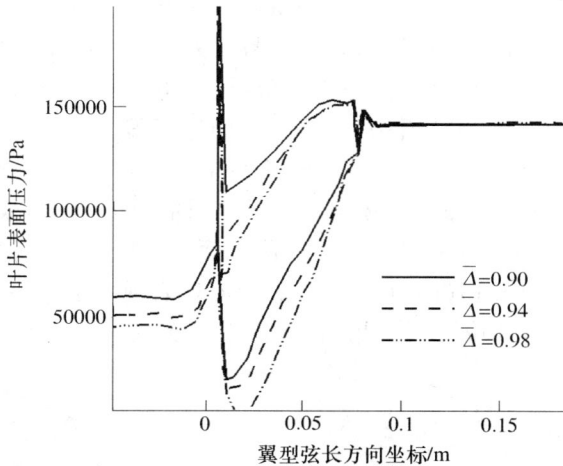

图 5.13 不同出/进口厚度比叶片表面压力分布图

表 5.7 亚声速圆锥回转面叶栅性能参数

出/进口厚度比	0.90	0.92	0.94	0.96	0.98
总压损失系数	0.0480	0.0403	0.0390	0.0383	0.0375
气流转角/(°)	24.2	23.1	22.3	21.6	20.9

表 5.8 超声速圆锥回转面叶栅性能参数

出/进口厚度比	0.92	0.935	0.95	0.965	0.99
总压损失系数	0.207	0.198	0.190	0.142	0.139
气流转角/(°)	5.5	4.7	3.9	1.0	0.3

综合以上计算分析可得,对于任意回转面叶栅流动:在流场数值计算中,流面厚度选取对叶栅性能影响较小,可适当取大一些(10mm 以内),以增加流面厚度方向网格节点间距,减小长宽比和加快计算收敛速度;流面厚度沿流程变化对叶栅损失和气流转角有较大影响,是计算过程中不可忽略的因素;回转面半径和转子转动速度对叶栅性能也有一定影响,对于小尺寸压气机,由于回转面半径小,影响可能相对较大。

5.3 压气机叶片通道内流动回转面二维特性研究

只有压气机/风扇内部流动呈回转面二维特征,二维叶型设计才有意义。在此通过实例考查轴流压气机转静子和离心、斜流压气机叶片通道内流动的回转面二维特征。

首先考察一高负荷小流量轴流压气机(设计流量:6.3kg/s;压比:2.07;转速:43000r/min)。采用 S2 流面流场计算结果,进行 10%、30%、50%、70%、90% 叶高位置处回转面叶型设计,将设计得到的回转面叶型沿径向积叠构成三维叶片,并计

111

算三维流场与 S1 流面流场比较。提取 Numeca 三维计算 10%、30%、50%、70%、90% 相对叶高位置的 S1 流面计算结果进行数据处理,得到 S1 流面相对马赫数等值线分布以及各叶高位置叶片表面静压分布(图 5.14、图 5.15),并将其与回转面流场计算结果进行比较。总体看来,回转面流场计算程序所预测的叶栅通道流动在各叶高位置均比较接近 Numeca 三维计算结果。特别是在 50%、70% 相对叶高处,不论是超声速区域的波系分布还是激波强度,回转面计算均很贴近 Numeca 计算结果(图 5.14(c)、(d));表现在叶型载荷方面,两种计算获得的叶片表面压力分布吻合也相当好(图 5.15(c)、(d)),在吸力面均表现出了一斜一正的激波增压效果。在 10%、30% 叶高位置,受环壁附面层、角区分离等三维流动效应影响,回转

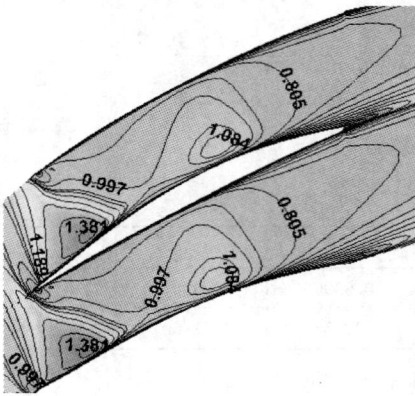

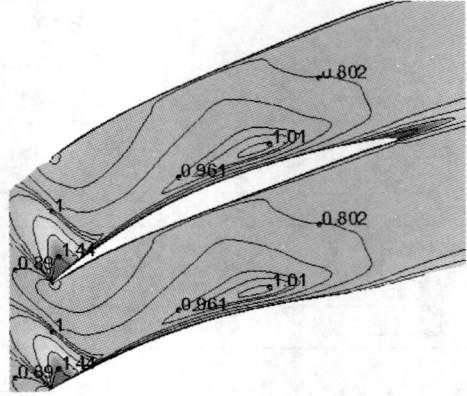

回转面计算10%叶高   Numeca三维计算10%叶高

(a)

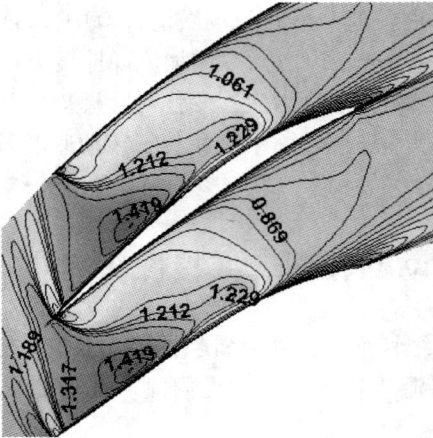

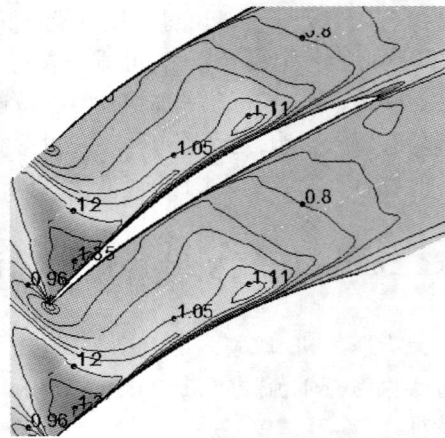

回转面计算30%叶高   Numeca三维计算30%叶高

(b)

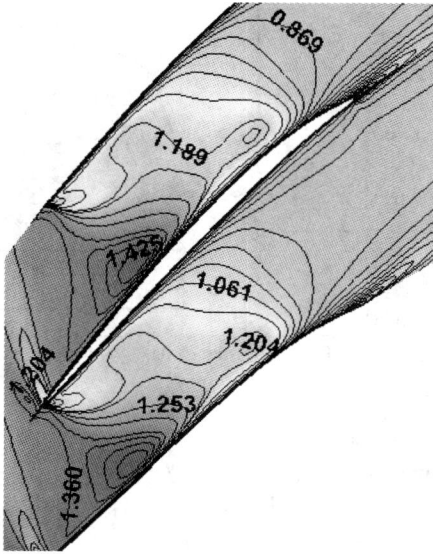
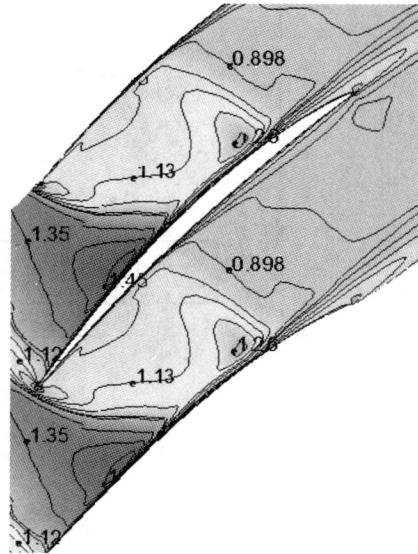

<table>
<tr><td>回转面计算50%叶高</td><td>Numeca三维计算50%叶高</td></tr>
</table>

回转面计算50%叶高   Numeca三维计算50%叶高

(c)

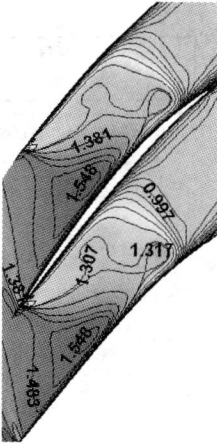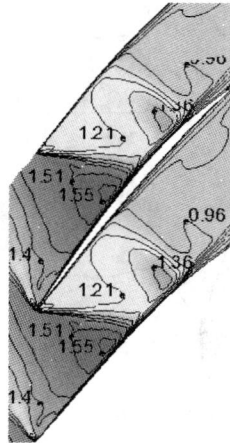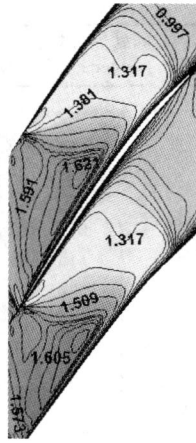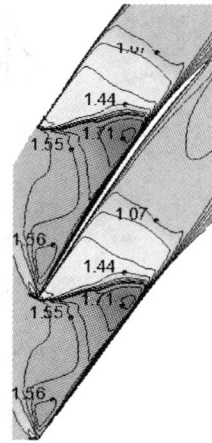

回转面计算   Numeca计算   回转面计算   Numeca计算

(d)   (e)

图 5.14 回转面叶栅通道相对马赫数等值线分布

113

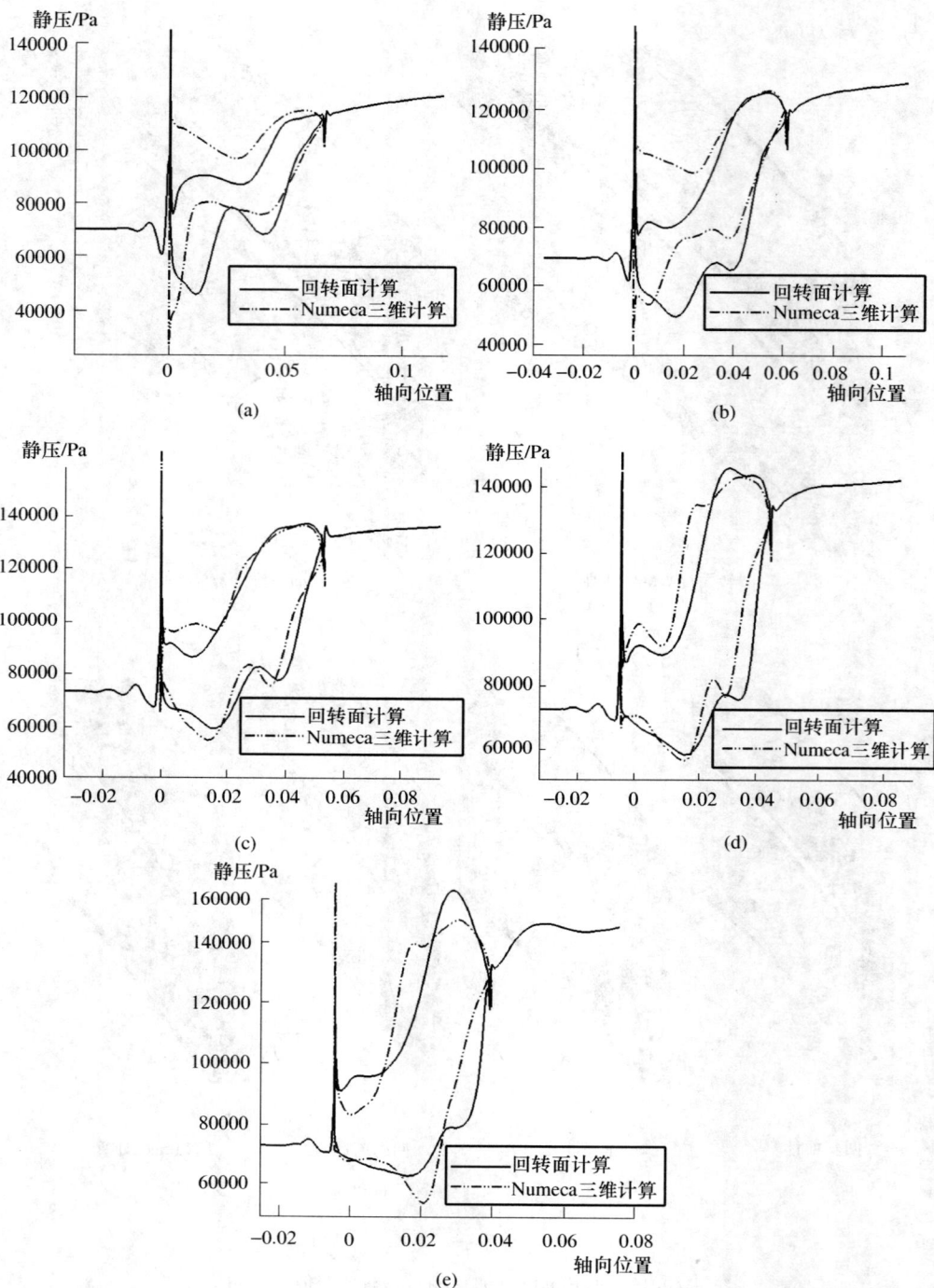

图 5.15　回转面叶型叶片表面静压分布

（a）10% 叶高；（b）30% 叶高；（c）50% 叶高；（d）70% 叶高；（e）90% 叶高。

面计算结果与 Numeca 三维计算显示出了较大的差异。对于 90% 相对叶高,回转面计算获得的流场结构以及叶型载荷分布与 Numeca 三维结果基本一致性也较好。90% 相对叶高距上环壁面距离与 10% 相对叶高距下环壁面距离相同,但 10% 叶高处流动与回转面二维流动差异较大;或者说,90% 相对叶高处流动比较符合回转面二维特点,而 10% 相对叶高处流动呈强三维特点。原因主要在于 10% 叶高处叶片弯度较大,通道涡较强。

进一步提取 Numeca 三维计算等熵效率、总静压比、相对气流转角的切向质量流量平均沿径向的分布(图 5.16),与回转面计算结果进行对比。可以看出,在 30% ~70% 叶高范围内的势流区,总压比、效率以及相对气流转角二者吻合较好,而在叶根、叶尖附近差异较大,特别在叶根附近 10% 叶高处。

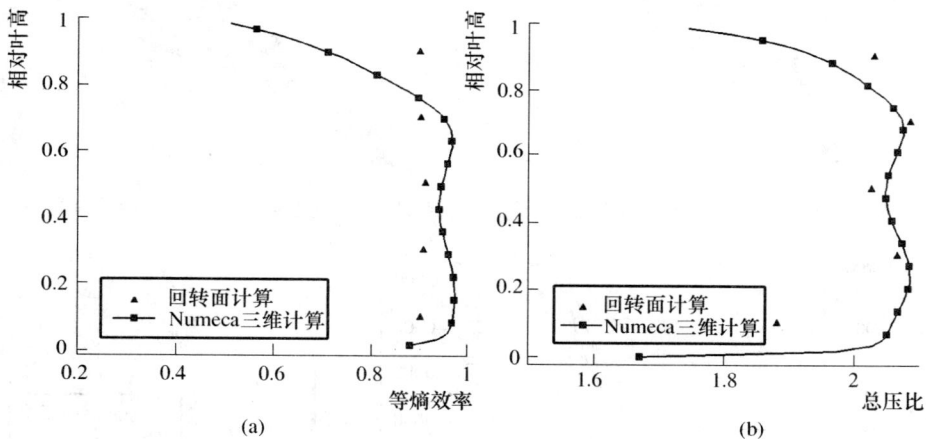

图 5.16 气动参数切向质量流量平均沿径向分布对比
(a)等熵效率;(b)总压比。

以上结果表明,对于高负荷轴流压气机转子,在离上下环壁附面层较远的势流区,将流动处理成回转面二维流动与实际流动差别较小;因此采用回转面叶型设计方法进行叶型设计是可行的。后面的风扇二维叶型优化实例中,还有风扇转静子叶片通道内流动回转面二维特性分析,表明风扇转静子势流区流动呈回转面二维特点。

作为对比,进一步分析斜流和离心叶轮内流动回转面二维特征。为此,对 Krain 离心压气机工作轮(设计点转速:22363r/min、流量:4.0kg/s;总压比:4.7)和将该叶片后部分截除形成的斜流叶轮,进行回转面流场计算;与三维计算结果比较。图 5.17 为该离心工作轮三维叶片和某一叶高位置流面;图 5.18 为采用回转面二维方法计算所得该流面上流场相对马赫数等值图;图 5.19 为采用回转面二维方法计算以及三维计算所得所在流面叶片表面压力分布。从流场中相对马赫数等值图以及叶片表面压力分布可以看出计算结果是合理的;但从表 5.9 中可看出,离心叶轮计算总压比差别较大,斜流叶轮计算效率差别较大。为了分析原因,在离心和斜流叶轮进口 50% 叶高处取流面(图 5.20),可看出在叶轮进口处该流面上流体绝大部分不再沿该流面流动,因此表明,于离心和斜流叶轮内流动不呈回转面二维特征,而呈强三维特征。作为对比,图 5.21 给出轴流压气机转子内流线,表明基本呈回转面二维流动。

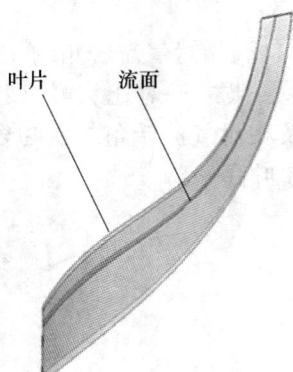

图 5.17 离心叶轮叶片和流面

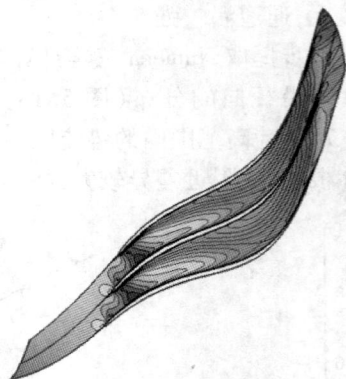

图 5.18 离心叶轮回转面相对马赫数等

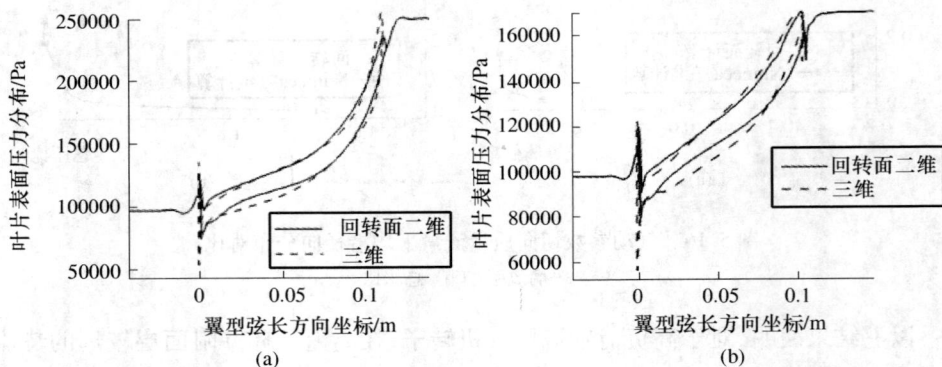

图 5.19 叶片表面压力分布

(a)离心;(b)斜流。

表 5.9 三维与回转面二维计算参数

	离心		斜流	
	效率	总压比	效率	总压比
回转面二维	0.924	3.478	0.905	2.551
三维	0.931	4.321	0.971	2.582

116

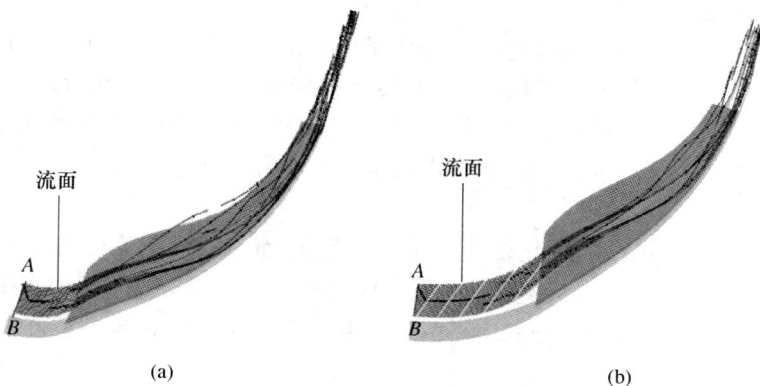

图 5.20　转子叶片通道三维流线

（a）离心压气机转子 50% 叶高；（b）斜流压气机转子 50% 叶高。

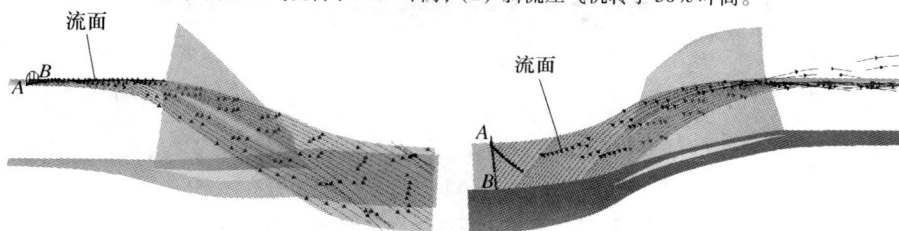

图 5.21　轴流压气机转子 50% 叶高回转面三维流线

5.4　二维叶型优化设计

5.4.1　二维叶型优化设计软件简介

本文中第 1 章介绍,叶片自动优化设计软件系统包括数值最优化、流场计算、几何参数化和目标函数计算模块(图 1.6 为设计流程)。二维叶型和三维叶片优化设计软件涉及的功能模块相同,以下对本文二维叶型优化软件各功能模块编制所采用的方法作一简介。

数值最优化采用并行遗传算法,可由多台计算机构成局域网或服务器多 CPU 进行并行优化设计,并行计算机台数或服务器节点数不受限制。流场计算采用空间中心差分和四步龙格—库塔法时间推进,为抑制数值振荡引入自适应二阶和四阶人工黏性,为加快计算收敛速度采用局部时间步长和残值光顺技术。叶型参数化采用基于修改量贝塞尔曲线参数化方法,与遗传算法设计参数范围给定相结合,实现优化过程生成叶型的可控性、合理性。初始叶型以弦长、前后缘小圆半径、前后缘角、最大挠度及其位置、最大厚度及其位置为输入参数生成。为便于使用,软件借鉴常用软件使用习惯编制了软件界面。

1. 软件主体结构

二维叶型优化设计软件包括平面叶栅叶型优化和任意回转面叶栅叶型优化设计,同时可进行二维平面叶栅和任意回转面叶栅流场计算。在两种叶型优化中设计变量采用基于修改量参数化,因此软件中自带了一个初始叶型生成模块,叶型生成方法见4.1.1节。该模块根据用户给定叶型主要几何参数,可生成平面和任意回转面叶型。

图5.22为二维叶型优化设计软件主界面,界面中下拉菜单获取节点用于扫描局域网/服务器可用节点;参数化叶型生成用于生成二维叶型;平面叶栅叶型优化和回转面叶栅叶型优化则分别用于两类叶型优化设计。以下逐一介绍各功能模块的具体使用方法。

图 5.22　二维叶型优化设计软件主界面

2. 节点获取

本软件在叶型优化时采用并行遗传算法,可通过局域网/服务器网络实现并行优化。数据通信遵循 TCP/IP 协议,首先要扫描网络中可用节点的 IP 地址。如图5.23 所示,具体操作步骤如下。

(1) 输入起始和终止 IP 地址。

(2) 按"添加扫描范围"按钮。

(3) 按"扫描"按钮搜索可用节点。

如果局域网/服务器节点未变,则可按"最近一次可用 IP 列表"按钮取代上述操作步骤(1)(2)。如果添加扫描范围有误可按"删除扫描范围"按钮清空列表。

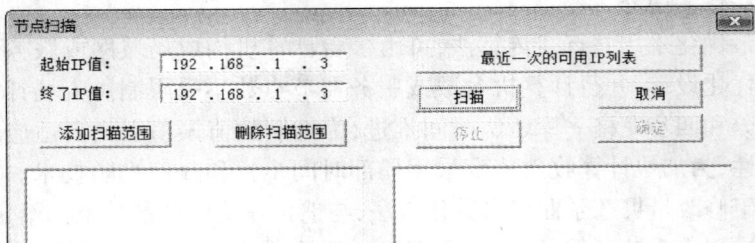

图 5.23　节点扫描界面

3. 参数化叶型生成

按图5.24 所示给定叶片弦长,前后缘小圆半径,前后缘角,最大挠度,最大厚度及其位置,安装角,按下"叶型生成"按钮即可生成叶型。按下"叶型显示"按钮,可图形显示生成的叶型(图5.25)。该模块用于叶型优化时生成初始叶型,如果有初始叶型,则不需要此项操作;也可用于其他需要根据几何参数构成二维叶型或三维叶片的研究工作。

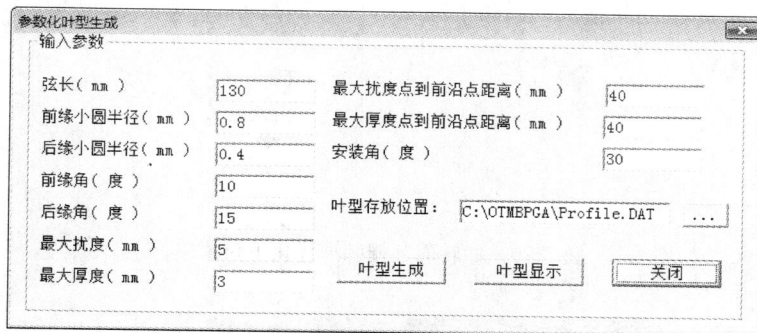

图 5.24　节叶型参数化生成界面

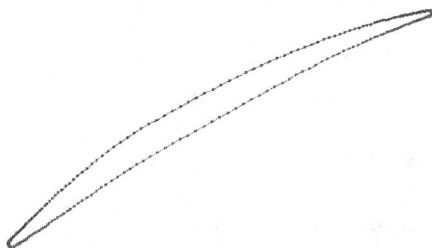

图 5.25　生成叶型图形示例

4. 回转面叶栅叶型优化

以下介绍软件中回转面叶栅叶型优化操作过程,平面叶栅叶型优化操作过程与其类似不作介绍。按回转面叶栅叶型优化菜单,出现图5.26所示下拉菜单,该菜单包括两个功能,即叶型优化和叶栅流场计算。

如图5.26所示,叶型优化包括以下操作过程:优化设置、遗传参数设置;此后可按"开始优化"按钮开始优化;如果按"停止优化"按钮即可终止优化;优化过程中可按"优化曲线"按钮显示目标函数随进化代数变化曲线;优化叶型几何和性能参数保存在优化文本中。

图5.27中,新建叶型优化项目和打开叶型优化项目,继续进行优化计算,分别表示对某一叶型优化的初始设置和在原先建立优化设置基础上继续优化。设置计算节点最大计算进程数要求用户根据计算机节点 CPU 内核数设置,不能大于内核数。初始叶型数据文件存放初始叶型坐标数据,数据格式分为平面和任意回转面两种。

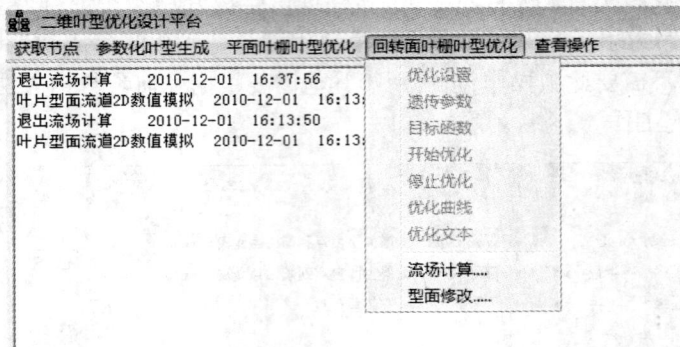

图 5.26　回转面叶栅叶型优化下拉菜单

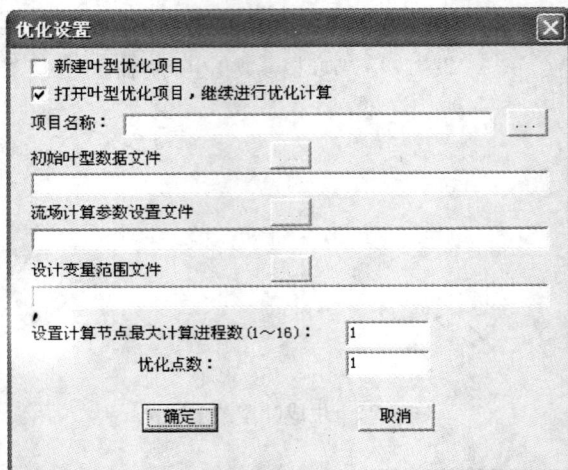

图 5.27　回转面叶栅叶型优化设置

图 5.28 为遗传参数设置界面,总迭代次数为遗传优化进化代数,个体总数为每一代群体个体数;交叉算子(取值范围:0.7~0.9);变异算子(取值范围:0.005~0.05);最值类型分为求最大、最小两种情况。

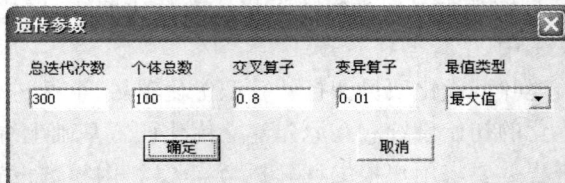

图 5.28　遗传算法优化参数设置界面

图 5.29 为目标函数设置界面,通过界面可进行多目标目标函数设置,采用权重系数将多目标转化成单目标,具体表达式为

$$F = - c_1\omega + c_2\left(\frac{Lu - Lu_0}{Lu_0}\right)^{n_2} + c_3\left(\frac{\pi - \pi_0}{\pi_0}\right)^{n_3} - c_3\left(\frac{A - A_0}{A_0}\right)^{n_4} + c_4\left(\frac{\Delta\beta - \Delta\beta_0}{\Delta\beta_0}\right)^{n_5}$$

式中:F 为目标函数值,优化寻求 F 最大值;Lu、Lu_0 分别为轮缘功和目标轮缘功;π、π_0 分别为压比和目标压比;A、A_0 分别为型面面积和目标型面面积;$\Delta\beta$、$\Delta\beta_0$ 为气流转角和目标气流转角。$c_1 \sim c_4$ 为权重系数,全部取正值;$A > A_0$,$c_3 = 0$,即叶型变厚时不加惩罚;$n_2 \sim n_5$ 为指数项。

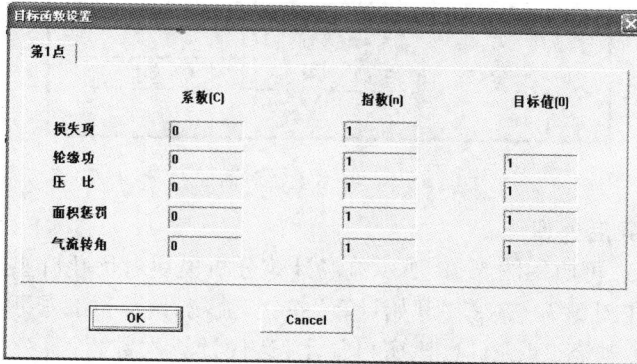

图 5.29 目标函数设置界面

完成了上述各步后,按"开始优化"按钮,即开始叶型寻优过程,每一代最优个体的目标函数值由图 5.30 动态显示。

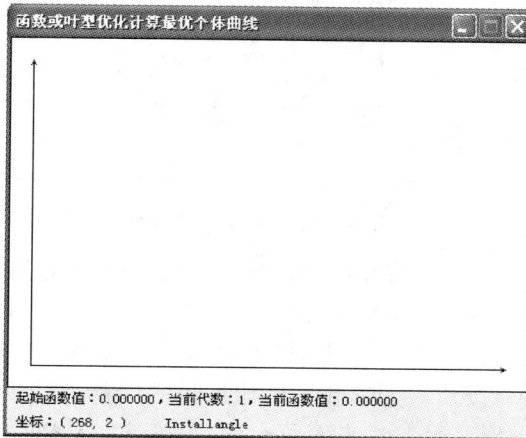

图 5.30 优化过程最优个体动态显示

完成优化后,应用图 5.31 所示叶型重建功能取出优化叶型坐标数据。在初始叶型中输入上述优化所用的初始叶型数据文件;输入最优叶型对应的设计变量;在目标叶型中输入最优叶型数据文件名。按"修改"按钮,即可得最优叶型坐标数据文件,该数据文件格式与初始叶型一样。还可按"查看"按钮图形显示最优叶型。

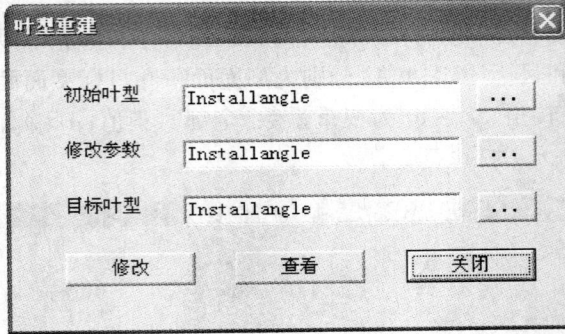

图 5.31　叶型重建对话框

5. 优化结果后处理

优化完成后,可应用图 5.32 所示流场计算分析模块对优化叶型所构成叶栅流动进行分析。在图 5.32 中,按"开始计算"按钮,流场计算开始,显示屏显示如下程序运行过程参数动态变化窗口,该窗口显示:迭代计算次数、计算残差、进气角、出气角、静压比、总压损失系数和进口马赫数。

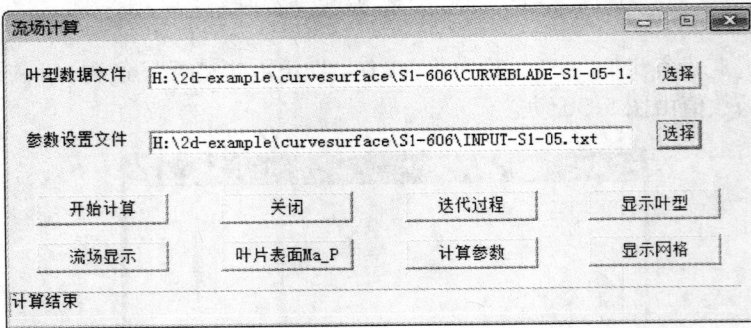

图 5.32　叶栅流场计算界面

计算前,可按"显示叶型"显示叶型图形了解叶型数据文件的正确性,按"显示网格"显示叶栅流场网格了解网格情况。

计算完成后,按"迭代过程"按钮可图形显示图 5.33 所示各参数随迭代次数变化曲线;按"流场显示"按钮可图形显示叶栅通道内马赫数等值线、流线;按"叶片表面 Ma_P"按钮可图形显示叶片表面压力分布、等熵马赫数分布;按"计算参数"按钮可列表显示叶栅气体性能参数,包括压比、气流转角、总压损失系数。

优化结果后处理功能实质为流场数值计算分析,可采用商用软件取代。作者

122

在进行叶型优化结果分析时,通常同时采用商用软件和此模块进行流场计算,通过对比分析验证结果的可靠性。

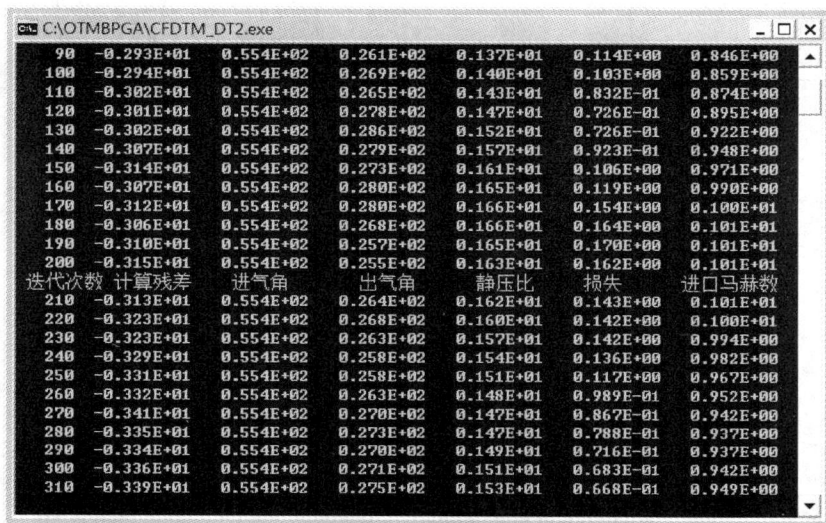

图 5.33　叶栅流场计算迭代过程

5.4.2　平面叶栅叶型优化设计

1. 高亚声速平面叶栅叶型优化

对一进口马赫数为 0.75 的高亚声叶栅,以设计攻角(0°)压比 1.2(由于高亚声叶栅存在局部激波气流转角不能全面反映叶栅扩压),0°和 2°攻角损失最小为目标进行优化。0°攻角性能比较(表 5.10)表明,优化叶型压比略低于设计值,损失大幅下降。由图 5.34 可知,优化后叶型弦长有较大减小,表明优化叶栅稠度下降,初始叶型稠度值太大。由图 5.35 可知,优化叶型前缘区域载荷增大。图 5.36 表明,在全攻角范围内,优化叶型损失都低于原始叶型。图 5.37 表明,在全攻角范围内优化与原始叶型压比有近于相同的差别。为了验证优化结果可靠性,图 5.36、图 5.37 中还给出应用 NUMECA 软件对两个叶栅流场进行计算的结果,表明:NUMECA 软件与本项目研发软件计算结果虽然有差异,但优化与原始结果差别的相对值一致性较好。实际上,采用不同软件由于网格结构、节点数、紊流模型等差异,计算结果通常会存在一定差异,但从优化角度考虑最重要的是要有较高的相对精度。

表 5.10　原始和优化叶栅 0°攻角性能比较

叶型	总压损失系数	静压比
原始	0.049	1.24
优化	0.032	1.19

123

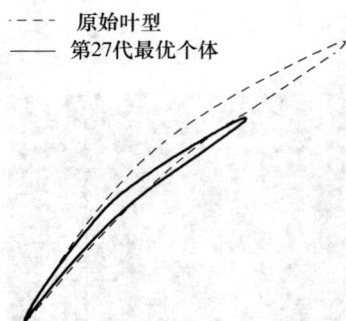

图 5.34　优化和原始叶型

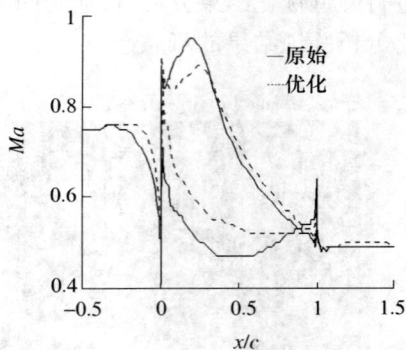

图 5.35　叶片表面等熵马赫数分布

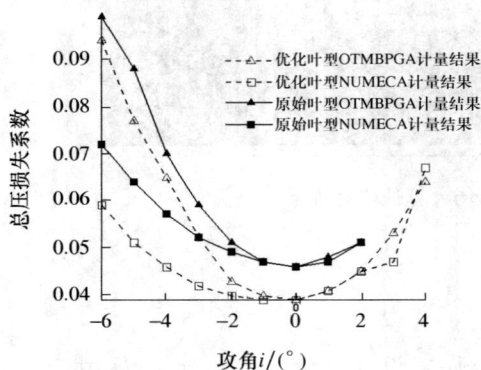

图 5.36　损失与攻角关系

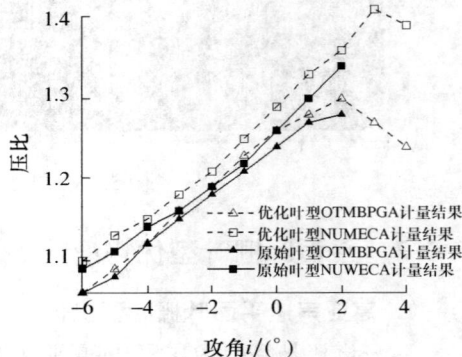

图 5.37　压比与攻角关系

2. 超声速平面叶栅叶型优化

对一进口马赫数为 1.6 的超声叶栅,考虑唯一攻角,只以设计点压比 2.6,0°攻角损失最小为目标进行优化。结果(表 5.11)表明,优化叶型损失大幅下降,压比略低于目标。由图 5.38 可知,优化后叶型弦长有较大增长,表明优化叶栅稠度增加。图 5.39(a)表明原始叶型在叶栅通道进口有一道波前马赫数为 1.42 的正激波,激波前存在等熵预压缩,因此该初始叶型性能也是不错的;优化叶型在叶栅通道内势流区近于等熵压缩(图 5.39(b));由于优化叶型不存在激波附面层干扰,吸力面附面层相对较薄。为了进一步考核叶栅的非设计点性能,计算了设计转速(10000r/min)和非设计转速(10700r/min)叶

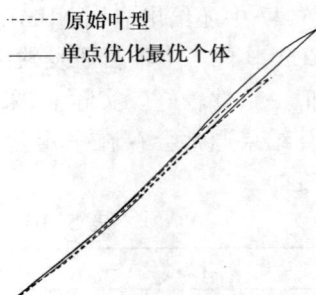

图 5.38　原始与优化叶型

栅损失、压比随出口反压的变化曲线(图5.40和5.41)。该图表明,非设计工况优化叶型性能也同样优于原始叶型;在设计转速原始与优化叶型非设计点压比差别与设计点近于相同;在非设计转速原始与优化叶型压比也近于相同。

表5.11 原始和优化叶栅0°攻角性能比较

叶型	总压损失系数	压比
原始	0.155	2.65
优化	0.116	2.58

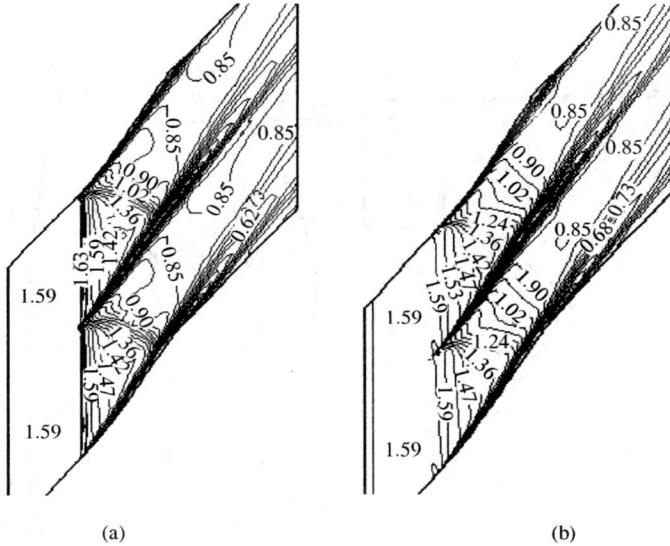

(a)　　　　　　　　　　　　　(b)

图5.39 叶栅通道内马赫数等值线

(a)原始叶型;(b)优化叶型。

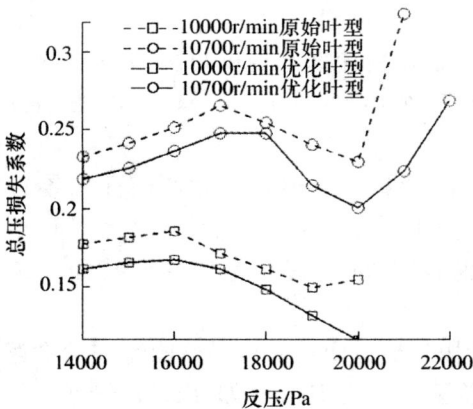

图5.40 叶栅损失与反压关系　　　图5.41 叶栅压比与反压关系

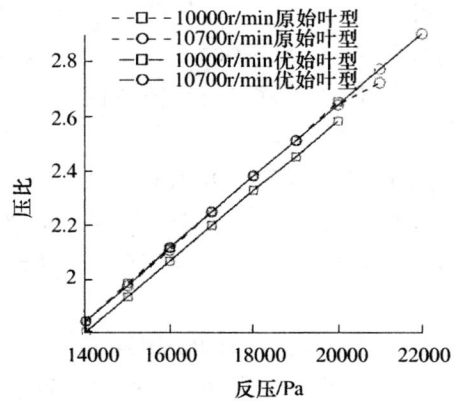

5.4.3 S1 流面叶型优化设计

1. 任意回转面叶栅流动分析

采用 NUMECA 软件对一台单级风扇三维流场计算,并处理出 S2 流面流线(图 5.42),取转子叶片 80% 叶高和静子叶片 50% 叶高处流管(图 5.43),得任意回转面超声和亚声原始叶型。图 5.43(a)中,转子 80% 叶高处流管出口流面厚度约为进口 0.7 倍;图 5.43(b)中,静子 50% 叶高处流管出口流面厚度约为进口 0.9 倍。因此,流面厚度变化明显,任意回转面流场计算时必须考虑流面厚度变化。

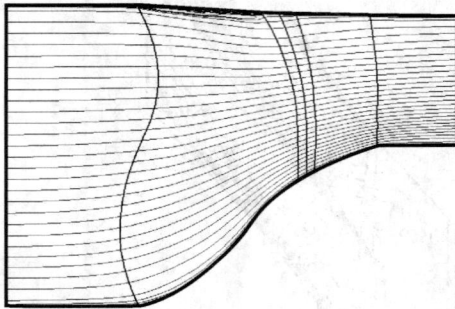

(a)　　　　　　(b)

图 5.42　单级风扇 S2 流面流线　　　图 5.43　转子和静子 S2 流面流管
(a) 转子叶片 80% 叶高处流管;
(b) 静子叶片 50% 叶高处流管。

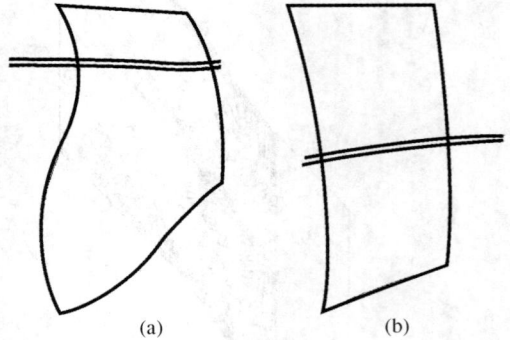

图 5.44 为采用 NUMECA 软件三维方法计算和本文任意回转面二维方法计算所得转子叶片表面 80% 叶高处压力分布;图 5.45 为两种方法计算任意回转面叶栅通道内马赫数等值线。结果比较表明,两种方法计算载荷和激波结构吻合较好,但与三维方法相比,任意回转面方法计算叶栅进口斜激波要弱一些。总体上可认为流动呈任意回转面二维特征,可采用任意回转面方法进行叶型设计。

图 5.46 为采用 NUMECA 软件三维方法计算和本项目任意回转面二维方法计算所得静子叶片表面 50% 叶高处压力分布;图 5.47 为两种方法计算任意回转面叶栅通道内马赫数等值线。结果也表明,此处流动呈任意回转面二维特征。

对于转子任意回转面超声叶栅,由于叶栅进出口回转面半径不同造成轮缘速度差异,导致离心力做功,使叶栅出口截面总压、总温增加。例如,出口回转面半径大于进口,存在离心力做功使叶栅出口总压增加。如果仍采用常用的平面叶栅总压损失系数定义方法,则计算出损失会偏小,甚至为负值。在此根据流动等熵计算

126

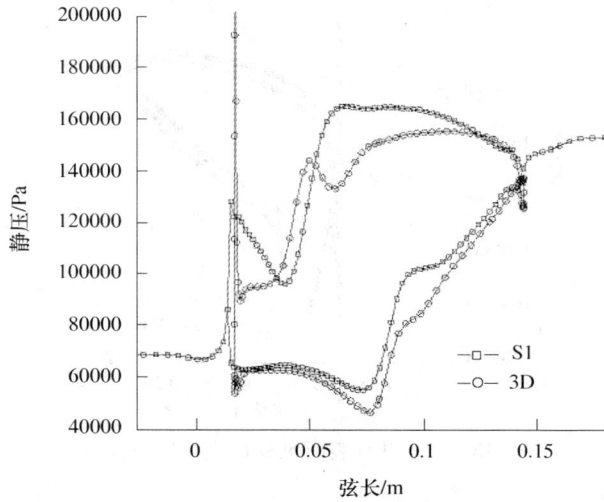

图 5.44　转子叶片表面 80% 叶高处压力分布

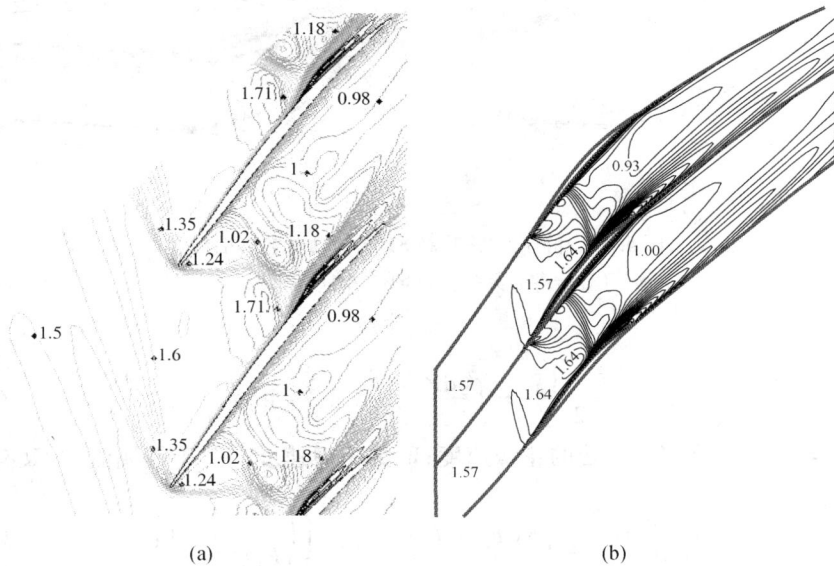

(a)　　　　　　　　　　　　　　(b)

图 5.45　转子 80% 叶高 S1 流面马赫数等值线
（a）3D 计算结果；（b）回转面二维计算结果。

出出口总压,再计算叶栅总压损失系数,具体计算过程如下。
假设流动等熵,考虑离心力做功的能量方程为

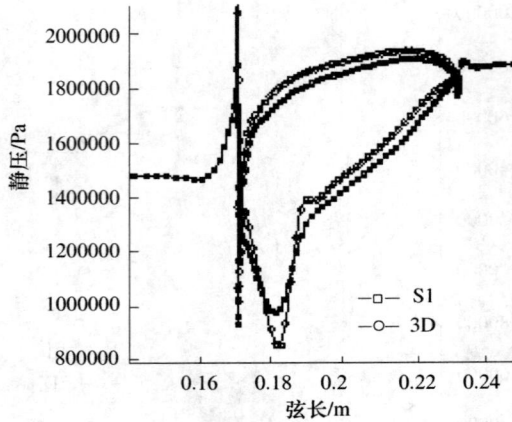

图 5.46　静子叶片表面 50% 叶高处压力分布

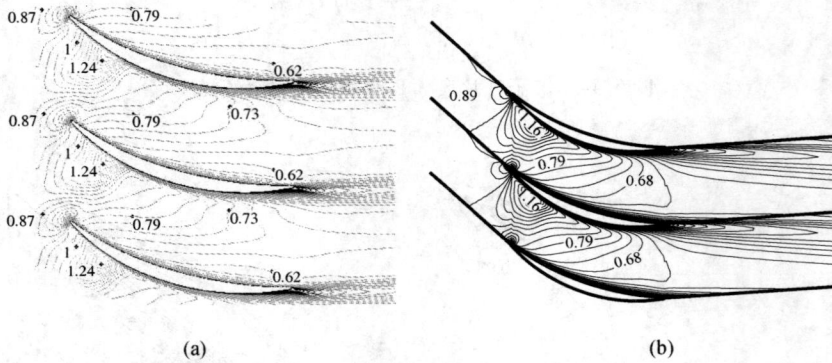

(a) 　　　　　　　　　　　　　　　　　(b)

图 5.47　静子 50% 叶高 S1 流面马赫数等值线

(a) 三维计算结果；(b) 二维计算结果。

$$\frac{U_2^2 - U_1^2}{2} = \int_1^2 \frac{\mathrm{d}P}{\rho} + \frac{1}{2}(W_2^2 - W_1^2) \tag{5.1}$$

式中：$U = r\omega$ 为所在半径 r 处的轮缘速度；W 为相对速度。对于等熵流动，又有

$$\int_1^2 \frac{\mathrm{d}p}{\rho} = \frac{k}{k-1}R(T_2 - T_1) = C_p t_1 \left[\left(\frac{P_2}{P_1} \right)^{\frac{k-1}{k}} - 1 \right] \tag{5.2}$$

由式(5.1)和式(5.2)计算出出口相对速度 W_2；再由

$$\frac{U_2^2 - U_1^2}{2} = C_p(T_{w2}^* - T_{w1}^*) \tag{5.3}$$

计算出出口相对总温 T_{w2}^*。由

128

$$C_p T_{w2}^* = C_p T_2 + \frac{1}{2} W_2^2 \qquad (5.4)$$

计算出出口静温 T_2。再由 $a_2 = \sqrt{kRT_2}$ 求出声速,由 $M_{w2} = \dfrac{W_2}{a_2}$ 求出出口马赫数,代入下式即可求出等熵流动时,叶栅出口总压为

$$P_{2w.ad}^* = P_2 \left(1 + \frac{k-1}{2} M_{w2}^2 \right)^{\frac{k}{k-1}} \qquad (5.5)$$

总压损失系数按下式计算,即

$$\omega = \frac{P_{2w.ad}^* - P_{2w}^*}{\frac{1}{2} \rho W_1^2} \qquad (5.6)$$

2. 超声速回转面叶栅优化设计

该转子 80% 叶高处超声回转面叶栅进口相对马赫数为 1.58,静压比为 2.22。因此,设计目标定为静压比达 2.22、总压损失系数最小。优化结果(表 5.12)表明,优化后压比近于不变而损失明显下降。图 5.48 为初始和优化叶型,优化叶型前部略呈预压缩;由图 5.49 可看出,优化叶栅通道内激波变弱,势流区近于等熵压缩。图 5.50 表明,在非设计工况优化叶型损失下降幅度与设计点近于相同。

表 5.12   回转面超声叶栅原始和优化叶型性能

叶型	总压损失系数	静压比
原始	0.164	2.220
优化	0.125	2.216

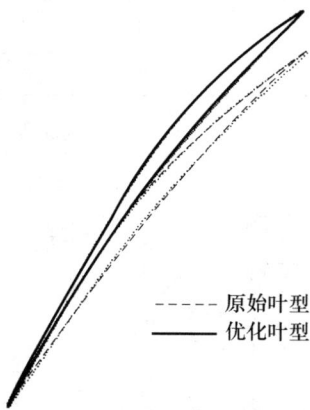

图 5.48   转子 80% 叶高处叶型

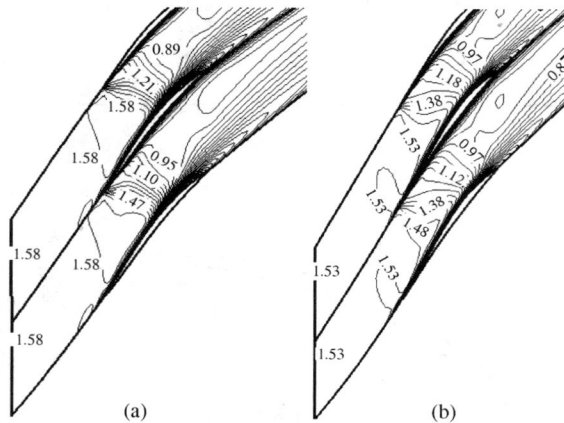

图 5.49   转子 80% 叶高处叶栅马赫数等值线
(a)原始叶型;(b)优化叶型。

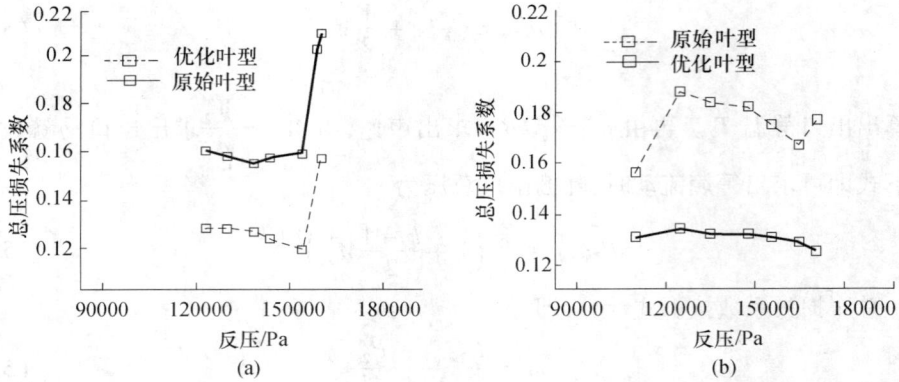

(a) $\qquad\qquad\qquad\qquad$ (b)

图 5.50　原始和优化叶型全工况损失

（a）$n=93600\mathrm{r/min}$；（b）$n=103600\mathrm{r/min}$。

3. 高亚声回转面叶栅叶型优化设计

　　静子 50% 叶高处高亚声回转面叶栅进口相对马赫数约为 0.9,静压比为 1.29。因此,设计目标为设计攻角（0°）静压比达 1.29,总压损失系数最小;2°攻角损失最小（为考虑非设计点性能）。设计点优化结果如表 5.13 所列。该表表明,优化后压比略有增加而损失明显下降。图 5.51 为初始和优化叶型,优化叶型弦长明显增大,叶栅稠度增加;由图 5.52 和图 5.53 可以看出,优化叶栅通道内局部激波变弱。由图 5.54 和图 5.55 可以看出,在两个叶栅进口马赫数下（0.82、0.90）,优化叶型在全工况攻角范围内静压比都略高于原始叶型;损失低于原始叶型;只是在少部份负攻角优化叶型损失高于原始叶型。

表 5.13　回转面亚声叶栅原始与优化性能比较

叶型	总压损失系数	静压比
原始	0.0812	1.29
优化	0.0524	1.32

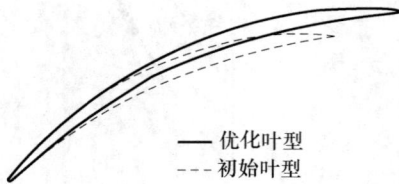

图 5.51　静子 50% 叶高处叶型

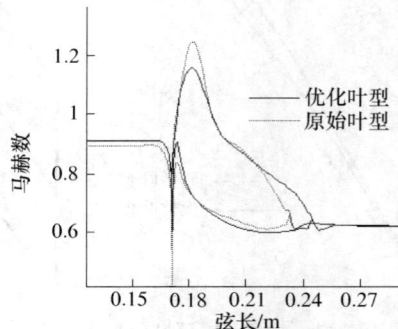

图 5.52　静子 50% 叶高处叶片
表面等熵马赫数

130

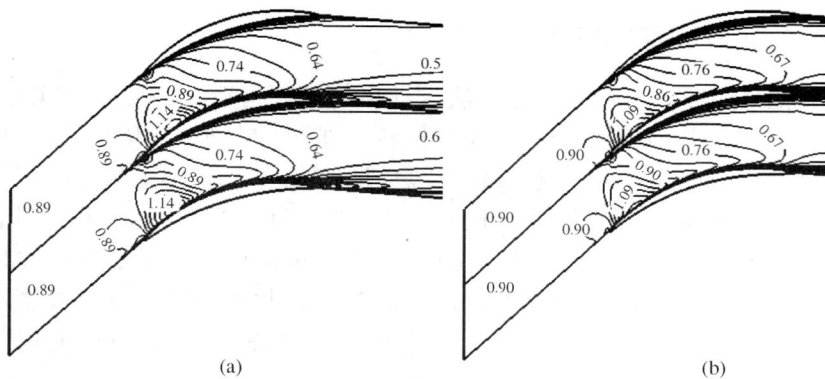

图 5.53　静子 50% 叶高处叶栅马赫数等值线

（a）原始叶型；（b）优化叶型。

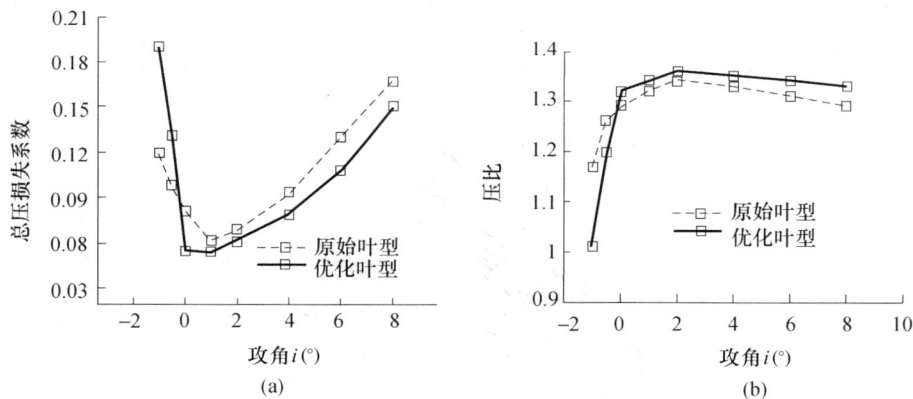

图 5.54　进口马赫数 = 0.82 的叶栅特性

（a）总压损失系数；（b）压比。

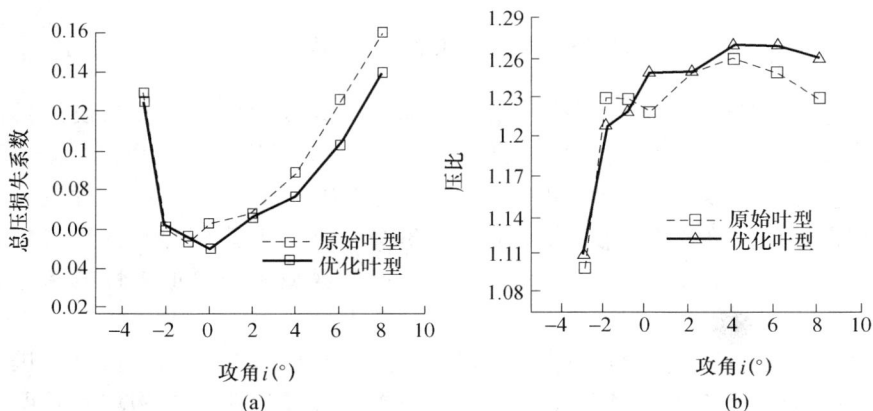

图 5.55　进口马赫数 = 0.90 的叶栅特性

（a）总压损失系数；（b）压比。

5.4.4 优化叶型实际应用

为验证采用回转面叶型优化方法设计出的叶型构成三维叶片的实际效果，针对表 5.14 所列主要性能指标的压气机转子进行回转面叶型优化设计，再将若干个设计叶型沿径向叠加构成三维叶片。根据设计指标及预先给定的子午面流道，先由 S2 流面流场计算得到转子进出口参数沿叶高方向分布，再沿叶高取 5 个型面(10、30、50、70、90% 相对叶高)进行叶型优化设计。由于叶型优化采用基于修改量参数化方法，需根据经验预先给出原始叶型(该 5 个原始叶型对应的回转面叶栅流动在 5.3 节已涉及)；5 个相对叶高原始与优化叶型如图 5.56 所示。

表 5.14 压气机转子主要性能参数

流量/(kg/s)	转速/(r/min)	总压比	叶尖轮缘速度/(m/s)
6.300	42000	2.070	479.4

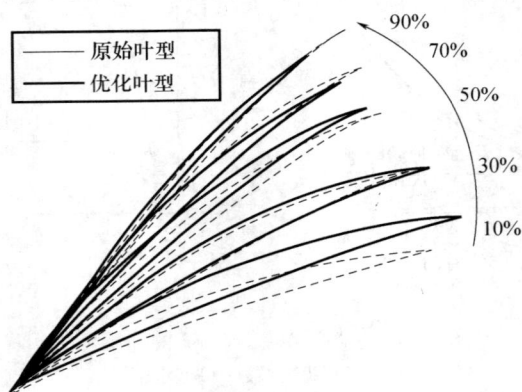

图 5.56 回转面优化前后叶型造型对比

优化前后各叶高 S1 流面叶型基本气动性能参数的变化及其与设计目标的一致性如图 5.57 所示。可以看出，优化后总压损失系数明显下降，特别是 90% 叶高位置叶型，相对于原始叶型下降幅度接近 0.03(图 5.57(a))。优化后总静压比与设计目标符合得也较好，特别是在 30% ～70% 叶高的势流区。考虑到叶根叶尖区域的三维效应，二维叶型设计时在此两区域不需要追求性能指标高符合性。

通过对回转面叶栅通道内相对马赫数等值线分布的对比分析，可以进一步看出，本文回转面优化方法使得各个叶高位置叶栅通道流场结构均有较明显的改善(图 5.58)。主要表现为各叶高位置初始叶栅通道内的一道斜激波变为一斜一正的激波组合，使得第一道斜激波的激波角减小，激波强度减小，因而，激波

相对叶高	0.1	0.3	0.5	0.7	0.9
原始叶型	0.142	0.136	0.128	0.134	0.157
优化叶型	0.107	0.108	1.102	1.103	1.190
目标值	——				

相对叶高	0.1	0.3	0.5	0.7	0.9
原始叶型	1.997	2.027	2.048	2.070	2.110
优化叶型	1.871	2.066	2.026	2.086	2.030
目标值	2.133	2.135	2.111	2.071	1.900

相对叶高	0.1	0.3	0.5	0.7	0.9
原始叶型	1.743	1.807	1.881	1.931	1.979
优化叶型	1.717	1.869	1.872	1.974	2.002
目标值	1.661	1.785	1.878	1.949	2.004

相对叶高	0.1	0.3	0.5	0.7	0.9
原始叶型	28.87	23.44	19.21	16.70	15.50
优化叶型	24.31	24.19	18.15	15.88	12.62
目标值	35.82	26.76	19.79	14.27	4.72

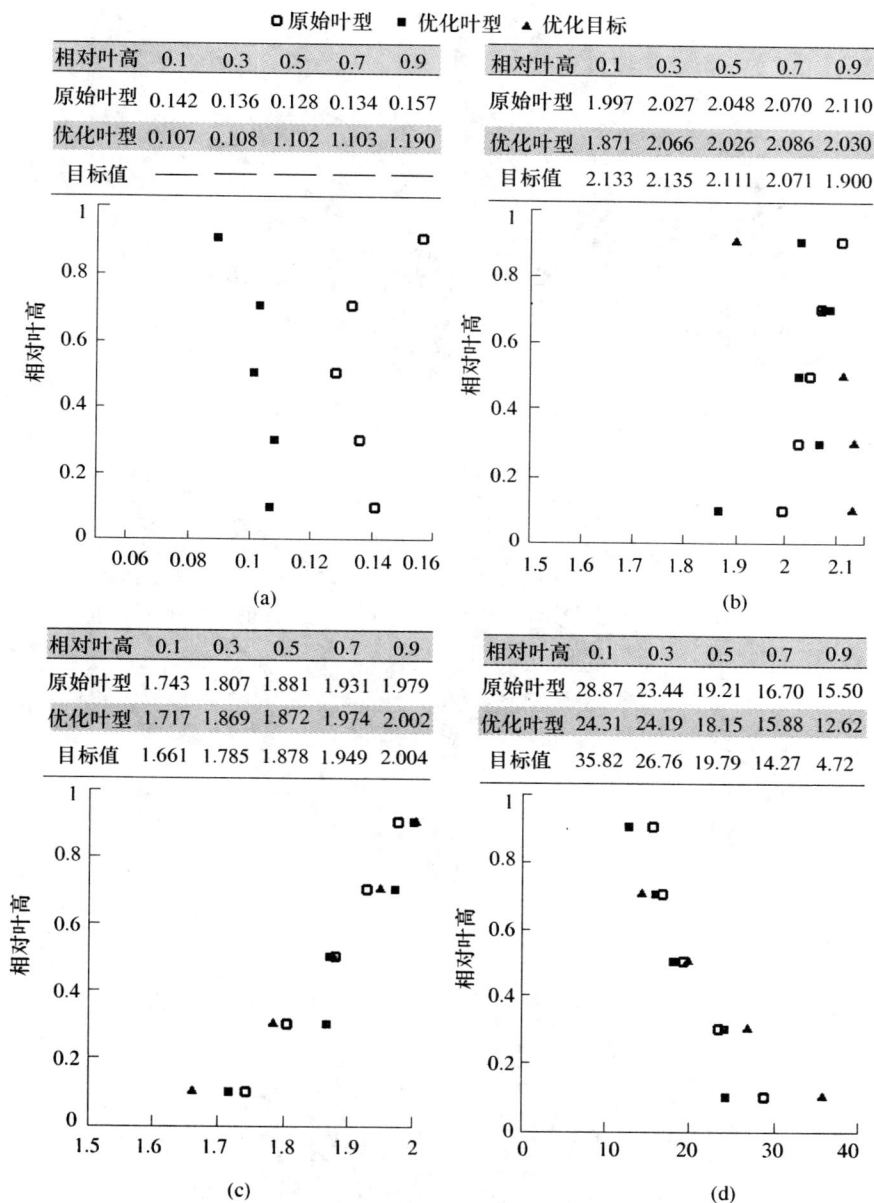

图 5.57　优化前后各叶高回转面叶栅气动性能变化图

（a）总压损失系数；（b）总压比；（c）静压比；（d）相对气流转角。

损失以及激波与附面层干扰引起的附面层损失均减小；同时，70%、90% 叶高位置叶型优化后，叶栅通道以一道正激波封尾，大大降低了叶型中部的逆压力梯度，消除了初始叶型在吸力面中部附面层增厚甚至局部分离的不利现象（图 5.58(d)、(e)）。

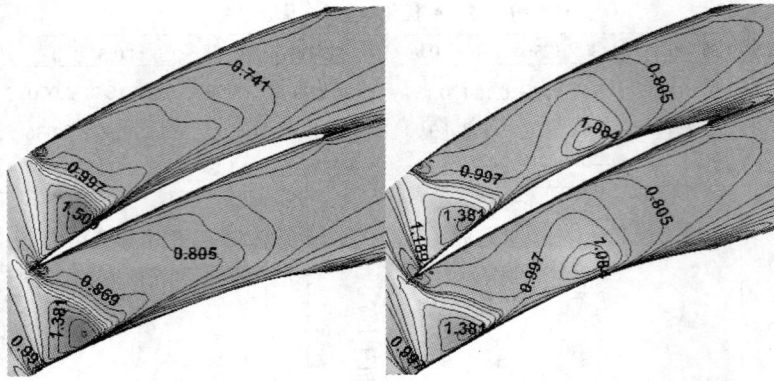

10%叶高优化前   10%叶高优化后

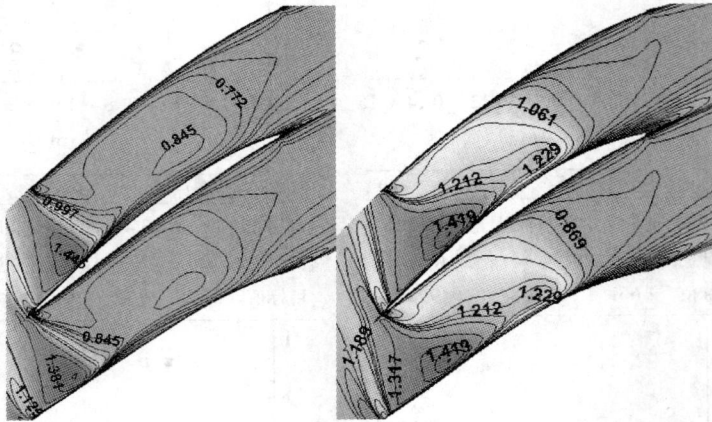

(a)

30%叶高优化前   30%叶高优化后

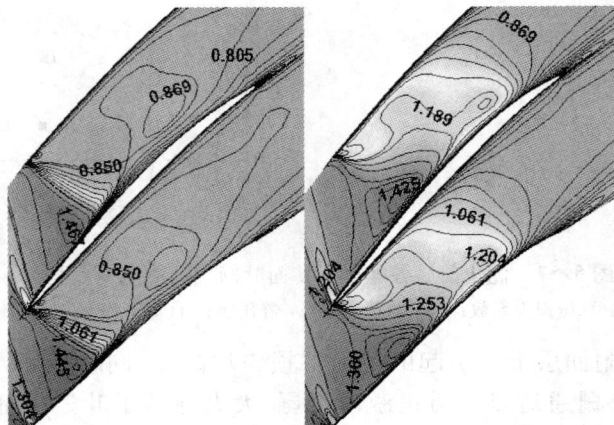

(b)

50%叶高优化前   50%叶高优化后

(c)

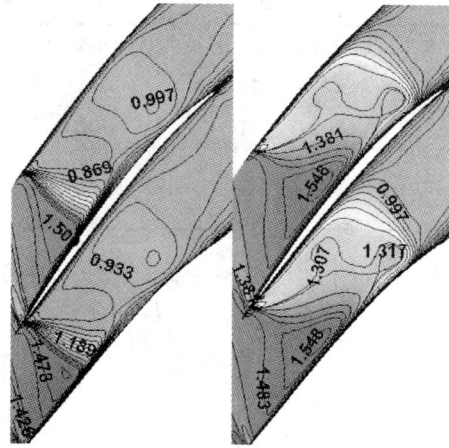

70%叶高优化前　　　70%叶高优化后

(d)

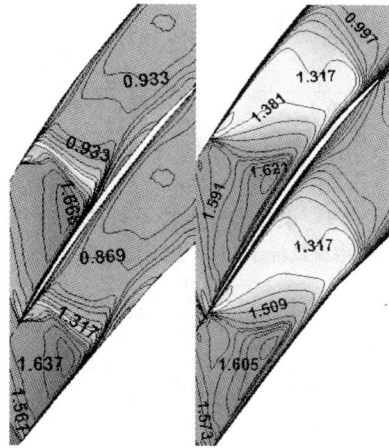

90%叶高优化前　　　90%叶高优化后

(e)

图5.58　优化前后回转面叶栅通道相对马赫数等值线分布

　　将原始叶型与优化叶型均沿径向进行三维积叠,构成三维叶片,并采用 Numeca 软件进行三维流场计算。表5.15为计算所得设计点主要气动性能参数,其中优化叶型-Ⅰ为叶型优化径向积叠构成三维叶片。任意回转面叶型优化后,在流量和总压比变化不大的情况下,转子等熵效率提升了3%以上。优化叶型-Ⅱ为对优化叶型-Ⅰ转子进行叶型积叠线优化,效率有了进一步提高,但幅度不大;图5.59为两个优化转子的特性比较。

表 5.15　优化前后三维叶片基本气动参数变化

	流量/(kg/s)	等熵效率	总压比
原始叶型	6.126	0.8634	2.043
优化叶型 - I	6.291	0.894	2.032
优化叶型 - II	6.243	0.901	2.038
设计目标	6.300	—	2.070

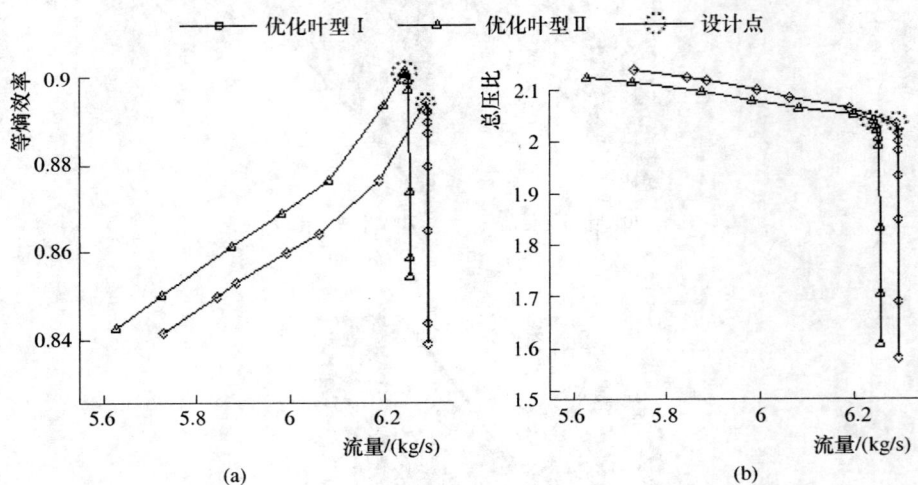

图 5.59　设计转速下转子特性

（a）等熵效率流量特性；（b）总压比流量特性。

第6章 三维叶片优化设计

与压气机/风扇二维叶型设计方法一样,三维叶片设计也有正问题设计方法(分析设计方法)和反问题设计方法。三维叶片正问题设计方法主要在于通过对叶型积叠线和上下环壁区叶型修改以考虑流动的三维性。压气机/风扇三维叶片由二维叶型沿径向叠加构成,因此,二维叶型气动性能直接影响三维叶片气动性能,没有高性能二维叶型就不可能有高性能三维叶片;叶型的径向积叠规律(即积叠线形状)对三维叶片气动性能影响也不可忽略;同时,二维叶型与积叠线之间还存在相互影响。在三维叶片优化设计中将叶型和积叠线都作为设计参数可考虑这种相互影响,但这样处理设计参数个数较多、寻优空间较大,给最优解搜索带来困难。此外,压气机/风扇三维叶片所构成的转子或静子性能体现在设计点和非设计点两个方面,采用优化设计方法,在目标函数设置时可将非设计点性能也作为设计目标,实现多工况或全工况优化。如果计算机条件允许,还可以在级环境下对转子或静子叶片进行优化设计,以考虑转静子之间相互影响。

三维叶片优化设计方法本质上与二维叶型优化设计方法类似。在三维叶片优化软件研制中,可与二维叶型优化设计共用数值最优化模块;叶片参数化模块可在二维叶型参数化模块中增加积叠线参数化构成。不同的是,三维叶片优化设计涉及到设计参数比二维叶型优化设计多得多;三维叶片流场计算耗时比二维叶栅流场计算也多得多。因此,同样计算机条件下,三维叶片优化设计所需时间比二维叶型优化也多得多。

6.1 压气机/风扇叶片通道内三维流动分析

压气机/风扇叶片通道内三维流动特点主要表现为由于叶片通道上下环壁附面层、叶尖和叶根间隙流形成的通道涡、角涡、叶尖/叶根间隙流(泄漏涡)等。以下对叶片通道内三维流动结构进行简单分析。

6.1.1 通道涡的形成

在叶轮机上下环壁面存在附面层,如图6.1所示。在叶片通道三维视图上建立正交曲线坐标系,s 为主流流线方向、y 为环壁面法向、n 为流线在平行于环壁面平面内的法向(图6.2)。根据附面层理论,沿环壁附面层法向 y 压力梯度近于不变,即$\frac{\partial p}{\partial y}=0$。流体在弯曲的压气机叶片通道内流动要满足 n 方向的力平衡:$\frac{\partial p}{\partial n}=$

137

$\rho\dfrac{V^2}{r}$,即在 n 方向离心力与压力梯度相等,r 为流线曲率半径。由于 $\dfrac{\partial p}{\partial y}=0$,因此沿 y

方向 $\dfrac{\partial p}{\partial n}=$ 常数。所以在环壁附面层区,速度 V 越小,流线曲率半径越小。也就是说,越接近于环壁面流线越弯曲,如图 6.3 所示。叶片通道内主流方向定义为远离上下环壁面的势流区流动(即图 6.3(a)势流区流线方向),二次流定义为偏离主流方向的流动。上下环壁面处的速度可分解成主流方向速度分量和垂直于主流方向速度分量(即二次流速度)。由于流动的连续性,二次流形成如图 6.4 所示通道二次涡,即通道涡。根据以上分析,产生通道涡有两个条件,其一是环壁附面层造成壁面附近速度低于势流区速度;其二是流道弯曲,使流线弯曲产生离心力。因此,在工程实际中,所有流过弯曲管道内流动都会产生通道涡,如航空发动机弯曲的进气道、压气机/风扇、涡轮以及弯曲的水管等。

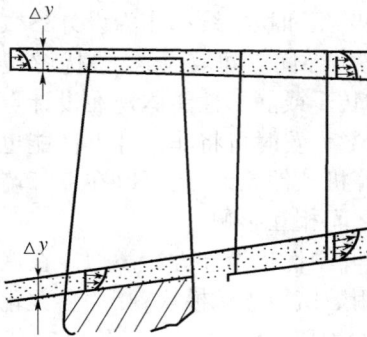

图 6.1　环壁附面层

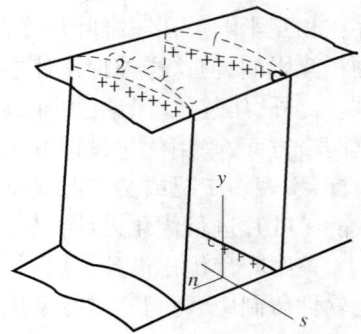

图 6.2　通道二次涡分析图

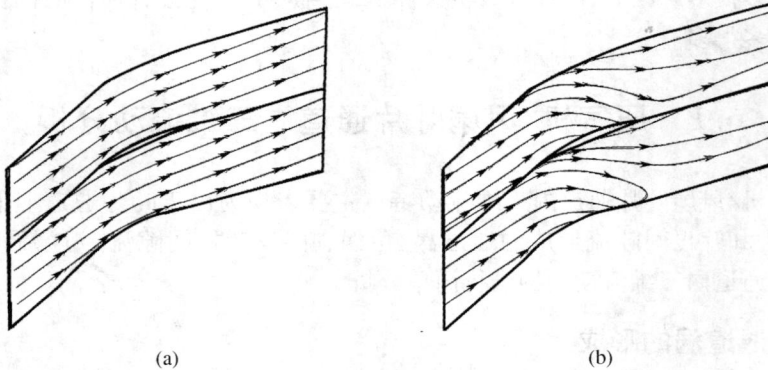

(a)　　　　　　　　　　　　　　(b)

图 6.3　势流区和近环壁面流线

(a)势流区;(b)近环壁面。

对于压气机叶片通道流动,由于通道涡造成切向平均气流角沿径向分布变化。图 6.5 为直叶片构成的平面叶栅出口气流角沿叶高变化曲线,图中 a_2 为叶

138

栅出口气流方向与轴向夹角，H 为叶片高度，h 为距下端壁面垂直距离。在叶栅进气角沿叶高均匀分布情况下，流气角 a_2 越小，对应的气流转角越大。由于叶片通道产生通道涡，导致在壁面处气流转角大于叶中截面势流区、气流角 a_2 小于叶中截面（图 6.5），即在靠近端壁面处引起气流角"过转"，在离端壁面稍远处气流角"亏转"。通道涡的涡心在叶高方向位置介于两者之间，且位于气流角等于势流区气流角的位置，在图 6.5 中约为 93% 叶高处。因此，在平面叶栅试验中，叶栅端壁附面层不仅影响叶栅进出口密流比，同时由于其产生的通道涡也影响流动的二维性。

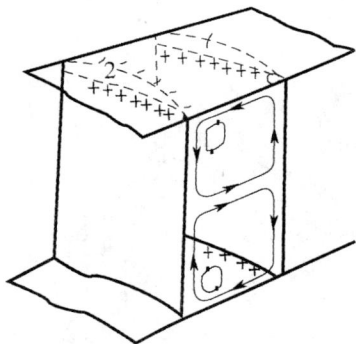

图 6.4　压气机叶片通道涡

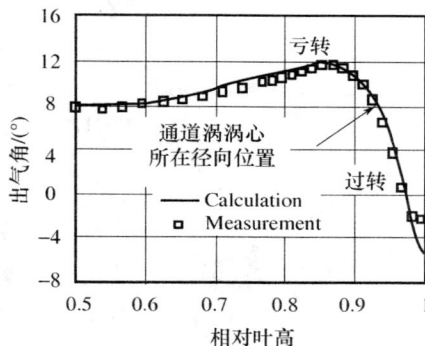

图 6.5　叶栅出气角沿叶高分布

6.1.2　角区分离

通道涡将环壁附面层区低能量流体输运到环壁面和叶片吸力面所构成的角区，同时，由于叶片吸力面接近尾缘处有较厚的附面层，易于造成此角区流动分离。图 6.6 所示为一低速压气机叶栅角区流动[28]。图 6.6（a）表明，流过压气机叶片吸力面气流在端壁处距叶片前缘约 35% 叶片弦长处开始分离，分离区沿叶高方向不断增大并卷曲成分离涡，至叶片尾缘在叶高方向尺寸约为叶片弦长的 60%。图 6.6（b）表明，通道涡造成端壁面极限流线由压力面向吸力面有较大弯曲。图 6.6（c）为角区分离的空间结构。气流在角区分离形成分离涡是轴流压气机通道内流动固有的特点，此类分离属于三维流动分离。二维流动分离始于壁面摩擦应力等于零并且有反向流。上述三维流动分离起始点通常没有反向流，同时壁面摩擦应力也不一定为零。

角区分离对流动损失、叶片载荷都有较大影响。角区分离越大，流动损失越大，压气机/风扇效率越低，同时气流转角越小，载荷越小。其尺寸可从叶高方向和垂直于叶片吸力面厚度两方向衡量。角区分离在叶高方向的尺寸可直观地根据在叶片吸力面的分离线确定。但分离在叶片吸力面垂直方向的厚度却很难采用图示方法显示。为此，可采用相对位移厚度 δ_{ave}^* 来衡量角区分离的大小，其定义如下。引入 $\delta^*(h)$ 表示某一叶高 h 处的位移厚度，$\delta_{h=H/2}^*$ 为半叶高（叶中）截面的位移厚

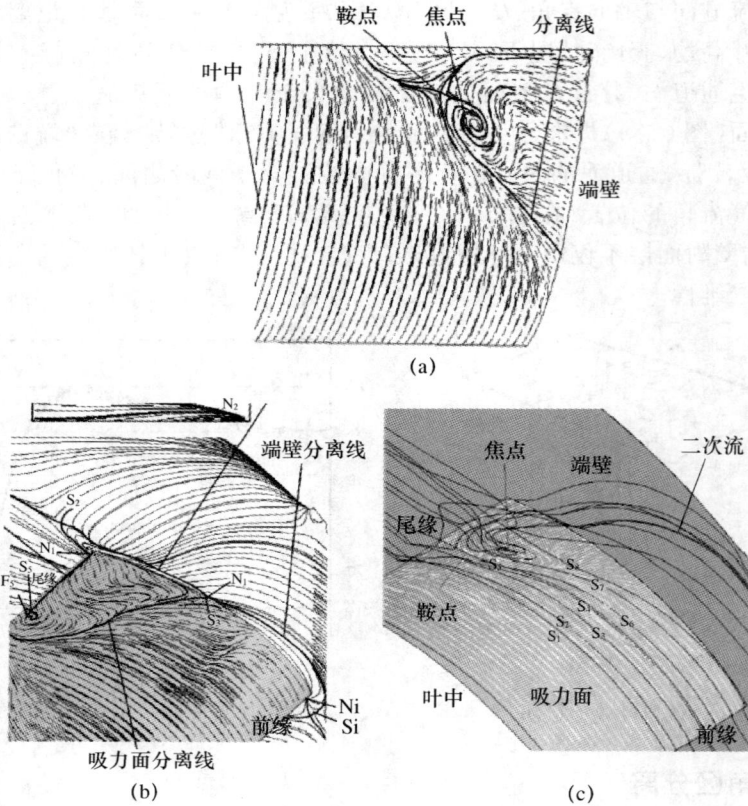

图 6.6　角区分离流

（a）叶片吸力面极限流线；（b）叶片吸力面端和壁面极限流线；（c）角区三维空间流线。

度。因此,两者之差即为由于角区分离产生的附加位移厚度增加量。δ_{ave}^* 表示叶高和弦长方向平均相对位移厚度增量,下式中 c 为叶片弦长,即

$$\delta^*(h) = \int_0^c \left\{ \int_0^\delta \left[1 - \frac{\rho v}{\rho_e V_e} \right] \mathrm{d}s \right\} \mathrm{d}L \qquad (6.1\mathrm{a})$$

$$\delta_{\mathrm{ave}}^* = \frac{2 \int_0^{H/2} \left[\delta^*(h) - \delta_{h=H/2}^* \right] \mathrm{d}h}{Hc} \qquad (6.1\mathrm{b})$$

式(6.1a)中:V_e 为吸力面附面层外边界上速度。δ_{ave}^* 可用于衡量角区低速区的大小。通常在靠近端壁面5%叶高处,由于端壁面附面层与叶片吸力面附面层交汇在一起,无法定义叶片吸力面附面层边界,此处可近似采用叶片栅距中部的速度。上述 δ_{ave}^* 定义是针对直叶片平面叶栅流动,也可以推广至实际中的三维叶片通道内流动。

140

6.1.3 叶尖间隙流

对于不带冠转子叶片在其叶尖处存在径向间隙;对于没有内环的静子叶片在叶根处存在径向间隙,这些间隙产生的间隙泄漏流对叶轮机性能有明显影响。由于叶片与环壁面的相对运动、叶尖间隙泄漏流与环壁面附面层、叶片表面附面层的相互作用以及叶尖区域流向压力梯度作用(对于压气机/风扇为逆压梯度产生间隙区倒流),使得此区域流动非常复杂。

限于试验测量技术和流场数值模拟技术水平,早期叶尖间隙流研究主要采用静止平面叶栅进行模型试验。采用这种方法易于实现对叶片通道内和出口截面流场的详细测量,并且对叶尖间隙流动机理认识是有益的。但静止平面叶栅叶尖间隙区流动与转子叶尖间隙区流动有很大差别,主要体现在旋转产生的离心力、叶片与环壁面相对运动以及环壁面的弯曲。此外,对于进口有导叶的转子还有流道弯曲造成的端壁附面层扭曲。因此,采用静止平面叶栅进行模型试验研究成果实际应用价值不高。近年来,也有对转子采用试验和计算机仿真方法研究叶尖间隙流动机理。以转子作为研究对象的研究能真实模拟叶尖间隙区流动。但由于叶尖间隙区流动的复杂性、各种转子的结构差异,因而对叶尖间隙区的流动规律认识仍不够清楚。

1. 压气机叶栅叶尖间隙流

参考文献[29]采用压气机平面叶栅模拟叶尖间隙流,研究叶尖间隙区流动结构。叶片型面为 NACA65 – 1810,叶片弦长 200mm;取 3 种叶尖间隙,分别为 1.0%、2.0%、3.0% 弦长,即 2mm、4mm、6mm。叶栅进口雷诺数为 $Re = 2.9 \times 10^5$,来流马赫数小于 0.1,因此属于低速不可压流。试验采用 2.6mm 直径微型五孔探针测量叶栅通道内三维速度场。在端壁面和叶片表面开壁面静压孔测量叶片表面静压分布,并采用流线示踪技术显示壁面极限流线。

图 6.7 为离端壁面 1.5%、15%、50%(叶中截面)叶高处,叶尖间隙分别为 0、

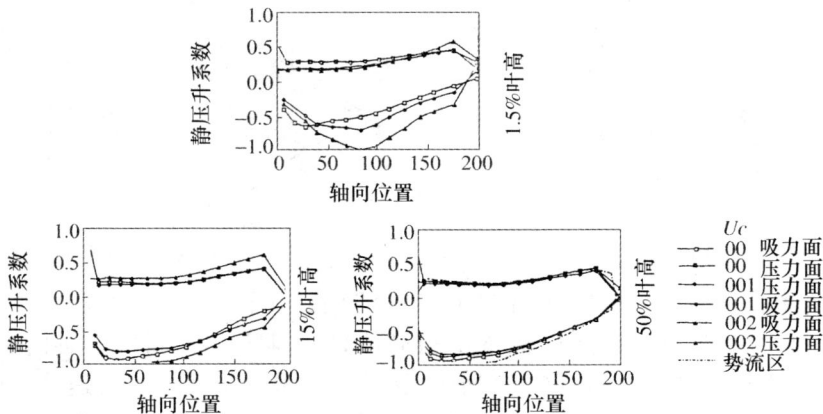

图 6.7 叶片表面压力分布

1.0%、2.0% 弦长时叶片表面压力分布。比较图 6.7,叶高方向离叶尖间隙距离越远,叶尖间隙变化对叶片表面压力分布影响越小。在 1.5% 叶高处,叶尖间隙对叶片吸力面压力分布有很大影响,但对压力面压力分布影响很小。与无叶尖间隙(叶尖间隙为 0)比较,在前缘处压力面流体通过叶尖间隙流到吸力面(此处为泄漏涡形成的位置),造成吸力面压力增加、叶片载荷下降(压力面与吸力面压力差减小)。从距前缘 20% 弦长处开始,由于泄漏涡向下游运动产生低压区,使叶片力(叶片载荷)增加。

根据叶顶和端壁面迹线,参考文献[29]提出叶尖间隙区多涡结构。如图 6.8 所示,在叶尖处形成叶尖间隙泄漏涡、叶尖分离涡和叶尖二次涡。叶尖间隙泄漏涡、叶尖分离涡按顺时针方向旋转,叶尖二次涡按逆时针方向旋转。叶尖分离涡和叶尖二次涡形成机理可解释如下。如果垂直于叶片弦线方向作截面,在此截面上,由于压力面与吸力面压力差,流体流过叶尖间隙;气流由叶片压力面流进叶尖间隙时,气流方向产生 90° 转角,在叶片顶部产生分离区形成叶尖分离涡;叶尖间隙流离开叶尖间隙时突然扩张,在叶尖吸力面附近产生分离形成叶尖二次涡。

以上叶栅叶尖间隙流研究没有考察壁面与叶片之间的相对运动。参考文献[30,31]对端壁面运动的涡轮叶栅叶尖间隙流进行了试验研究。运动端壁面采用电机带动柔性皮带运动模拟,如图 6.9 所示。结果表明,端壁面相对运动可较大程度地减小叶尖间隙泄漏流量。原因在于,端壁面运动使通道涡移向叶片吸力面,与叶尖间隙流相互影响,减小叶尖间隙进出口压差,因而泄漏流量减小。可以推测,对于压气机叶尖间隙流,由于端壁面运动方向与涡轮相反,有可能会造成泄漏流量增加。

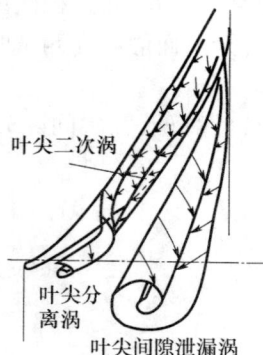

图 6.8　压气机叶栅叶尖间隙区涡结构　　　图 6.9　端壁面运动平面叶栅

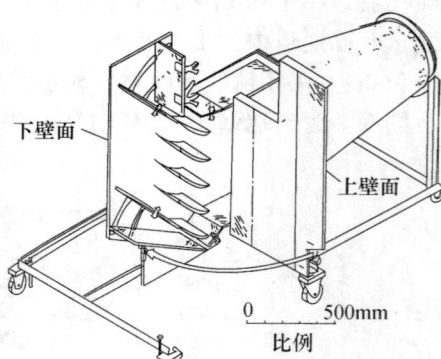

仅有端壁面运动与实际转子叶片间隙流仍存在较大差别,差别主要体现在叶栅进口端壁附面层速度分布。为分析简单起见,假设转子进口为轴向进气,相当于第一级转子进口。如图 6.10 所示,转子进口端壁附面层绝对速度 v 由端壁面向势流区逐渐增大,但方向不变(即为平行流)。由于端壁面附面层较薄,因

142

而可近似认为在附面层内轮缘速度 u 沿叶高方向不变。根据速度三角形，相对速度 w 向量端点沿径向变化轨迹平行于绝对速度 v，如图 6.10 中点画线 1 表示。因此，动叶进口气流角 β（与切向夹角）由端壁面的 0° 逐渐增加到势流区的 $\beta_e =$ $\arctan\left(\dfrac{v_e}{u}\right)$，$v_e$ 为势流区速度。然后，在势流区沿叶高方向维持恒定不变。因而，站在转子上看，进口端壁附面层是扭曲的，并且越接近于端壁面，气流攻角越大。这就要求模型叶栅不仅要有端壁面运动，还要求进口端壁附面层也要有相同的扭曲。如果采用固定端壁面平面叶栅，其进口为平行流。而采用仅有端壁面运动的平面叶栅，由于气体黏性产生附加的切向速度 u'，此速度相当于轮缘速度 u，但随着向势流区接近迅速衰减为零。一种情况端壁面运动影响区仅限于端壁附面层内，则未及附面层外边界 u' 就衰减为零。这时，合速度（相当于相对速度 w）端点轨迹如图中的曲线 3 所示。如果端壁面运动影响区超出端壁附面层，则合速度的轨迹如图中曲线 2 所示。由上分析，采用静止叶栅模拟转子叶片叶尖间隙流，端壁面固定和仅有端壁面运动所对应的叶栅进口端壁附面层与真实情况都有较大差别。

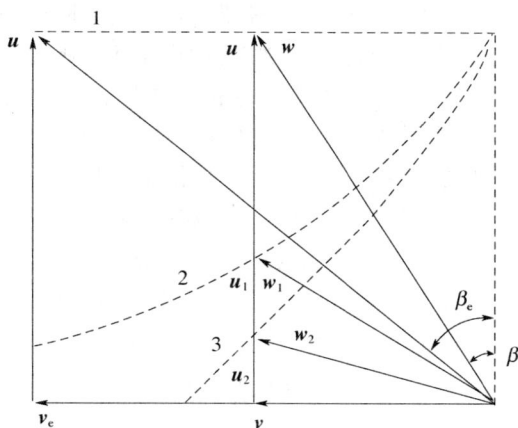

图 6.10　转子进口端壁面速度

真实情况下，站在转子上看，不仅端壁面运动，而且整个进口流场都以同样转速相对运动。也就是说，在转子进口端壁附面层内都有相同的切向速度（忽略切向速度沿径向变化）。如果在运动端壁上装叶片，即可实现使进口气流随端壁面一起运动。这排叶片相当于转子前静子或导叶。基于以上分析，我们在参考文献[32]中提出转子固定、上游静子或导叶和端壁面运动构造平面叶栅试验。图 6.11 为所构造的平面叶栅试验结构图。图中前排转动叶片（模拟转子前导叶/静子）为直叶片，因而其作用仅是为了带动进口气流一起运动。

2. 压气机转子叶尖间隙流

压气机转子叶尖间隙流研究除了采用试验方法外，还有计算机数值仿真方法

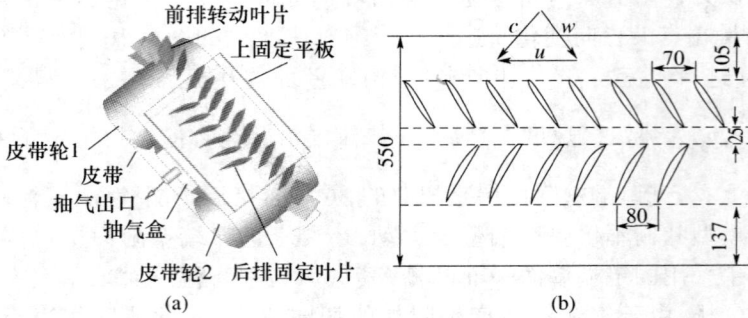

图 6.11　转动平面叶栅实验台

（a）转动平面叶栅实验台三维视图；（b）前后排叶片几何结构图。

以及两种方法的组合。参考文献[33]采用随动五孔探针对带导叶的压气机转子叶尖间隙流详细测量。叶片采用 NACA65 系列叶型,叶尖间隙为 3.5mm、2.27% 弦长。转子进口气流相对速度为 25.4m/s,属低速流动。作者根据试验结果总结出叶尖间隙区流动结构(图 6.12)。图 6.12 表明,转子叶尖处于环壁附面层内,因此叶尖间隙流在扩散和与主流混合前,有较长距离的向相邻叶片压力面运动。同时,由于转子叶片的运动,更进一步移向相邻叶片压力面。叶尖间隙泄漏流处于高黏性区域,因而迅速扩散,并且与该区域流体相互作用,形成的混合区速度低、总压小,特性类似于分离区。此低速和低总压区域从外部卷吸流体,使流体形成径向向外的分速度。作者还通过对相关研究结果分析得出:对于平面叶栅,叶尖间隙流与主流掺混造成高损失区位于叶片吸力面;叶栅流中通常可观察到叶尖间隙泄漏涡;叶栅流中叶尖间隙区流动沿流程变化较缓慢;对于转子通道流动,叶尖间隙涡能否形成取决于多种因素,如单级、多级、进口环壁附面层厚度、来流湍流度和雷诺数、转动速度、叶尖间隙大小、叶片厚度等。

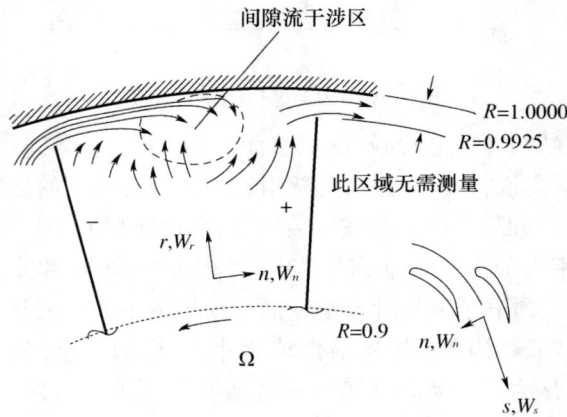

图 6.12　转子叶尖区流动结构

144

6.1.4 叶片积叠线弯掠

压气机/风扇叶片弯掠有两种定义方法,即积叠线轴向、切向变化(图6.13中虚线所示、在此称为第一种弯掠定义,如参考文献[34,35])和积叠线弦向和垂直与弦向变化(图6.13中实线所示,称为第二种弯掠定义,如参考文献[36,37])。从掠和弯对气动性能影响、外形特征以及结构强度方面考虑,采用第二种弯掠定义方法较第一种更合适。实际上,如果采用第一种积叠线弯掠定义方法,叶片在轴向掠时会引入切向弯、叶片切向弯时会引入轴向掠,如图6.14所示。因此,在作气动性能影响分析时,采用第一种积叠线弯掠定义方法无法将弯掠影响分开。

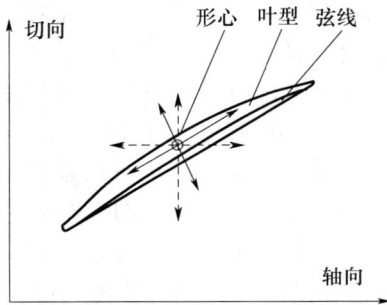

图6.13　叶片弯掠示意图   图6.14　第一种弯掠定义叶型位置变化

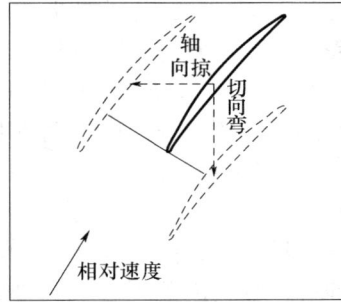

对于高级负荷压气机/风扇,由于较高的叶尖轮缘速度使转子进口相对马赫数较高,因此可利用激波实现增压。激波越强,压比越高,但同时也可能造成损失增加。压气机/风扇叶片掠形设计实际上是借鉴掠形机翼设计思想,通过叶片的前后掠,减小激波面前方垂直于激波面速度分量、降低损失以及使激波相对于叶片位置后移、提高稳定裕度。对于机翼来说,在上翼面产生激波会增加阻力、降低升力,因此机翼前后掠降低激波强度总是有益的。但对于压气机来说,激波的影响是双向的。为达到一定的压比,激波减弱则必须增加叶片通道扩张度,使激波后亚声速气流通过扩张通道增加压升,而增加通道扩张度会造成损失增加。因此,保持压比不变,叶片掠形设计对效率影响具有不确定性。

参考文献[36]采用第二种弯掠定义(即弦线及其垂直方向)对跨声速风扇转子积叠线进行弯掠变化,构造出5个弯掠设计风扇。采用CFD方法计算分析表明,弯掠设计对叶尖区激波结构影响较小,即激波面仍保持与上子午面流道正交。弯掠设计可以做到使离叶尖稍远处激波更倾斜,因此减小激波强度、减小激波损失;但会增加其他区域的流动损失,并且弯掠设计对稳定裕度影响明显,前掠明显提高了转子的稳定裕度。参考文献[34]采用第一种弯掠定义(即轴向和切向)对NASA 37号转子进行弯掠变化,结果表明后掠叶片可提高效率同时稳定裕度也有所提高。而参考文献[38]也采用第一种弯掠定义,对前掠转子采用CFD分析与试验对比表明:叶片前掠可有效提高效率和扩大稳定工作范围。

关于掠形设计对转子性能影响,参考文献[34,36,38]得出不一致结论。原因主要在于参考文献[34,38]叶片掠形变化包含了叶片弯曲影响,使得得出的结果与参考文献[36]没有可比较性;而参考文献[34]与参考文献[38]结果的不一致反映出针对不同压气机/风扇掠形设计影响的差异性。

参考文献[39]精辟阐述了叶片前后掠对叶片前后缘载荷的影响。相对于中径处,如果积叠线前倾称为叶片前掠;积叠线后倾称为叶片后掠。图6.15所示下端壁面处为前掠叶片,上端壁面处为后掠叶片。由于上下端壁附面层区壁面法向压力梯度近似为零,前掠叶片与直叶片比较,下端壁面前缘处沿壁面法向向外叶片力迅速减小,载荷下降;相反在下端壁面尾缘处沿壁面法向向外叶片力增加,载荷增加。对于上端壁面,后掠带来的影响与下端壁面相反。图6.16所示为采用三维NS方程方法计算所得掠形涡轮叶片叶根、叶中和叶顶3个截面压力分布。此图也验证了以上观点。图6.17比较了叶片前缘前掠与没有进行掠处理压气机叶片表面压力分布,表明前掠使前缘载荷下降,同时吸力面压力峰值点向下游偏移。前缘处的载荷下降可抑制前缘区域吸力面的局部激波,并且有益于减小进口端壁附面层扭曲造成的进气角变化产生的不利影响。这种设计思想被广泛应用于压气机/风扇静子设计,改善高进气马赫数静子叶根处流动。此外,叶根处采用前掠可降低叶根处轴向速度,因此提高叶尖处轴向速度,调整沿径向气流角。参考文献[36]指出,叶片掠有利于控制低动量流体向叶尖区域骤集,这种低动量流体向叶尖区域骤集会造成损失增加、裕度下降。图6.18为叶片径向积叠与前掠径向二次流比较,由图可看出,叶片前掠使二次流流向叶片下游,同时产生的径向逆压梯有利于抑制径向二次流发展。

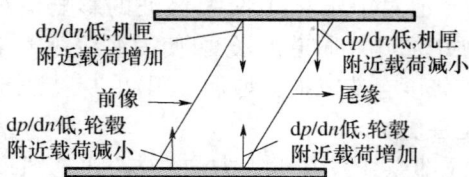

图6.15 叶片掠对叶片载荷的影响

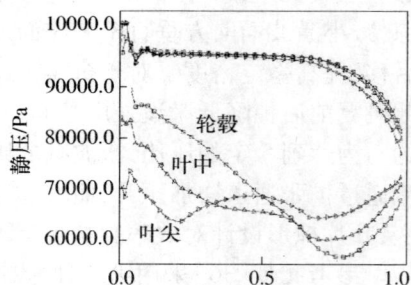

图6.16 掠涡轮叶片表面压力分布

对于叶片切向弯,参考文献[39]仍以一直叶栅为例阐述其对流动影响。如图6.19所示,假设倾斜不影响沿叶高方向各二维平面叶栅的流动,则倾斜产生叶高方向压力梯度。因此,叶根处压力面向下端壁面倾斜(正弯,通常定义压力面向端壁面弯曲为正弯,反之为反弯)使下端壁面压力增加,上端壁面压力下降,同样会造成叶片排进出口压力相同的变化。同时,由于此压力梯度产生叶高方向速度分量,使子午面流线发生如图6.20所示的变化。

146

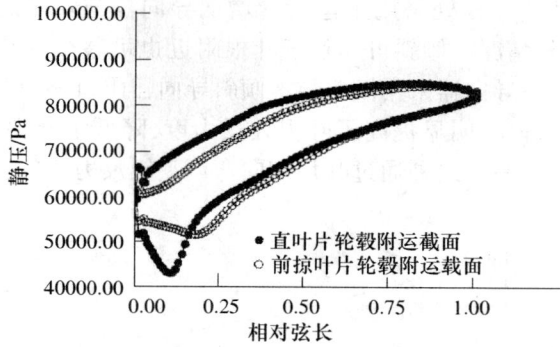

图 6.17　叶片掠对叶片载荷的影响

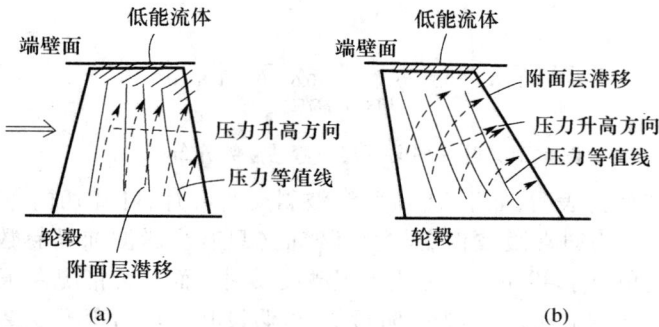

(a)　　　　　　　　　　　　　　(b)

图 6.18　前掠叶片对径向二次流控制

（a）径向积叠；（b）积叠线前掠。

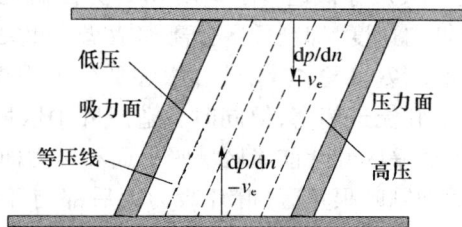

图 6.19　叶片切向倾斜产生叶高方向压力梯度

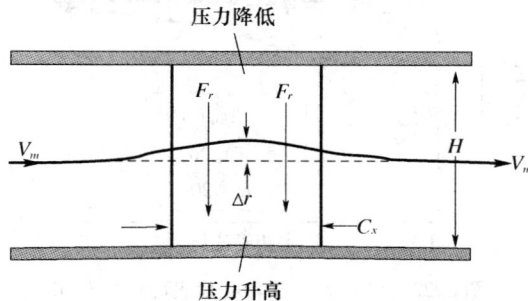

图 6.20　叶高方向压力梯度造成流线的变化

147

对于多级涡轮后面级,由于轮毂比小叶片较长,在叶根处可能会出现负反力度的情况。导向器叶片叶根处采用正弯设计增加导向器与转子之间轴向间隙区静压,可避免出现这种情况。倾斜可局限于叶根附近也可整个叶片都倾斜。图 6.21 所示为对一低压涡轮导向器采用倾斜与不倾斜导向器出口马赫数比较。该涡轮级通过导向器倾斜处理后,明显提高了叶根处反力度,降低了叶尖处过高的反力度,使级效率得到有效提高。这种通过叶片切向弯调整级反力度的方法也可应用于多级压气机设计。

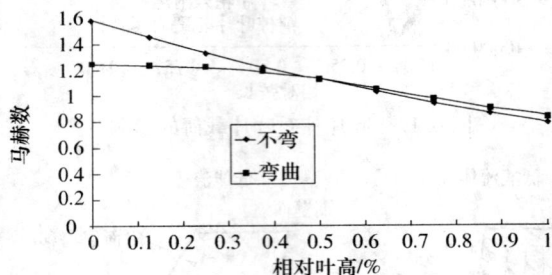

图 6.21 叶片切向弯与不弯马赫数分布

参考文献[36]研究表明,如果 S1 流面激波斜交与叶片,叶片切向弯对激波位置具有很大影响。因为通常激波正交与上环壁面(只有当激波前马赫数小于 1.6 且激波面与流向夹角小于 48°时,才可能出现激波反射。而这种情况在压气机叶片通道内流动中一般不会出现)。作为一阶近似,可假设叶片切向弯不改变激波绝对位置,因此激波相对于叶片位置会有较大变化。

参考文献[37]对一大尺寸低速转子采用 CFD 方法研究表明,叶根处采用正弯曲可提高叶片尾缘处轴向速度、抑制角区分离和堵塞。叶尖区与叶根区域一样,正弯可降低叶尖区损失和堵塞。总体上,叶片根尖部分采用正弯设计有利于降低上下环壁面角区流动损失和流道堵塞,但同时会造成叶中区域损失的增加。图 6.22 表明,采用正弯可增加环壁区叶片前缘区域吸力面和压力面压力,进而减小流道整体逆压梯度,因而有效抑制叶根角区(叶片吸力面后部与环壁面构成的区域)流动

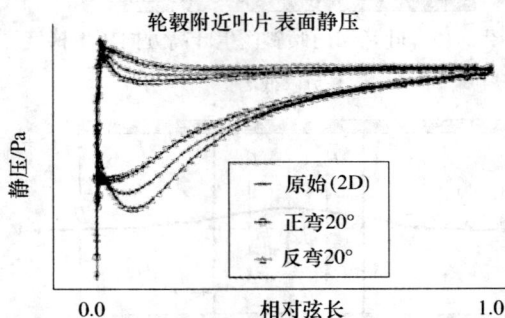

图 6.22 叶根处正反弯叶片表面压力分布

148

分离。同时，由该图可看出，正弯可使前缘载荷下降，因此叶片能承受更大攻角而不产生流动分离。该图表明反弯产生的叶片表面压力分布变化与正弯相反，因此产生的效果也与正弯相反。

对压气机静子积叠线切向弯形成拱形叶片(叶盆拱起)，可用于可减小环壁附面层区叶片载荷抑制角区分离提高效率，同时扩大稳定裕度。参考文献[40]利用多级 CFD 方法，分别对原有四级低速轴流压气机和六级高速压气机转子和静子叶片根尖区域弯掠设计。试验表明，设计在保持原压升(压比)前提下有效提高了效率并且未减小失速裕度。

总体来说，考虑到叶片强度，对于转子叶片掠形设计有较多研究，弯设计研究较少；对于静子弯和掠都有一定的研究。通过弯和掠设计，改变环壁附面层区叶片前后缘载荷、叶片通道内二次流和激波相对叶片位置，可实现提高转静子效率和扩大稳定工作裕度。目前，比较一致的认识是：转子叶片叶尖前掠可使叶尖区激波后移并且减小前缘叶片载荷，有利于扩大稳定工作裕度；叶片正弯曲可减小环壁区扩压度，降低角区流动损失；但弯掠设计在改善环壁区流动的前提下，可能会降低势流区流动性能。

对于高级负荷压气机，叶片上下环壁面及叶片表面附面层较厚，叶尖间隙流、角区分离流、通道涡等二次流较强，并且通常存在激波和激波诱发的附面层分离，上述各种流动使叶片通道内呈强三维黏性流动特点。因此，基于 S1、S2 两类流面设计方法设计的叶片必须进行三维改进。三维改进可在三维流场中进行叶型修改，但三维叶片型面的改变实施难度较大，而在保持叶型不变的前提下进行弯掠设计是一种可行而又有效的方法。目前，对于高级负荷压气机，仍需要进一步明确弯掠设计对叶片通道内激波、二次流、叶片载荷等流动影响规律，为弯掠叶片设计提供理论基础。

6.2 三维叶片优化设计软件简介

自主研发的三维叶片优化设计软件结构与二维叶型优化软件相同。由于三维叶片优化设计参数多、寻优空间大，为了保证寻优效果，遗传算法每一代个体数也相应要求较多。而每一个个体适应度计算对应于一次或更多次流场计算(只考虑设计点性能仅需一次流场计算、同时考虑非设计点性能则需要对相应的非设计状态流场进行计算)；并且三维流场计算耗时比二维流场计算要多得多。三维叶片优化设计软件研制中，为了缩短优化时间，除了采用多 CPU 并行优化，流场计算采用DENTON 提出的粘性体积力方法以有效缩短流场计算时间。软件中，将叶型、积叠线、上下子午面流道以及叶型弦长、安装角都作为设计参数，这些设计参数都采用基于修改量贝塞尔曲线参数化方法。应用优化软件可进行单一参数的优化(如仅以积叠线作为设计参数)，也可进行多参数组合优化以考虑各参数之间相互影响。

图 6.23 为三维叶片优化设计软件主控端和服务端界面。图 6.24 为与三维叶型优化设计软件对应的节点扫描、数据通信测试、三维叶片优化和优化结果分析，

以及软件操作过程的记录。由于软件结构与二维叶型优化软件相同，在此对三维叶片优化设计软件不作详细介绍。由于三维叶片优化设计也采用基于修改量参数化方法，因此必须有相应的转静子初始叶片。初始叶片可为需要进行改进提高的现有叶片，也可根据设计目标，采用 S1/S2 两类流面方法构造。以下通过一些实例说明采用自主研制的三维叶片优化设计软件的应用效果，通过这些实例也可反映三维叶片优化设计方法在叶片设计中的地位和作用。

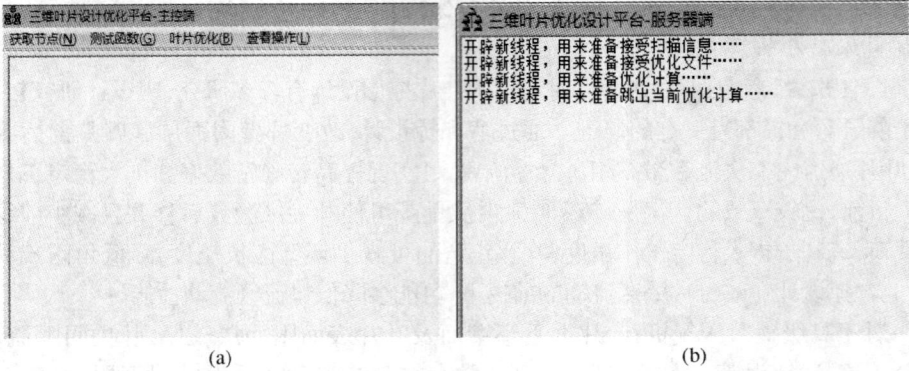

(a)   (b)

图 6.23 三维叶片优化设计软件主控端和服务端
（a）主控端；（b）服务端。

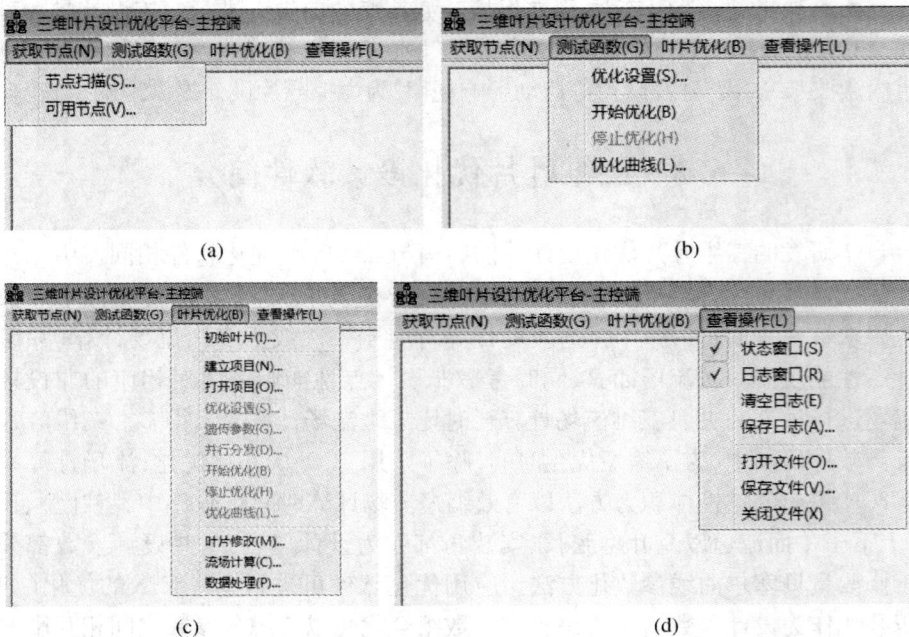

(a)   (b)

(c)   (d)

图 6.24 主控端第二层菜单
（a）节点扫描；（b）数据通信测试；（c）叶片优化；（d）应用记录。

150

6.3 三维叶片积叠线优化设计

作为第一个优化测试例,在此应用所研制的三维叶片优化设计软件对多级轴流压气机第一级转子叶片径向积叠线优化。该转子设计压比:1.95;流量:6.5kg/s;转速:40500r/min。根据初始设计确定该转子主要参数如表6.1所列。

表6.1 转子主要设计参数

进口轮毂比	流量系数	载荷系数	叶尖轮缘速度(m/s)	叶尖相对马赫数	展弦比
0.45	0.504	0.532	487.7	1.62	0.95

S2 流面通流设计中,叶片扭向按等环量分布,这样有利于减小损失,同时,由于采用低展弦比设计,叶片较短也不会有过大的扭曲。此外,由于进口级环壁附面层较薄,堵塞系数取较小值1.02。根据通流设计确定的转子进出口参数,采用S1流面叶型优化设计方法确定沿径向5个型面叶型。5个型面相对径向位置 $\bar{d} = (r - r_h)/(r_t - r_h)$ 为:0、0.25、0.5、0.75、1.0。

5个S1流面叶型设计采用第5章所述任意回转面叶型优化设计软件完成。本文所研究的转子为跨声速转子,在叶根处进口相对马赫数0.9左右、叶尖处进口相对马赫数1.6左右。图6.25为叶根处叶型表面等熵马赫数和叶栅通道内马赫数等值线,该图表明,采用该优化软件优化出的高亚声速叶型符合控制扩散规律。图6.26为优化设计所得叶尖处叶栅通道内马赫数等值线,由该图可看出叶栅通道内有一正一斜两道激波,并且在斜激波前有一等熵预压缩区将进口马赫数1.6降至斜激波前1.4。

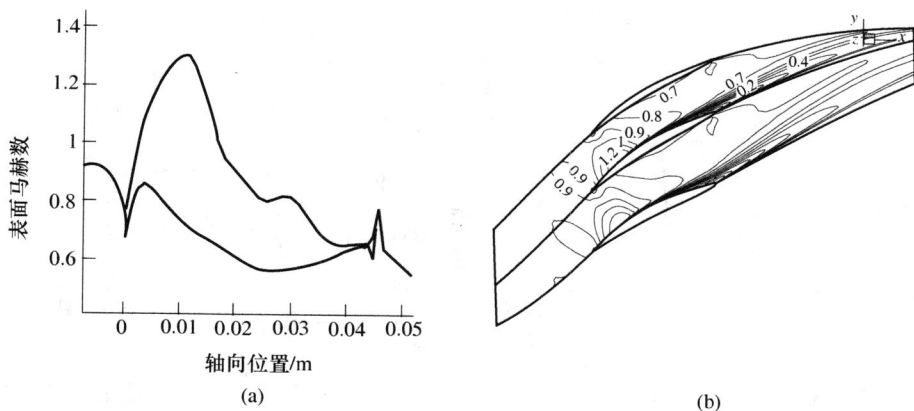

图6.25 叶根截面回转面叶栅流动特性

(a)叶片表面等熵马赫数分布;(b)叶片通道内马赫数等值线。

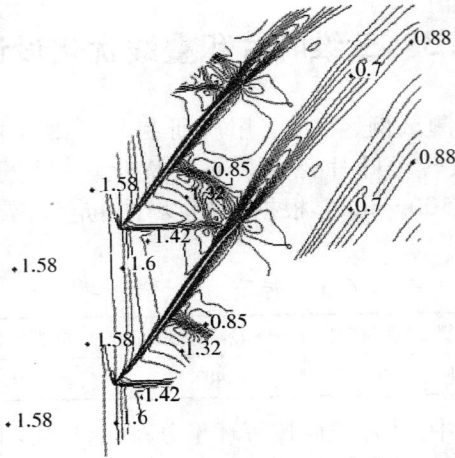

图 6.26 超声回转面叶栅通道内马赫数等值线

将采用任意回转面优化方法设计的 5 个型面径向积叠构成三维叶片。由于在此设计阶段未考虑流动三维性,设计结果与实际三维环境回转面上流动有一定差别,并且设计点效率较低(0.865)。图 6.27 表明,任意回转面方法设计计算叶片表面压力分布与三维环境回转面上一致性尚好,但在叶根处三维计算(采用 NUME-CA 软件)载荷较高(可能由于通道涡影响);叶尖处激波较弱且靠后。

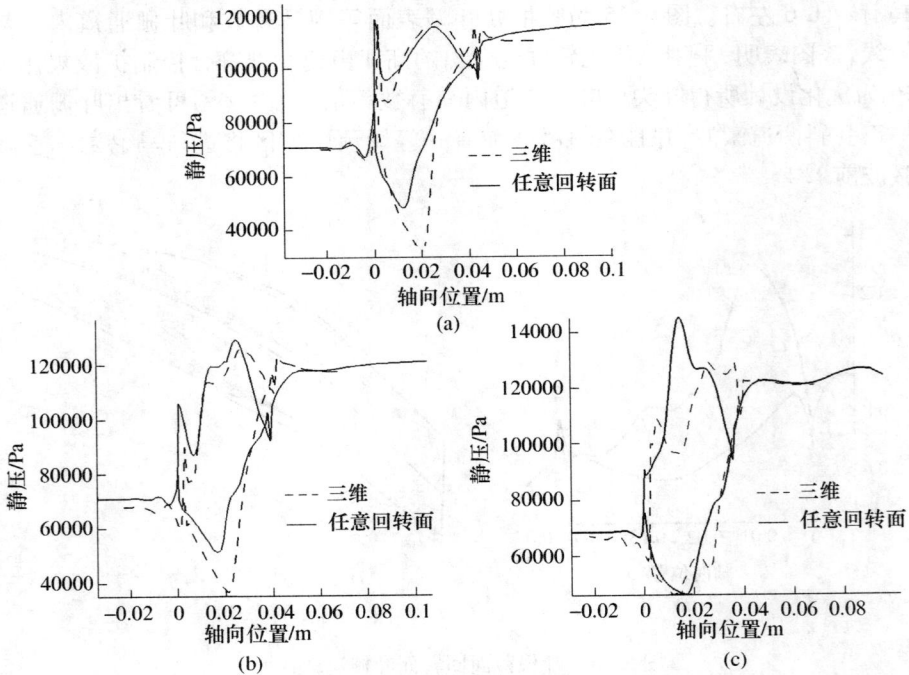

(a)

(b)

(c)

图 6.27　任意回转面与三维叶片表面压力分布比较

(a) 15% 叶高处;(b) 50% 叶高处;(c) 85% 叶高处。

以下采用三维叶片优化软件,进一步对三维叶片进行改进。在此将叶片积叠线、叶型安装角、叶型弦长、子午面流道作为设计变量进行组合优化,不考虑叶片型面变化。叶片积叠线前后掠、切向弯,叶型安装角、叶型弦长、上下子午面流道变化都各取 4 个设计变量,因此总设计变量数为 24 个。

目标函数采用以下函数确定,即

$$f = c_1 \eta_{k,0}^* - c_2 \left| \frac{\dot{m} - \dot{m}_0}{\dot{m}_0} \right| - c_3 \frac{|\pi_k^* - \pi_{k,0}^*|}{\pi_{k,0}^*} - $$

$$c_4 \left| \frac{\dot{m}_c - \dot{m}_{c,0}}{\dot{m}_{c,0}} \right| \tag{6.2}$$

式中:f 为目标函数值;$\dot{m}_0$、$\pi_{k,0}^*$、$\eta_{k,0}^*$ 为设计点流量、压比和效率;$\dot{m}_{c,0}$ 为堵点流量;c_1、c_2、c_3、c_4 为权重系数。遗传算法为寻求极大值寻优问题,构造此目标函数是要达到设计点流量、压比和堵点流量前提下,设计点效率最高;实质为着重于考虑设计点性能兼顾堵点流量。因此,在等转速线上只需要做设计点和堵点二次流场计算。通常在堵点随反压增加流量不变、效率和压比陡增,因而,目标函数中不考虑堵点压比和效率。由于喘振边界要通过反复改变出口反压确定,优化过程中喘振边界确定意味着要多次进行流场计算。因此,在目标函数中不考虑喘点性能,但在优化结果后处理中进行检验。后面的优化实例以及我们进行的多个叶轮优化表明通常优化叶轮稳定裕度也相应会提高。

遗传算法群体个体数取 288,采用服务器 12 个节点(每个节点 2 个 CPU,每个 CPU4 核,共 96 核)优化,进化 30 代约耗时 60h。

以采用 S1/S2 两类流面方法构造的叶轮作为原始叶轮(图 6.28(a)为其三维视图)。由表 6.2 可知,由于设计未考虑流动三维性,原始叶轮气动效率不高。优化后,设计点效率提高较大(对于小流量轴流压气机,由于小尺寸效应通常效率相对较低)。与原始叶片比,优化叶片气动外形在叶尖处有明显后掠和稍许前掠(图 6.28(b))。

表 6.2 设计点性能指标

	压比	流量	效率
S1/S2 流面方法	1.96	6.59	0.865
三维优化	1.92	6.54	0.901

图 6.29 为设计转速下原始与优化叶轮的特性,为验证优化结果的可靠性,采用 NUMECA 软件进行了计算对比。NUMECA 软件计算采用 H－O－H 型网格,网格节点数约 50 万,叶尖间隙为 0.3mm(相当于 1.5% 叶尖弦长)。图 6.29(a)表明,在整个工作流量范围内优化叶轮效率比原始叶轮都有相同幅度提高(约为 0.035),并且失速裕度大幅度提高。由图 6.29(b)可知,优化叶轮压比比原始叶轮

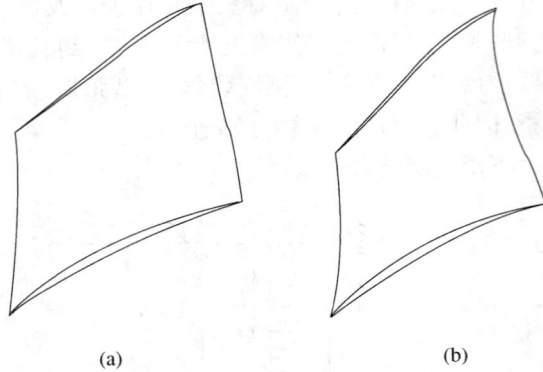

(a)   (b)

图 6.28　原始与优化叶片三维视图

（a）原始叶片；（b）优化叶片。

小，但由表 6.2 可看出，优化叶轮压比比设计目标压比仅小 0.03（设计目标为 1.95）。图 6.29 还表明，NUMECA 软件计算特性与本项目软件计算虽然存在差别但差别较小，并且优化叶轮与原始叶轮性能指标相差的幅度吻合较好，不稳定边界预测一致性也较好。不稳定边界确定采用定常流场计算方法，当反压增大到流场计算发散时认为达到不稳定边界。不稳定边界所对应的反压采用对分法确定，即先按等步长增加反压，当计算发散时，按步长一半减小反压计算，如仍发散再按 1/4 步长减小反压，如收敛再按 1/4 步长增加反压，如此不断反复。

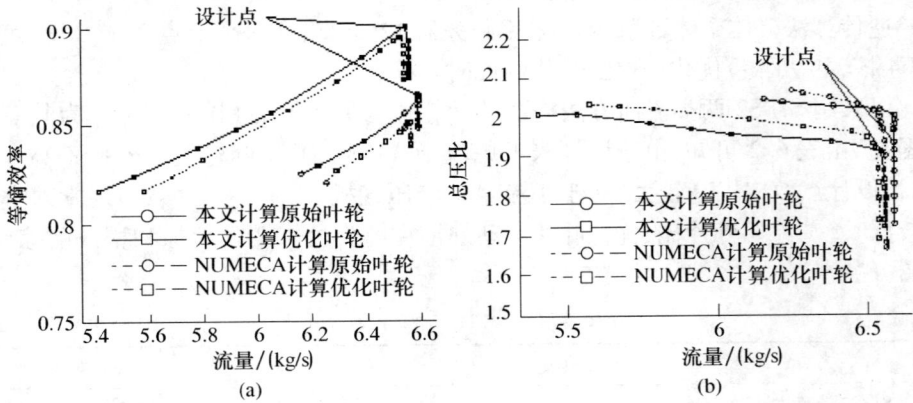

图 6.29　原始和优化叶轮特性

（a）效率与流量关系；（b）压比与流量关系。

通常认为采用定常流场计算方法得到的不稳定边界与实际情况具有一定一致性。这一点从不稳定流动特性分析可以说明。当压气机内流动进入不稳定边界时，必然出现较大的吸力面流动分离区。由于分离涡从叶片表面交替脱落，引起非定常流动。定常计算方法采用局部时间步长在计算具有较大涡脱落分离非定常流

154

动时必然发散。因此,计算发散表明流动产生较大分离即为不稳定流动。

图 6.29 ~ 图 6.31 为设计点相对叶高 10% 、50% 和 90% 3 个 S1 流面马赫数等值图。优化叶轮与原始比较,流场结构更合理。主要体现在 10% 、50% 叶高处激波前马赫数下降;90% 叶高处形成了一斜一正两道激波,降低了激波及激波与附面层干扰损失。

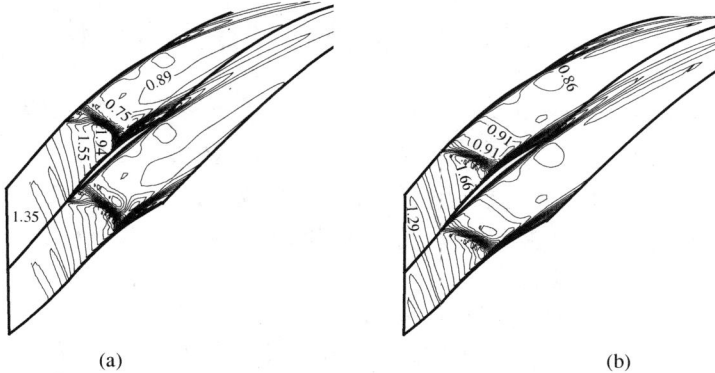

(a)   (b)

图 6.30   50% 叶高处马赫数等值线
(a) 原始叶片;(b) 优化叶片。

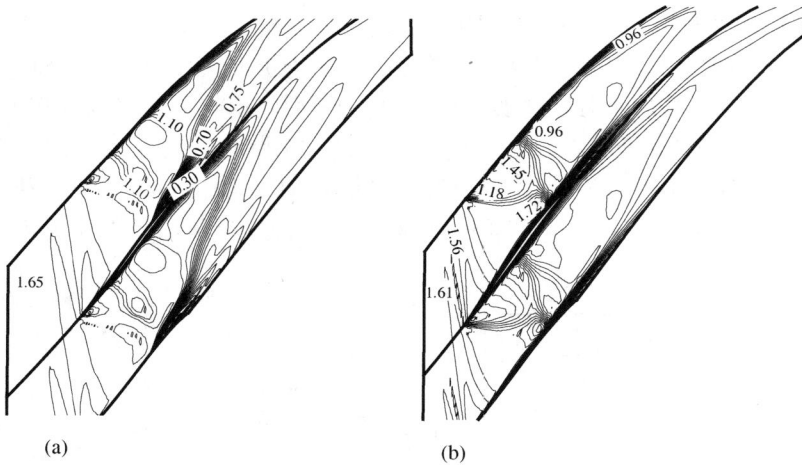

(a)   (b)

图 6.31   90% 叶高处马赫数等值线
(a) 原始叶片;(b) 优化叶片。

以上将基于数值最优化方法任意回转面叶型设计和三维叶片设计软件应用于一台高压比、小流量轴流压气机转子叶片气动设计,结果表明以下两点。

(1) 任意回转面叶型优化设计可实现高气动性能回转面叶型设计,并且与实际三维环境流动具有一定的一致性,说明转子叶片通道内流动可作 S1/S2 两类流面近似；由于 S1/S2 两类流面假设没有考虑流动的三维性，对于高压比、小流量转子叶片设计，难以实现高气动性能。

（2）以 S1/S2 两类流面方法设计叶片作为初始叶片，以叶型积叠线、安装角、叶型弦长和子午面流道作为设计变量，采用三维优化方法有效提高了转子的设计点和非设计点气动性能，表明三维设计方法的有效性和优化方法的工程实用性。

6.4　三维叶片积叠线与型面组合优化

以跨声速风扇转子（NASA Rotor67）和超声速压气机转子（NASA Rotor37）为原始叶轮，以叶片型面、叶片积叠线、子午面流道、叶型安装角和叶型弦长作为设计变量，采用三维叶片气动优化设计软件对其进行改进设计，设计目标为设计点压比、流量与原始叶轮相同，提高效率；再通过非设计点流场计算分析其全工况性能。

1. NASA Rotor67 优化

NASA Rotor67 基本参数和叶片外形在第 3 章已作介绍，在此不再重复。图 6.32 为优化前后的子午面流道；图 6.33 为优化前后叶根、叶中和叶尖三个截面叶型。由图 6.32 可看出，优化后上子午流道收敛程度略有增大。根据前面所述，对于跨声和超声压气机/风扇转子叶尖处产生的激波面通常正交于上环壁面，不产生激波反射。因此，子午面流道收敛程度越大，在叶尖处激波面与来流方向交角越小，激波强度越低。因此，从降低损失角度考虑，加大叶尖处子午面流道收缩程度有利于降低激波损失。但激波强度下降会使激波增压降低，并且子午面流道收缩会造成通流能力下降。因此，在实际设计中，子午面流道收缩与否以及收缩程度要根据相关影响因素综合考虑。由图 6.33 可知，与原始叶片比较，优化叶片叶根处叶型弦长明显减小，叶根处稠度下降；叶尖处明显前掠，并且在 50% 叶高以下叶片切向正弯（向吸力面倾斜），在 50% 叶高以上叶片切向反弯（向压力面倾斜）。

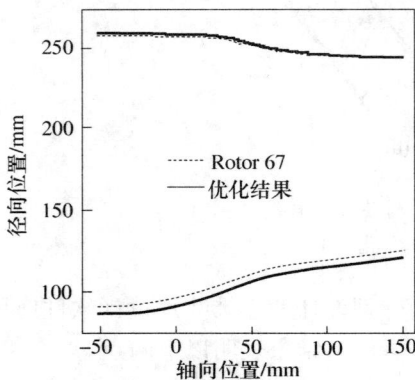

图 6.32　NASA Rotor67 与优化叶轮子午面流道　　图 6.33　NASA Rotor67 与优化叶片型面

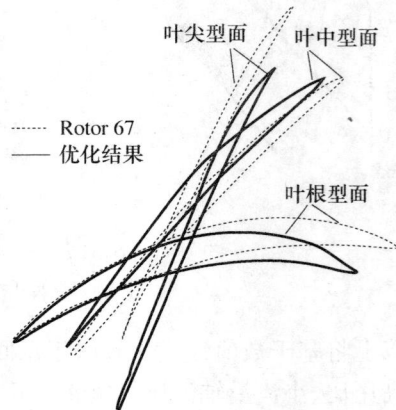

图 6.34 为 NASA Rotor67 与优化叶轮性能比较。由图 6.34(a)、(b)可知,在整个工作流量范围内,优化叶轮效率都比原始叶轮高 2% 左右,并且压比近于不变。为了验证优化结果的可靠性,同时采用 NUMECA 软件进行流场计算。由自主研发的软件和 NUMECA 软件计算结果可以看出,对于同一个叶轮压比、效率计算有一定差异,但是两个软件计算都表明优化叶轮的效率比原始叶轮高(效率提高程度相当)、优化叶轮压比与原始叶轮相近,即两种软件计算的优化与原始叶轮性能差别一致性较好。

由设计流量叶片吸力面熵等值线(图 6.35)可看出,在设计点 NASA Rotor67 叶轮为一道激波、优化叶轮为两道激波,因此实现了保持压比近于不变,降低激波损失。

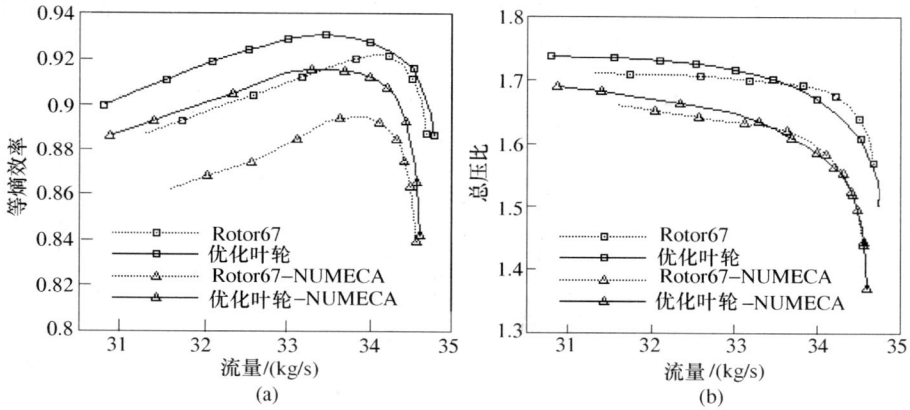

图 6.34　NASA Rotor67 与优化叶轮特性曲线
(a)等熵效率;(b)总压比。

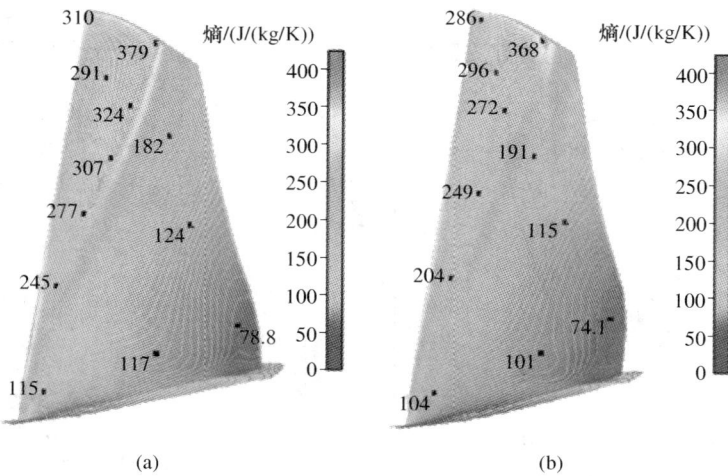

图 6.35　NASA Rotor67 与优化叶片吸力面熵分布
(a)原型;(b)优化。

图 6.36(a)是 NASA Rotor67 叶轮和优化叶轮的出口切向平均等熵效率沿径向分布图。两叶轮在大于 95% 叶高的区域内效率均明显下降,此处损失主要有叶尖间隙泄漏流损失、上环壁面附面层及其与激波相互作用产生了较大的损失。而该区域内优化叶轮的损失相对小些,原因之一是优化叶轮在该区域激波强度弱,与附面层相互作用产生的损失小。5% ~95% 叶高处优化叶轮的等熵效率均明显高于 Rotor67 叶轮的等熵效率。图 6.36(b)是 NASA Rotor67 叶轮和优化叶轮的出口切向平均总压比沿径向分布图。总体来看,优化叶轮的压比有所增加,且增加量主要集中在叶高为 20% ~80% 的位置。图 6.36(d)给出了 NASA Rotor67 叶轮和优化叶轮的出口切向平均出口绝对气流角(与轴向夹角)沿径向分布,优化叶轮在整个叶高范围内出口气流角都大于 Rotor67 叶轮的出口气流角,在相同进口气流角、相同转速情况下,出口气流角度越大,气流转角度越大,与优化叶轮总压比的提高相对应。

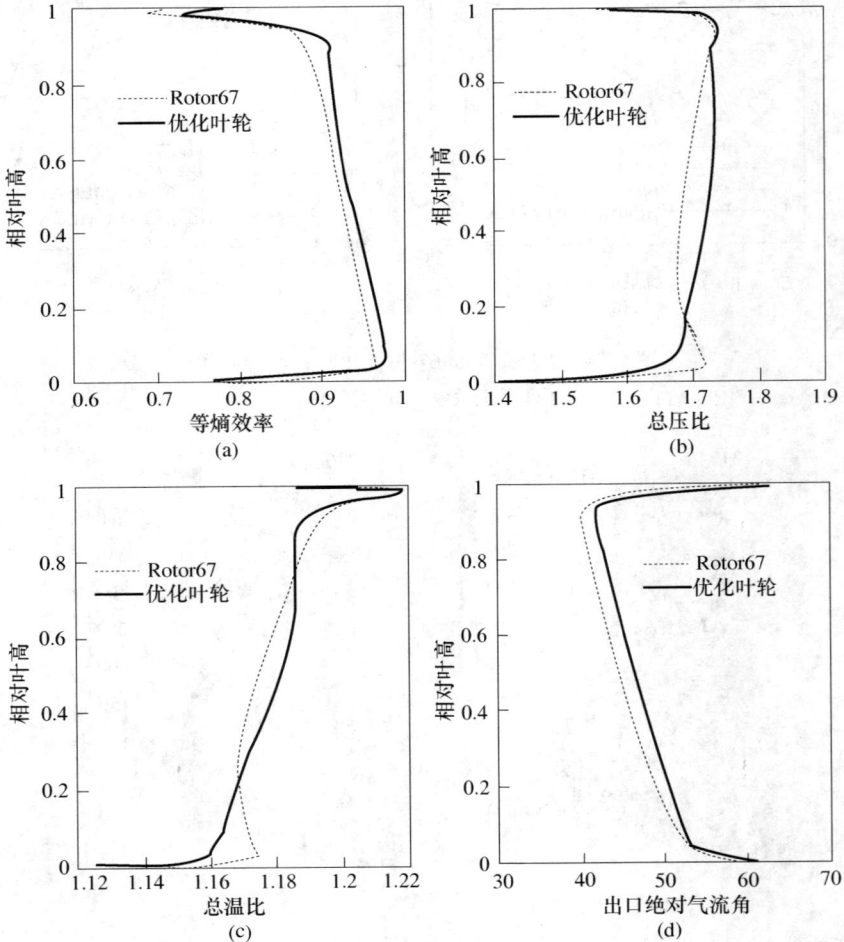

图 6.36 NASA Rotor67 与优化叶轮出口切向平均参数沿径向分布

158

图 6.37 给出了 NASA Rotor67 叶片和优化叶片在 10%、50%、90% 叶高处 S1 流面马赫数分布。由图 6.37(a) 可知,在 10% 叶高处,优化叶片与原始叶片流场相近;由图 6.37(b) 可知,在 50% 叶高处,优化叶片与 Rotor67 叶片在叶片进口处均有一道激波,优化叶片激波前最大马赫数约为 1.16,而 Rotor67 叶片为 1.27,因此优化叶片激波损失较小;由图 6.37(c) 可知,在 90% 叶高处,Rotor67 叶片在进口处有一道正激波,优化叶片变成一道斜激波并在出口处产生一道弱正激波、降低了激波损失。

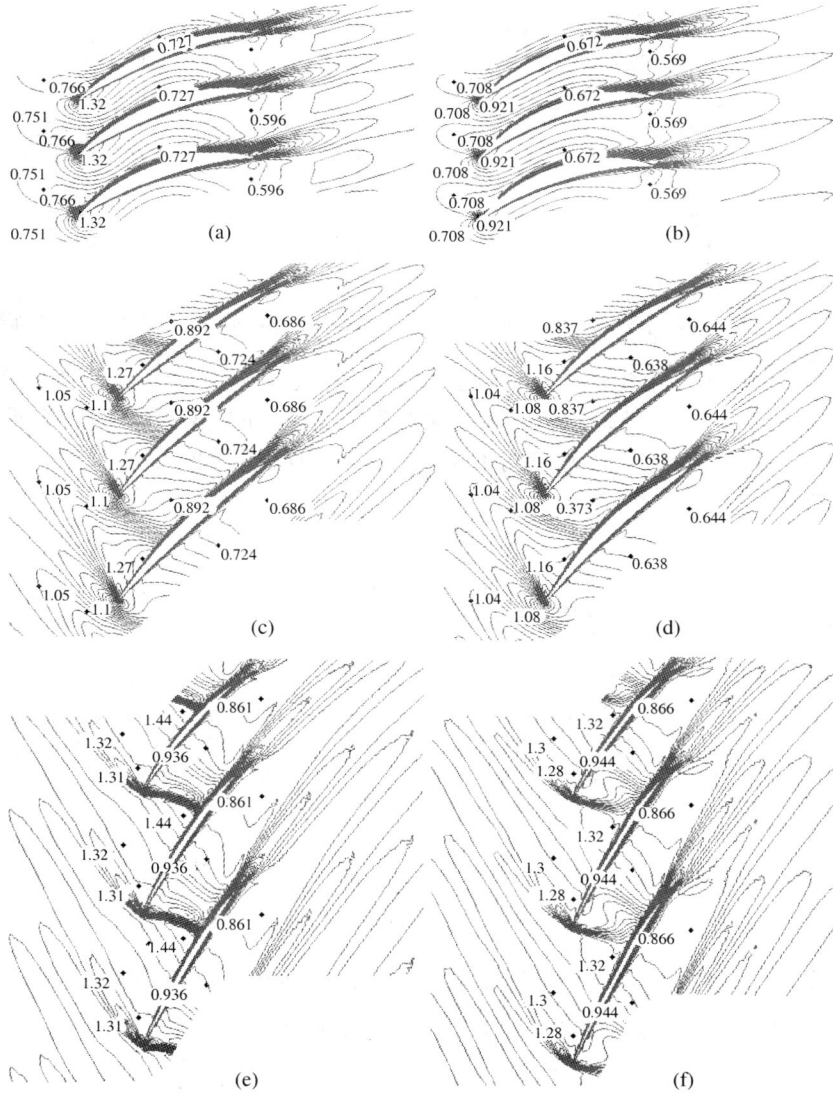

图 6.37 Rotor67 与优化叶片 S1 流面马赫数分布

(a) Rotor67 (10%叶高);(b) 优化 (10%叶高);(c) Rotor67(50%叶高);(d) 优化 (50%叶高);
(e) Rotor67(90%叶高);(f) 优化 (90%叶高)。

159

2. NASA Rotor37 优化

NASA Rotor37 为超声速压气机转子。图 6.38 给出原始与优化叶片在叶根、叶中（50%）、叶尖型面，优化叶片与 Rotor37 叶片相比较。图 6.39 给出子午面流道。

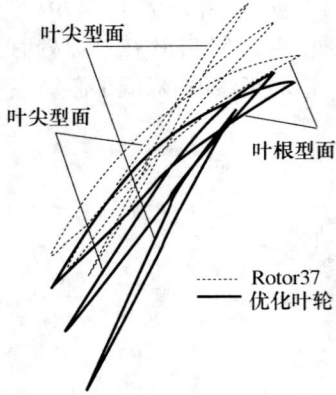

图 6.38　Rotor37 与优化叶片型面

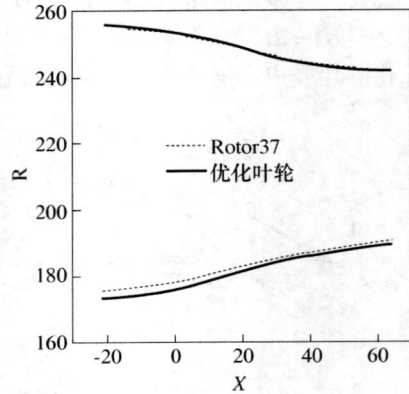

图 6.39　Rotor37 与优化叶轮子午面流道

图 6.40 给出原始和优化叶轮的总体性能曲线（图中同样给出 NUMECA 软件计算结果比较）。计算结果显示优化叶轮在整个流量区间等熵效率有较大提高，效率提高约 1.4%；同时，优化叶轮与 Rotor37 叶轮相比，总压比近似不变；优化叶轮的堵点流量也近似不变。

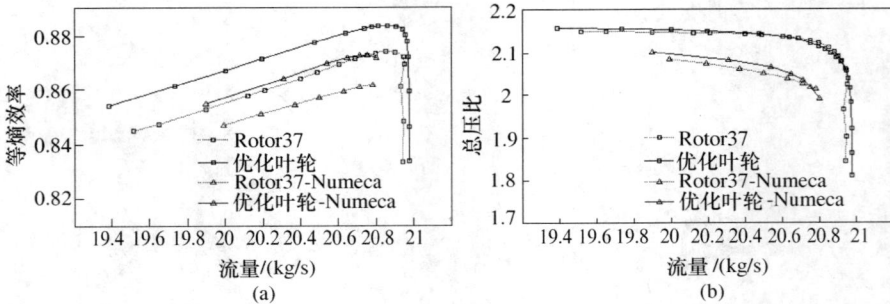

图 6.40　Rotor37 与优化叶轮特性曲线

（a）等熵效率；（b）总压比。

图 6.41（a）是在设计流量下 Rotor37 和优化叶轮的出口切向平均等熵效率沿径向分布图。优化叶轮在 30% ~ 95% 径向位置优化叶轮的等熵效率均明显高于 Rotor37 叶片。图 6.41（b）表明优化叶轮压比沿径向略高于原始叶轮。

图 6.42 给出了 Rotor37 叶轮和优化叶轮在 10%、50%、90% 叶高处 S1 流面叶型表面压力分布。图 6.43 给出了 Rotor37 叶片和优化叶片在 10%、50%、90% 叶高处 S1 流面马赫数分布。由这些图总体上可看出，原始叶轮和优化叶轮半径越大，

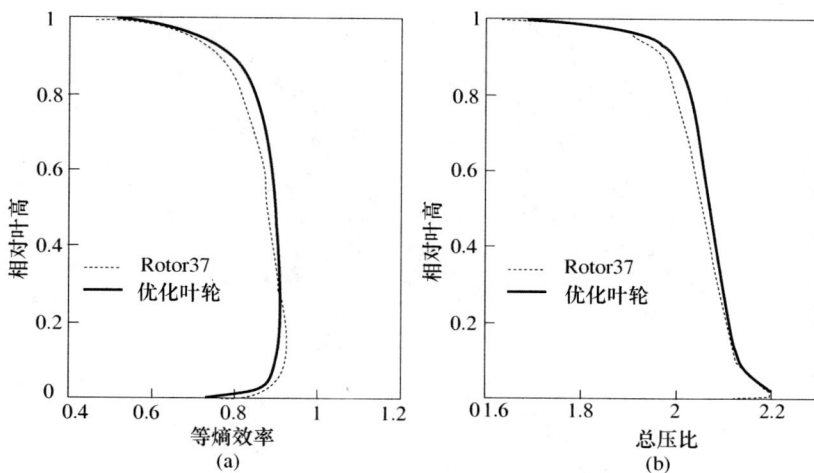

图 6.41 Rotor37 与优化叶轮出口切向平均参数沿径向分布

(a) 等熵效率；(b) 总压比。

激波越强,并且叶轮半径较大处,优化叶轮激波强度下降程度较大,同时可看出激波后附面层厚度明显减薄。

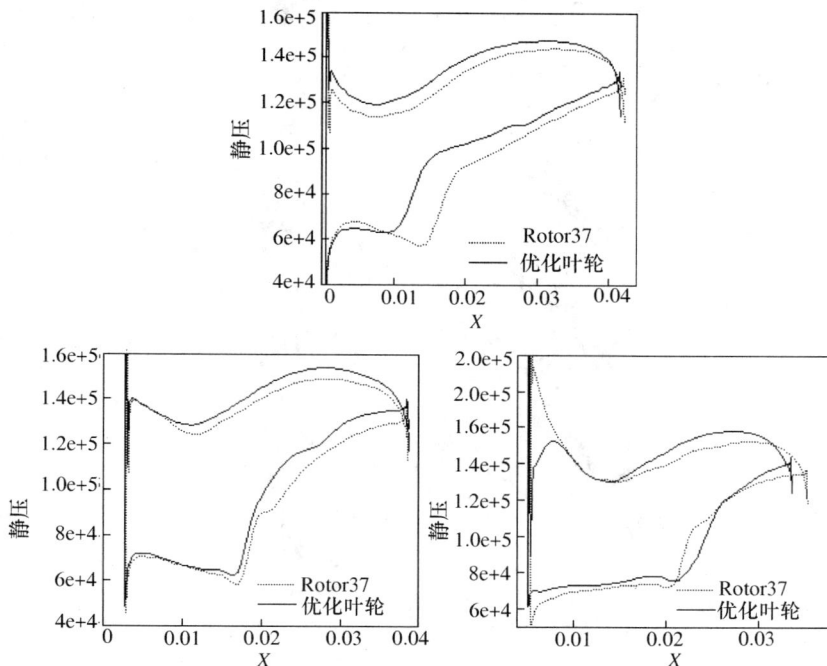

图 6.42 Rotor37 与优化叶片 S1 流面叶型表面压力分布

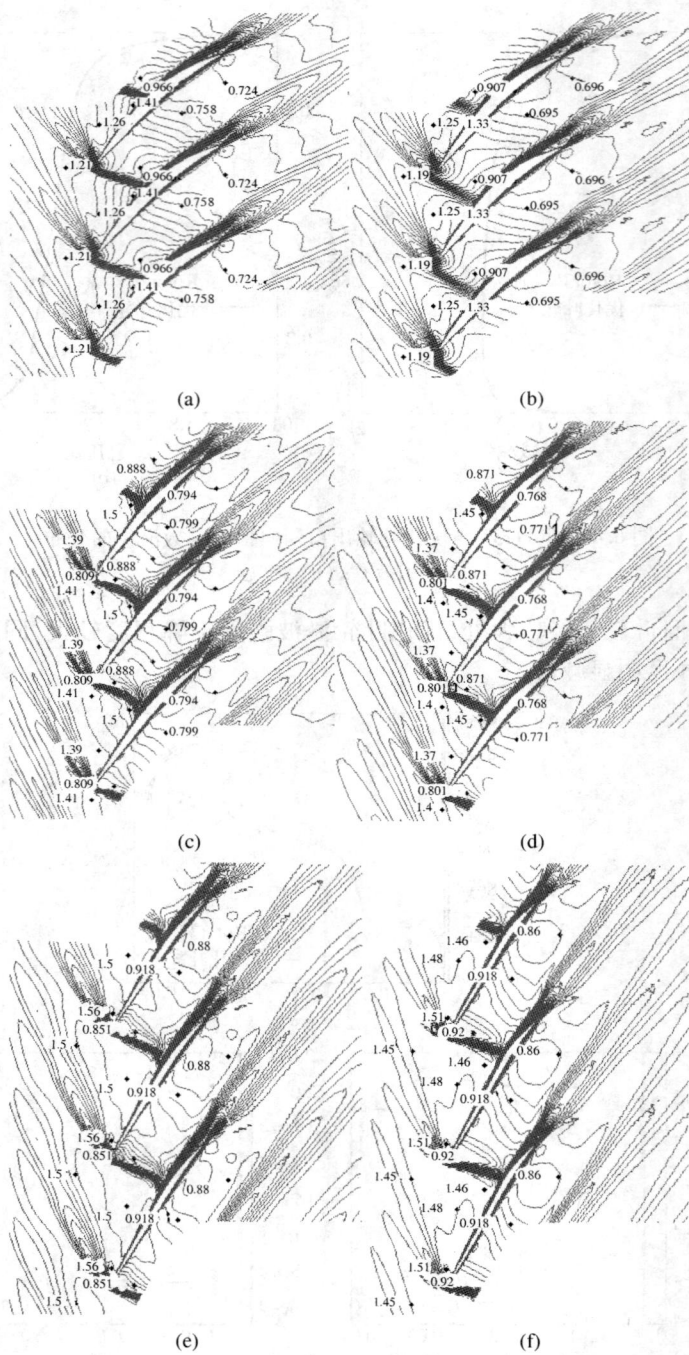

图 6.43 Rotor37 与优化叶片 S1 流面马赫数分布

（a）Rotor37（10% 叶高）；（b）优化（10% 叶高）；（c）Rotor37（50% 叶高）；（d）优化（50% 叶高）；

（e）Rotor37（90% 叶高）；（f）优化（90% 叶高）。

6.5 离心压气机工作轮三维叶片优化

离心压气机工作轮叶片往往采用便于整体加工的直纹面形成,只要给出叶根和叶尖型面坐标,整个叶片形状即确定。因此,与轴流压气机相比较,确定这样的离心压气机工作轮叶片的设计参数要比轴流压气机少得多。

参考文献[41,42]采用叶根和叶尖速度环量分布作为设计参数,通过反问题计算给出叶型,以设计点效率为目标,进行离心压气机叶片优化设计。由于速度环量对应于轮缘功,因而采用速度环量作为设计参数易于实现保持加功量不变。参考文献[43]以设计点效率、稳定工作范围为目标,采用遗传算法实现多目标寻优。由于目标函数计算涉及到特性线计算,因而,采用三维 NS 方程计算次数很多。为了使计算时间在合理范围内,作者采用响应面方法,求目标函数近似值。

本文作者在较早期研究中[44,45],应用 Hicks – Henne 函数进行叶型和子午面流道参数化与单纯形法寻优相结合,构成离心压气机工作轮自动优化设计软件。流场计算采用任意曲线坐标系下的三维 NS 方程;有限体积法空间离散;四步龙格—库塔法时间推进求定常解;紊流黏性系数采用 Baldwin – Lomax 双层代数模型计算。

为了考核流场计算模块进行离心压气机工作轮流场计算精度,对参考文献[46]设计的离心压气机工作轮进行流场计算并与试验结果比较。该离心压气机工作轮设计点转速为 22363r/min,设计点流量为 4.10 kg/s,总压比为 4.17。计算网格节点数为 35 ×80 ×35(切向×流向×径向),在叶尖间隙内沿径向分布 10 个网节点。图 6.44 为流量在 $\dot{m}$ = 3.14 ~ 4.16kg/s 范围内,计算与实测总压比和多变效率的比较。当流量小于设计流量时,计算效率与实测值吻合相当好(计算值低大约 0.17%),但流量大于设计流量时计算效率偏高;计算总压比与实测值差值大约相差 2.15%。总体来看,流量小于设计流量压比和效率预测比流量大于设计流量精度高。图 6.45 为在接近喘振边界($\dot{m}$ =3.14kg/s)、设计流量($\dot{m}$ =410kg/s)

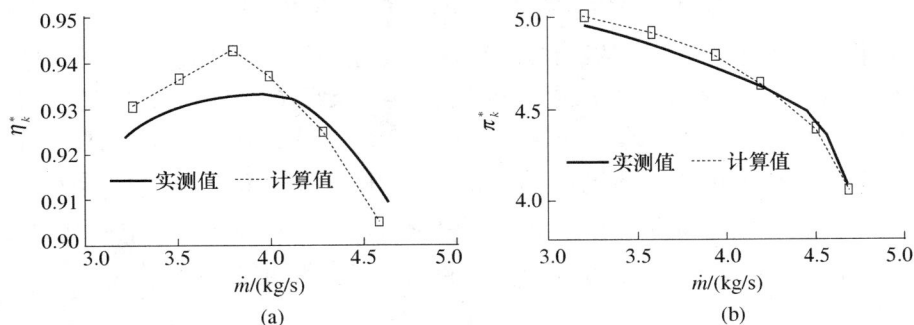

图 6.44 Krain 工作轮特性

(a)流量与效率;(b)流量与压比。

和接近堵塞边界($\dot{m} = 4.16$ kg/s),3 种流量下外环壁面平均静压实测与计算值比较。图 6.45 中 S_m 为子午面流道无量纲弧长,叶片前缘点数值为 0;后缘点数值为 1。图 6.45 表明在设计转速下压气机整个工作流量范围内计算与实测壁面静压吻合较好。图 6.46 为工作轮出口截面子午面流速与叶尖处轮缘速度比值(V_m/U)在 5 个叶高处($z/b = 0.1, 0.3, 0.5, 0.7, 0.9$)沿切向分布,其中图 6.46(a)为测量值,图 6.46(b)为计算值。由以上分析比较,流场计算与实测吻合程度较好。

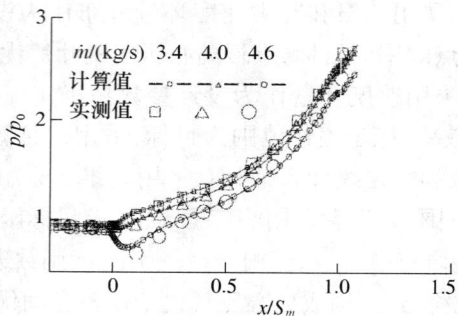

图 6.45 Krain 环壁面静压分布

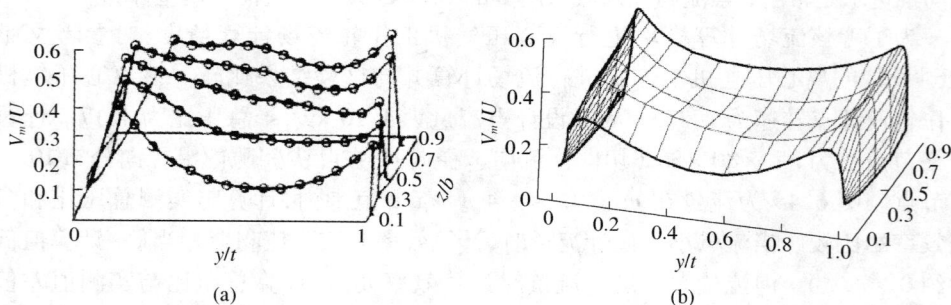

图 6.46 Krain 工作轮子午面速度沿切向分布
(a)实测子午面速度沿切向分布;(b)计算子午面速度沿切向分布。

优化目标为保持工作轮的工作流量范围内压比不变,提高效率。根据原始叶型的特性线,选取两个出口反压 P_{out1} 和 P_{out2},其中反压 P_{out2} 对应流量在设计点附近,另一个反压 P_{out1} 对应流量靠近喘振边界。在优化过程中,对于每一工作轮,采用 P_{out1} 和 P_{out2} 计算出对应的流量($\dot{m}_1$ 和 $\dot{m}_2$)、压比($\pi_{k,1}^*$ 和 $\pi_{k,2}^*$)、效率($\eta_{k,1}^*$ 和 $\eta_{k,2}^*$)。根据流量($\dot{m}_1$ 和 $\dot{m}_2$)在原始工作轮特性线上,通过样条插值求得对应的目标压比 $\pi_{k,10}^*$、$\pi_{k,20}^*$ 和目标效率 $\eta_{k,10}^*$、$\eta_{k,20}^*$。再由上述参数构造目标函数为

$$f = c_1(\eta_{k,1}^* - \eta_{k,10}^*) + c_2(\eta_{k,2}^* - \eta_{k,20}^*) + c_3|\pi_{k,2}^* - \pi_{k,20}^*| \qquad (6.3)$$

由于单纯形法是求极小值的寻优方法,因而,c_1、c_2 小于零;c_3 大于零。c_1、c_2 取同数量级;c_3 比 c_1、c_2 低一数量级。因为 c_3 是压比的权重系数,而压比对设计参数敏感,

较容易达到目标值。上述目标函数构成是要达到在设计流量附近,优化工作轮与原始工作轮压比差值最小,效率最高;同时兼顾喘振边界附近的效率。在设计点附近,当优化工作轮的压比与原始工作轮相近时,由于出口静压相同,流量也会相近。采用这种目标函数构造方法,对于每一工作轮,只需采用 NS 方程计算两次流场,避免整条特性线计算,同时也兼顾了非设计点性能。当然,如果设计流量离堵塞流量相差较大,还应取一个大于设计流量点性能结合进目标函数。

以一高转速小尺寸带分流叶片工作轮为原始工作轮进行优化。图 6.47 为原始和优化叶轮三维视图。图 6.48 为工作轮叶片出口截面子午面无量纲速度 (c_m/U)等值图。该图表明,在初始和优化工作轮叶片吸力面出口都有一低速区,但优化工作轮的低速区小于初始工作轮,特别是小叶片的吸力面附近。图 6.49 和图 6.50 表明,由于叶尖间隙泄漏流,在初始工作轮和优化工作轮吸力面靠近叶尖处都有一回流区,但是优化工作轮回流区明显小于初始工作轮。图 6.51 和图 6.52 比较了在设计转速和 80% 设计转速初始和优化工作轮的性能。两图表明,在两个转速下整个工作流量范围,与初始工作轮相比,优化工作轮效率明显提高,总压比也略有提高,同时稳定工作范围也有所增加。

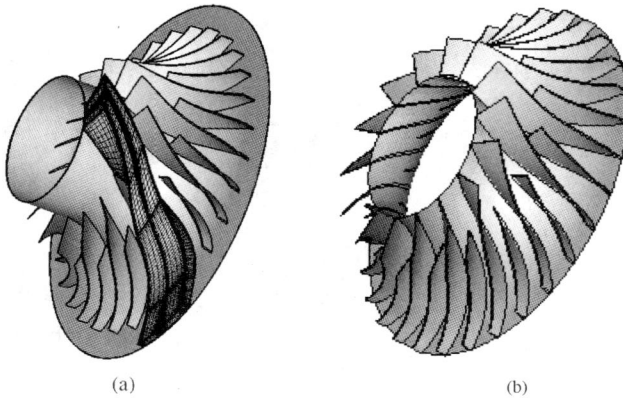

(a)   (b)

图 6.47   工作轮三维视图

(a)带三维网格的初始工作轮;(b)优化工作轮。

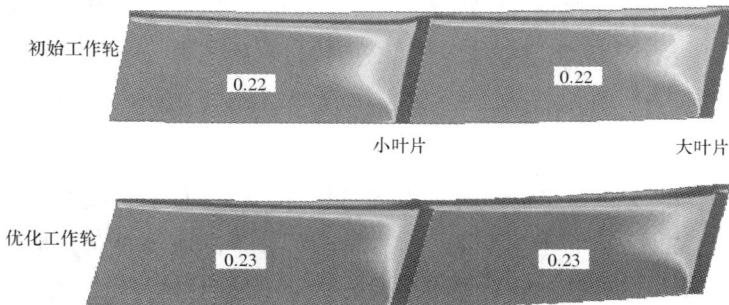

图 6.48   叶片出口截面子午面流速等值图

165

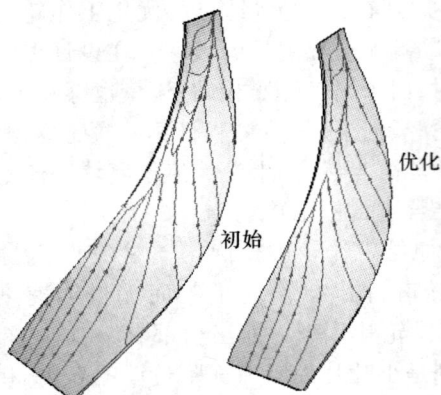

图 6.49　大叶片吸力面极限流线

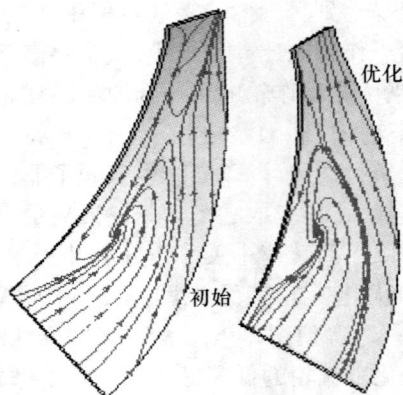

图 6.50　小叶片吸力面极限流线

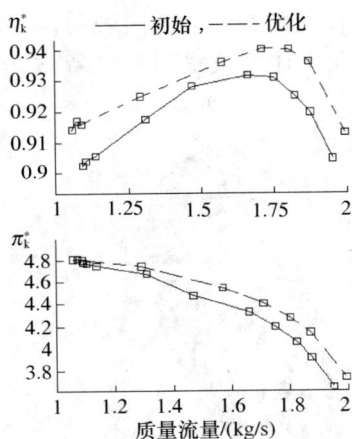

图 6.51　设计转速性能

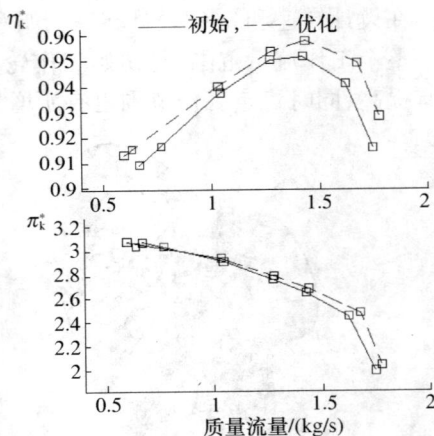

图 6.52　80%设计转速性能

6.6　大涵道比风扇叶片优化设计

针对原有大涵道比风扇(主要性能指标见表 6.3)通过优化设计保持设计点压比和流量尽可能不变值,提高效率。为此,构造目标函数为

$$f = c_1 \eta_{k,0}^* - c_2 \left| \frac{\dot{m} - \dot{m}_0}{\dot{m}_0} \right| - c_3 \frac{\left| \pi_k^* - \pi_{k,0}^* \right|}{\pi_k^*} \qquad (6.3)$$

优化目标是使目标函数 f 尽可能大。式(6.3)右边有三项,第一项保证设计叶片的计算点效率 η_k 尽可能大;第二项保证设计叶片的计算点流量 $\dot{m}$ 尽可能与目标流量 $\dot{m}_0$ 一致;第三项保证设计风扇计算点压比 π_k^* 尽可能与目标压比 π_{k0}^* 一致。c_1、c_2、c_3 为权重系数,它们通过效率、压比和流量对设计参数的敏感性来设定。提高效率

较难,达到给定流量和压比较容易;因此,c_1 取值比 c_2、c_3 要大,具体数值需要多次测试确定。

由图 6.57(a)可知,该风扇在 70% 叶高以下效率已很高,进一步提高效率可能性不大,为此,仅在 70% 叶高以上进行改进设计。设计变量是:在 70% 和 90% 相对叶高处两个型面,叶型吸力面和压力面各分布 5 个设计参数,因此共 20 个设计参数;整个叶高叶型积叠线弯、积叠线掠、安装角、弦长,每个变量分布 4 个设计参数,共 16 个设计参数;上子午面流道分布 4 个设计参数,因此设计参数总数为 40 个。遗传算法的运行参数:世代数 50,种群个体数 384,交叉算子 0.8,变异算子 0.07。

图 6.53 为优化前后风扇叶片三维视图,图 6.54 为两叶片叶根、叶中、叶尖型面的对比(叶根、叶中处型面差别是由安装角、积叠线及弦长变化造成)。图 6.55 给出了原始叶片和优化叶片的子午面流道,该图表明优化风扇上子午面流道收敛度增大。由图 6.56 可知,与原始叶片相比,在整个工作流量范围内优化叶片的效率都有较大程度提高,很大部分工作流量范围内都提高了 0.5 个百分点以上,最高效率点提高了将近 1 个百分点,优化叶片的稳定裕度也有了很大程度提高(表6.3),并且在整个流量范围内总压比近于相同。由图 6.57 可知,优化风扇效率提高主要表现在 80% 叶高以上;并且优化风扇压比沿叶高分布与原始风扇一致性也较好。图 5.58 为原始与优化风扇在设计点 90% 叶高处的马赫数等值线图,在此截面两风扇进口处都有一道激波,但优化风扇此道激波向叶片通道内部倾斜,因此位置后移、强度减弱,这是裕度增加、叶尖区损失下降的重要原因。

表 6.3　原始风扇和优化风扇设计点性能参数

叶轮	流量/(kg/s)	效率	压比	喘振裕度/%
原始叶片	213.09	0.9463	1.535	11.7
优化叶片	214.17	0.9560	1.538	19.2

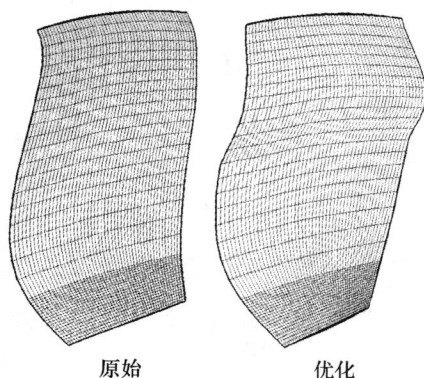

图 6.53　叶片三维造型

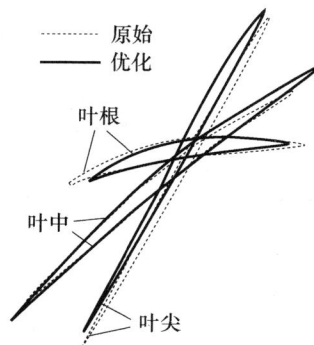

图 6.54　叶片型面造型

167

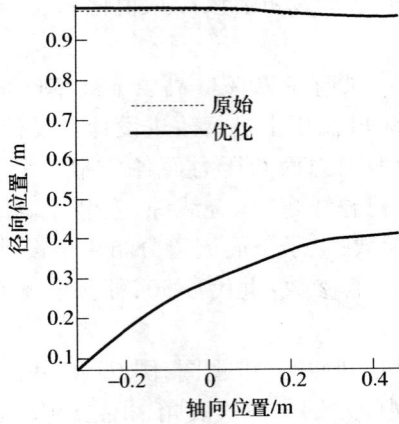

图 6.55　子午面流道

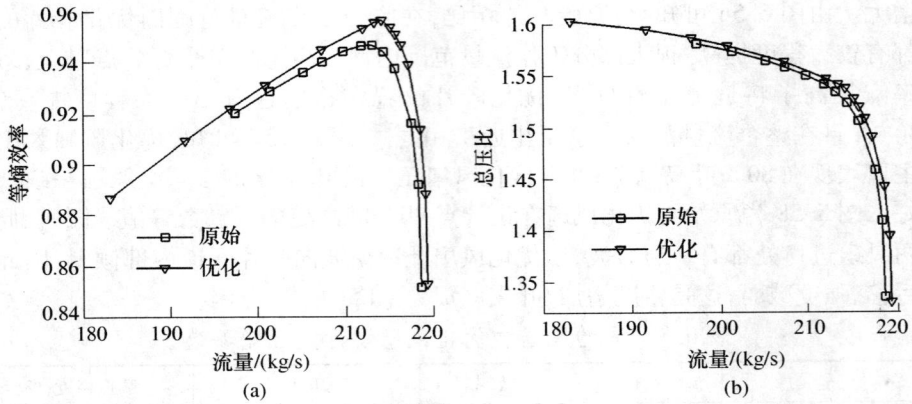

(a)

(b)

图 6.56　原始叶片和优化叶片等

（a）效率特性图线；（b）总压比特性图线。

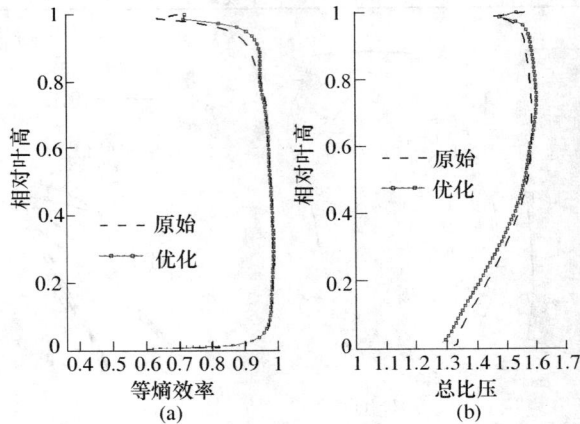

(a)

(b)

图 6.57　出口切向平均等熵效率和总压比

（a）等熵效率径向分布；（b）总压比径向分布。

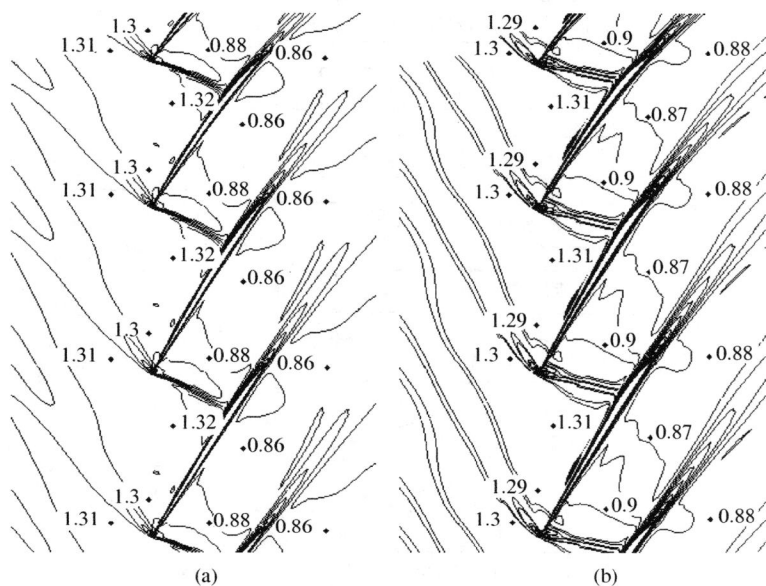

图 6.58 最高效率点附近 90% 叶高处马赫数等值线

(a) 原始叶片计算；(b) 优化叶片计算。

6.7 吸附式压气机叶片优化设计

为了提高风扇/压气机性能可采有多种流动控制技术，一种比较有效的途径是采用附面层吸附技术。其方法是通过在转子叶片、静子叶片表面以及上下环壁面开槽/孔，从易发生分离区域（如转静子叶片叶背及其和上下环壁面构成的角区）将低动量气体吸出，减薄附面层，抑制流动分离，降低流动损失。根据具体设计目标，这项技术在风扇/压气机上应用主要有以下益处。

（1）保持风扇/压气机转速不变，可提高叶片通道扩压度，有效增加级压比。

（2）保持压比不变，可加大叶片弯角，降低转子转速。转子转速降低可带来以下好处：大幅度降低气动噪声和转子振动；由于离心应力减小可降低结构强度要求。

（3）抑制喘振、扩大稳定工作范围。

吸附式压气机叶片设计可采用与传统非吸气叶片相同设计步骤，设计方法主要差别在于：在 S2 流面通流设计中缺少相应的损失模型；需要进行叶片型面与吸气耦合设计，以考虑叶片表面吸气与叶片型面之间存在相互影响。为此，本文提出采用迭代设计，通过三维流场计算结果返回损失替代 S2 流面通流设计中损失模型；采用优化方法将吸气位置、吸气量与叶片型面都作为设计参数，实现吸气与叶片型面耦合设计。图 6.59 为吸附式叶片设计流程，以下对各模块进行简要说明。

给定设计参数

S2流面通流设计

S1流面初始叶型设计

吸附式回转面叶型优化设计 ← 损失反馈

回转面叶型径向积叠

三维流场分析

是否进行迭代设计？ —是→ (损失反馈)

否

叶型输出

三维叶片优化设计

三维叶片输出

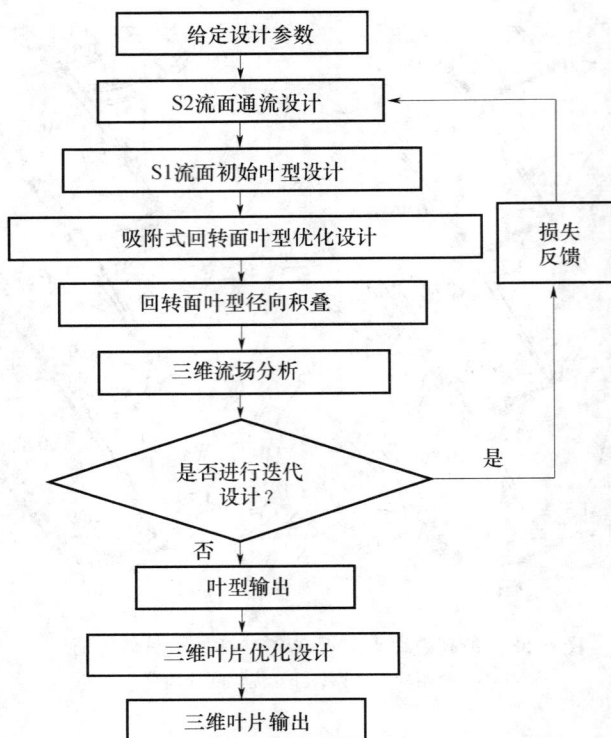

图 6.59　吸附式叶片设计流程

1. S2 流面通流设计模块

在 S2 流面通流设计模块,采用流线曲率法求解 S2 流面流场,得出叶片进出口气动参数和速度三角形沿径向的分布。通流设计结果用于构造 S1 流面初始叶型,并给出 S1 流面流场计算的初边值条件和叶型优化的目标。由于吸附式叶型的损失相对于常规叶型较小,且没有试验数据作为参考,本文采用优化方法构造出几个不同扩散因子的叶栅,由此确定初始叶型损失模型;再通过设计迭代,由三维流场计算结果返回损失替代损失模型。

图 6.60 为由此得到的吸附式叶型损失—扩散因子关系曲线,以及与常规无吸气叶型经验损失模型的比较。可以看出,扩散因子较低时,抽吸效果不明显,反而可能会引起损失增加;随着扩散因子的增大,吸附式叶型比无吸气叶型损失减小幅度显著增加。

2. 回转面(S1 流面)叶型优化设计

吸附式回转面叶型优化设计软件是由常规非吸气叶型优化软件修改所得;其组成模块完全相同(可参看 5.4 节介绍)。软件修改主要是:流场计算模块中,增加叶片表面吸气边界,根据给定的吸气量和吸气位置,确定边界上的通流参数;在叶型参数化模块中,考虑到吸气与叶片型面的相互关联性,将叶型参数和吸气参数作

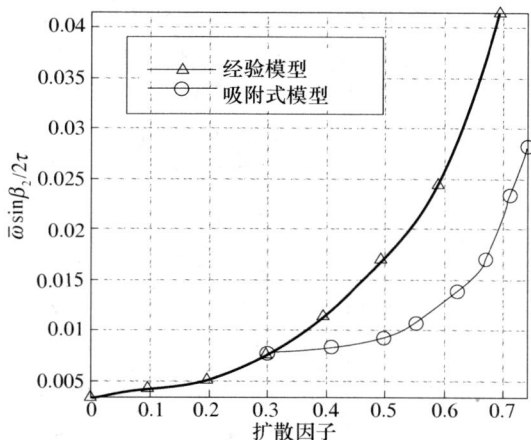

图 6.60　叶型损失模型

为设计变量。叶型参数包括弦长、安装角、吸/压力面型线。吸气参数为吸气位置、吸气系数。吸气位置用吸气槽中心与叶型前缘点的轴向距离同轴向弦长的比值表示,吸气系数用吸气槽流出流量与进口流量的比值表示。

初次设计完成以后,将各叶高最优叶型径向积叠,进行三维流场分析,并提取三维流场计算中转子总压损失系数沿叶高的分布,反馈到通流设计模块,替代原有的损失模型,进行迭代设计。

3. 三维叶片优化设计

与吸附式二维叶型优化设计一样,吸附式三维叶片优化设计软件也是由常规非吸气三维叶片优化设计软件修改所得,修改内容同样是流场计算模块中叶片表面边界条件和增加吸气位置、吸气量作为设计参数。

4. 吸附式压气机叶片优化设计例

为验证软件平台的有效性,本文以高负荷低转速压气机转子为例,进行吸附式二维叶型及三维叶片设计研究。主要设计参数如表 6.4 所列。

表 6.4　设计压气机转子主要参数

叶片数	29	总压比	1.65
质量流量/(kg/s)	28.68	转速/(r/min)	8002
叶尖/叶根稠度	1.4/1.9	进口/出口轮毂比	0.63/0.71
进口/出口叶尖直径 d/m	0.5456/0.5456	叶尖载荷 $\Delta H/U_{\text{tip}}^2$	0.86

针对 5% ~95% 叶高进行 7 个型面,采用回转面二维叶型优化软件进行优化设计,得到了一系列低损失、高效率回转面叶型。表 6.5 为优化叶型吸气参数沿径向的分布。由于优化叶型吸气参数沿径向分布不光顺,本文进行了线性拟合调整。图 6.61 显示,调整以后各回转面叶型总压损失没有明显的变化。图 6.62 为优化前后各叶高回转面主要气动参数变化,以及与 S2 流面通流计算结果的比较。从图

171

中可以看出,优化以后各叶高回转面总压损失系数有大幅下降,效率也有明显提高。图 6.62(c)、(d)显示,经过优化,总/静压比均能与设计目标较好吻合,较之原始叶型改善明显。

表 6.5 设计压气机转子主要参数

径向位置	调整前		调整后	
	吸气位置	吸气系数	吸气位置	吸气系数
5% 叶高	0.521	0.0081	0.582	0.011
15% 叶高	0.573	0.011	0.592	0.011
30% 叶高	0.688	0.012	0.605	0.011
50% 叶高	0.674	0.011	0.625	0.011
70% 叶高	0.612	0.013	0.644	0.011
85% 叶高	0.672	0.010	0.657	0.011
95% 叶高	0.633	0.012	0.667	0.011

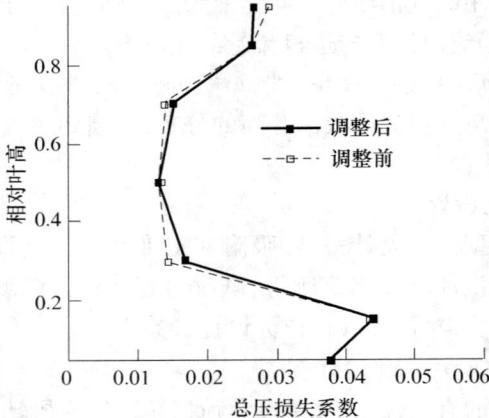

图 6.61 吸气参数调整前后总压损失系数沿径向分布

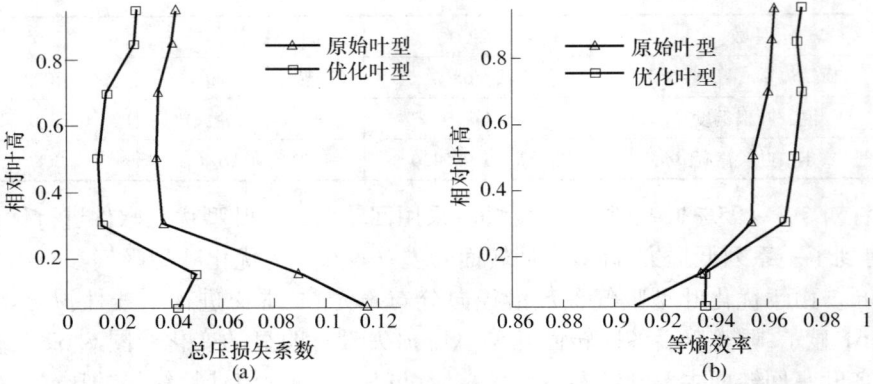

(a)　　　　　　　　　(b)

172

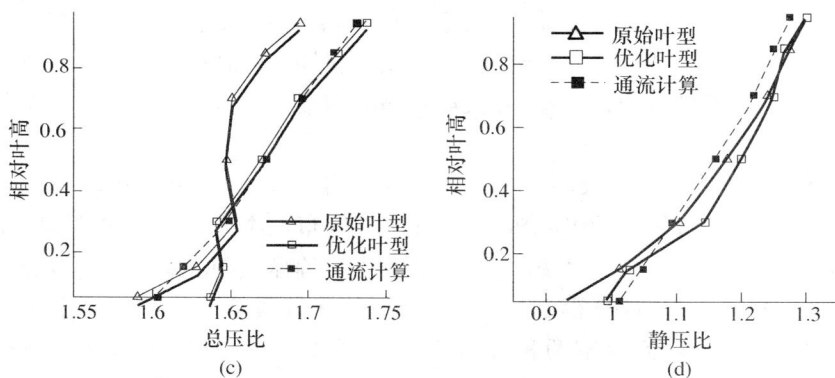

(c)　　　　　　　　　　　(d)

图6.62　优化前后各叶高任意回转面气动参数分布

（a）损失沿叶高分布；（b）效率沿叶高分布；（c）总压比沿叶高分布；（d）静压比沿叶高分布。

将优化叶型沿型心径向积叠，进行 Numeca 三维流场计算。叶片主流区采用 HOH 型网格，叶尖间隙采用蝶形网格，并在吸力面进行开槽处理，网格总量约为52万。三维流场计算结果如表6.6所列。可见，初次设计转子流量、总压比、等熵效率均略低于设计目标，但差别不大。

提取 Numeca 三维计算总压损失系数沿径向分布取代通流设计原损失模型，进行反馈设计。以初次设计转子各叶高叶型为初始叶型，以新的通流设计结果为设计目标，重新进行二维叶型优化设计和三维流场分析。从表6.6可以看出，经过反馈设计，转子通流能力有所增强，总压比比初次设计提升了0.6%；等熵效率也超出了设计目标。图6.63为反馈设计前后转子出口总压比、等熵效率切向平均值沿

表6.6　设计压气机转子主要性能参数

名称	流量/(kg/s)	总压比	等熵效率
设计目标	28.68	1.650	0.9600
初次设计	28.31	1.629	0.9583
反馈设计	28.84	1.638	0.9614

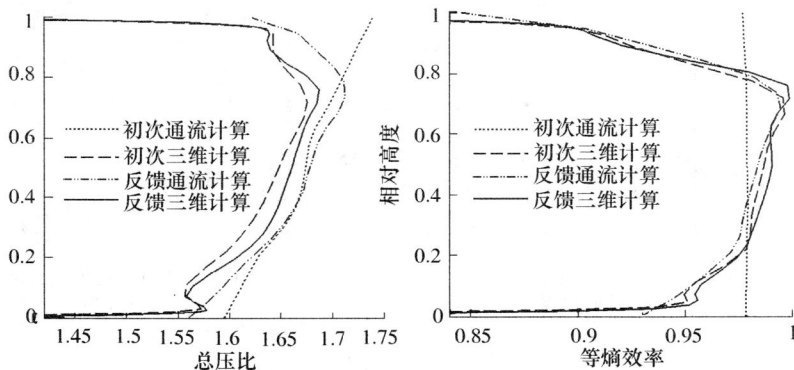

图6.63　转子出口总压比、等熵效率切向平均值沿径向分布

径向分布。可以看出,经过反馈设计,通流计算精度提高,优化所得吸附式转子总压比、等熵效率与设计目标更为吻合。由于端壁附近流动呈强三维性,存在较大的三维损失,初次设计转子在叶根、叶尖等位置计算值与目标值有较大误差,经过损失反馈,误差得到改善。

图 6.64 为反馈设计吸附式转子回转面二维计算与三维计算叶片表面压力系数在 10%、30%、50%、70%、90% 叶高处的分布。本文压力系数 C_p 的定义为 $C_p = (P - P_1)/(P_1^* - P_1)$,$P$、$P_1$、$P_1^*$ 分别为当地静压、进口静压和进口总压。图 6.65 为采用两种方法计算得到的 S1 流面相对马赫数等值线分布。图中可以看出,在 10% ~ 70% 叶高范围两种计算方法吻合较好,载荷分布和流场结构基本一致。叶尖附近二维计算与三维计算差别较大,受叶尖间隙泄漏流影响,三维计算斜激波角减小,激波位置前移,吸力面静压回升提前。同时,受端壁附面层阻滞作用,三维计算气流速度减慢,超声速区较之二维计算小。可见,吸附式转子在势流区流动符合任意回转面流动特点,采用任意回转面方法进行吸附式叶型设计是合理的。

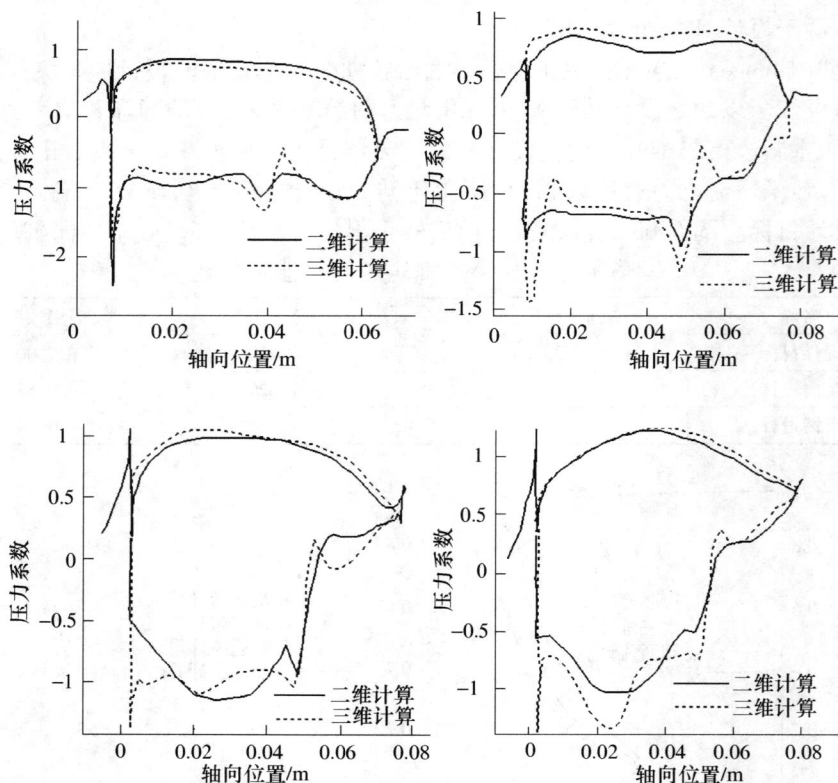

174

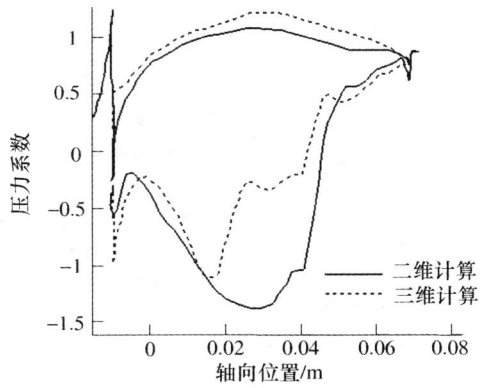

图 6.64 吸附式转子叶片表面压力系数分布
（a）10% 叶高；（b）30% 叶高；（c）50% 叶高；（d）70% 叶高；（e）90% 叶高。

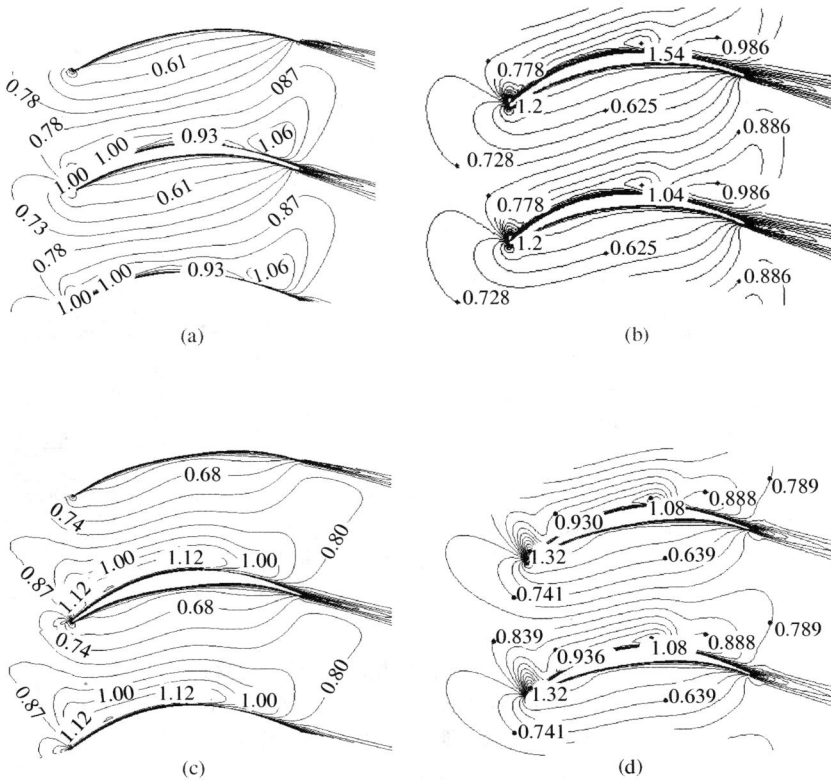

(a)

(b)

(c)

(d)

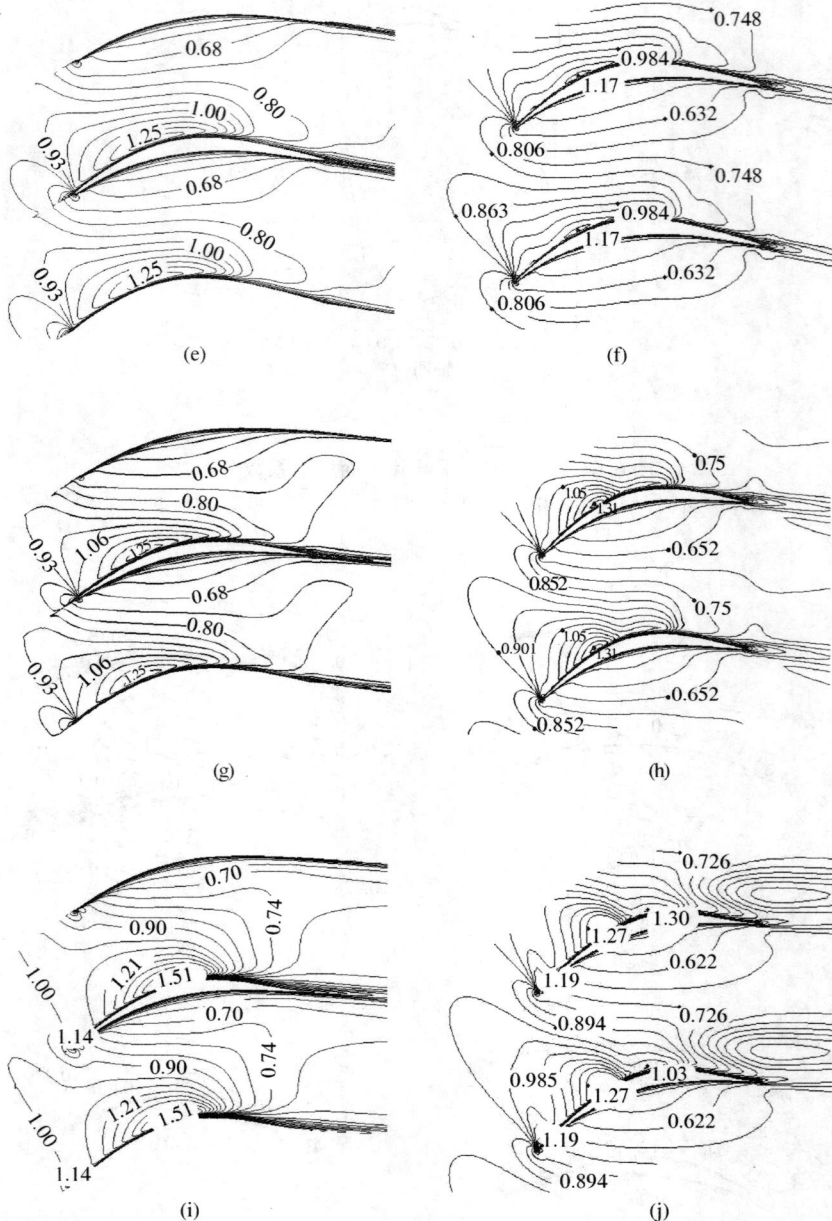

图 6.65　吸附式转子 S1 流面相对马赫数等值线分布

（a）10% 叶高回转面；（b）10% 叶高三维；（c）30% 叶高回转面；（d）30% 叶高三维；

（e）50% 叶高回转面；（f）50% 叶高三维；（g）70% 叶高回转面；（h）70% 叶高三维；

（i）90% 叶高回转面；（j）90% 叶高三维。

对上述准三维方法设计的吸附式转子进行三维优化设计,可以进一步提升转子性能。本文主要对积叠线弯掠、子午面流道进行设计,得到三维优化转子。图6.66 为三维优化前后叶片子午面流道变化图。可以看出,优化转子子午面流道在进口段略有扩张,流通面积有所增大;出口段子午面流道稍有收缩,但总体上变化不大。图 6.67、图 6.68 分别为优化叶片三维视图及积叠线弯掠变化图。弯掠均取变化的相对值,即与叶高的比值。优化叶型在叶根处略有反弯,相对值约为0.0043,而在其他叶高均为正弯,约在 75% 叶高处取得 0.0065 的最大相对正弯。总体来说,优化叶片弯量变化很小,大致呈拱形。积叠线掠沿叶高变化明显,在15% 叶高以下表现为前掠,叶根处相对变化量为 0.036;在其余叶高均表现为后掠,叶尖相对变化量为 0.028。

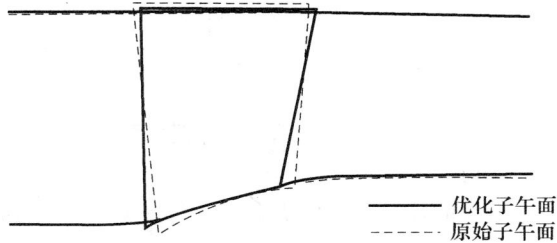

图 6.66　三维优化前后子午面流道

表 6.7 为优化转子设计点性能参数。可以看出,优化后流量更加贴近设计目标,总压比略有降低,等熵效率有了进一步提升。图 6.69 为优化转子设计点出口总压比、等熵效率切向平均值沿径向分布。相比于原始叶片,优化转子叶尖压比增加,在叶片中下部压比有所降低;转子叶尖间隙泄漏流受到抑制,叶尖处效率分布得到改善。图 6.70 显示优化前后吸附式压气机转子在非设计点的性能。可以看到,优化以后,转子在全工况下压比有所下降;效率在小流量工况下有小幅下降,但随着流量的增加,优化转子效率较之优化前有明显提升,稳定工作范围也有小幅增加。但由于优化之前该转子气动性能已经较好,而三维优化没有对叶片型面进行修改,因此得到的收益不够明显。

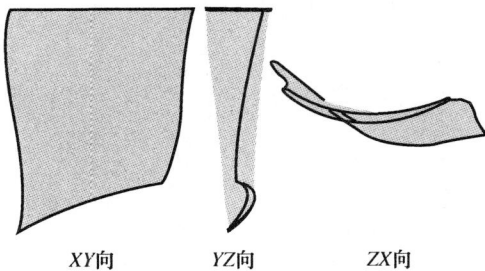

图 6.67　优化叶片三维视图

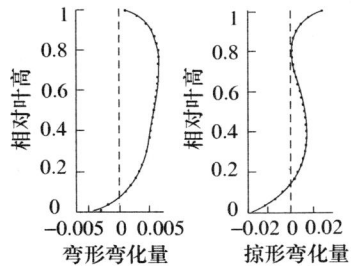

图 6.68　积叠线弯掠变化

177

表 6.7　三维优化转子性能参数

名称	流量/(kg/s)	总压比	等熵效率
设计目标	28.68	1.650	0.9600
三维优化	28.58	1.631	0.9650

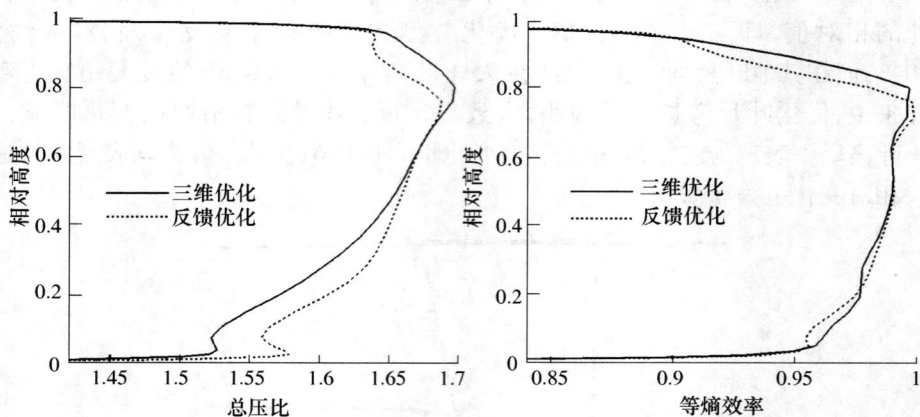

图 6.69　三维优化前后转子出口总压比、等熵效率切向平均值沿径向分布

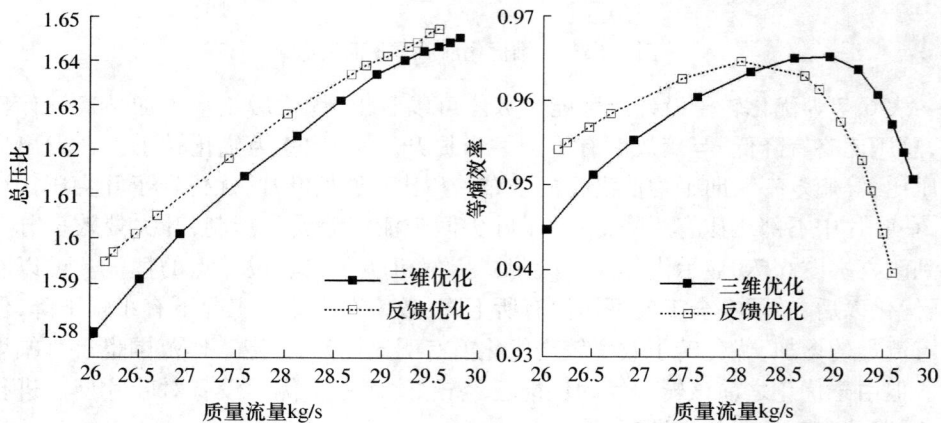

图 6.70　优化前后转子压比、效率特性曲线

参 考 文 献

[1] Gallimore S J . Axial flow compressor design, Proc Instn Mech Engrs Vol 213 Part C, 1999.

[2] Sanger N L. Design of a Low Aspect Ratio Transonic Compressor Stage Using CFD Techniques, Journal of Turbomachinery Vol 118, 1996.

[3] Molinari M and Dawes W N. Review of evolution of compressor design process and future perspectives, Proc. IMechE Vol 220 Part C: J. Mechanical Engineering Science, 2006.

[4] 陈矛章,刘宝杰.风扇/压气机气动设计技术与战__用于大型客机的大涵道比涡扇发动机.中国航空学会 2007 年年会(动力专题),2007.

[5] 陈矛章.风扇/压气机技术发展和对今后工作的建议,航空动力学报,2002,17(1).

[6] Sanger N L. The Use of Optimization Techniques to Design Controlled Diffusion Compressor Blading. ASME J. Eng. Power,1983, 105:256–265.

[7] Frank S,Beat R. Design of Industrial Axial Compressor Blade Sections for Optimal Range and Performance. Journal of Turbomachinery, 2004, 126:323–331.

[8] Benini E,Toffolo A. Development of High-Porformance Airfoils for Axial Flow Compressors Using Evolutionary Computation. Journal of Propulsion and Power,2002,18(3).

[9] 周正贵. 高亚音速压气机叶片优化设计[J]. 推进技术,2004, 25(1):58–61.

[10] Koller U,Monig R. Development of Advanced Compressor Airfoils for Heavy-Duty Gas Turbines—Part I: Design and Optimization. Journal of Turbomachinery, 2000, 122: 397–405.

[11] Yiu, K F C,Zangench, M. Three-Dimensional Automatic Optimization Method for Turbomachinery Blade Design. Journal of Propulsion and Power, 2000, 12:1174–1181.

[12] Lampart P,Yerhov S. Direct Constrained Computational Fluid Dynamic Based Optimization of Three-Dimensional Blading for the Exit Stage of a Large Power Steam Turbine. Journal of Engineering for Gas Turbie and Power, 2003, 125:383–390.

[13] Ahn C S, Kim K Y. Aerodynamic Design Optimization of a Compressor Rotor with Navier-Stokes Analysis. Journal of Power and Energy, 2003, 217:179–183.

[14] Lee S Y,Kim K Y. Design Optimization of Axial Compressor Blades with Three-Dimensional Navier-Stokes Solver. The International Gas Turbine and Aeroengine Congress and Exhibition, 2000, 2000 – GT – 488.

[15] Oyama A,Liou M S. High-Fidelity Swept and Leaned Rotor Blade Design Optimization Using Evolutionary Algorithm. 16th AIAA Computational Fluid Dynamics Conference, 2003, AIAA 2003 – 4091.

[16] Benini E. Three-Dimensional Multi-Objective Design Optimization of a Transonic Compressor Rotor. 16th AIAA Computational Fluid Dynamics Conference, 2003, AIAA 2003 – 4090.

[17] 周正贵.混合遗传算法及其在叶片自动优化设计中的应用.航空学报,2002, 23(6):571–574.

[18] 金东海,展昭,桂幸民.基于混合遗传算法的压气机叶型自动优化设计. 推进技术,2006,27(4):350–353.

[19] Denton J D. The use of a distributed body force to simulate viscous effects in 3D flow calculations. Proceedings of ASME Turbo,1986,86 – GT – 144.

[20] Arnone A,Swanson R C. A Navier-Stokes Solver for Turbomachinery Applications. ASME Journal of Turbo-

machinery,1993,115(2):305 −313.

[21] Denton J D. The Calculation of Three-Dimensional Viscous Flow Through Multistage Turbomachinees. Journal of Turbomachinery, 1992, 114:18 −26.

[22] Hall E J. Aerodynamic Modeling of Multistage Compressor Flow Fields Part 1: Analysis of Rotor-Stator-Rotor Aerodynamic Interaction. Proc Instn Mech Engrs Vol 212 Part G,1998.

[23] 祝召. 转/静交界面处理方法研究及涡轮结构与气动分析. 南京航空航天大学,2008.

[24] 周正贵. 压气机叶片自动优化设计. 航空动力学报,2002,17(3).

[25] 汪光文. 基于并行遗传算法的风扇/压气机叶片气动优化. 南京航空航天大学,2009.

[26] 周正贵. 基于数值优化方法的离心压气机工作轮气动设计. 航空学报,2006,27(1).

[27] Desideri J A,Abou El Majd B,etc. Nested and Self-adaptive Bezier Parameterizations for Shape Optimization. Aerospace Science and Technology, 2007,224:117 −131.

[28] Gbadebo S A,Cumpsty N A. Three-Dimensional Separationsin Axial Compressors. Journal of Turbomachinery, 2005, 127 : 331 −339.

[29] Kang S. Experimental Study on the Three-Dimension Flow within a Compressor Cascade with Tip Clearance: Part I—Velocity and Pressure Fields, Journal of Turbomachnery, V. 115, 1993.

[30] Yaras M I. Effects of simulated rotation on tip leakage in a planar cascade of turbine blades: Part I—tip gap flow, Journal of Turbomachnery, V. 114, 1992.

[31] Yaras M I. Effects of simulated rotation on tip leakage in a planar cascade of turbine blades: Part I—downstream flow field and blade loading, Journal of Turbomachnery, V. 114, 1992.

[32] 周正贵,吴国钏,阮立群. 采用平面叶栅模拟压气机动叶叶尖间隙流. 航空学报,2002,23(1).

[33] Lakshiminarayana B. The Structure of Tip Clearance Flow in Axial Flow Compressors, Journal of Turbomachnery, V. 117, 1995.

[34] Benini E, Biollo R. Aerodynamics of swept and leaned transonic compressor-rotors, Applied Energy 84 (2007) 1012 – 1027, 2007.

[35] Xu C,Amano R S. Computational Analysis of Swept Compressor Rotor Blades, International Journal for Computational Methods in Engineering Science and Mechanics, 9:374 – 382, 2008.

[36] Denton J D,Xu L. The effects of lean and sweep on transonic fan performance,GT −2002 −30327,2002.

[37] Gallimore S J,Taylor M J,etc. The Use of Sweep and Dihedral in Multistage Axial Flow Compressor Blading—Part I: University Research and Methods Development, Journal of Turbomachinery Vol 124, 2002.

[38] Passrucker H E, Kablitz S and Hennecke D K. Effect of forward sweep in a transonic compressor rotor, Proc. IME Vol. 217 Part A: J. Power and Energy, 2003.

[39] Denton J D,Xu L. The exploitation of 3D flow in turbomachinery design-1, Proc Instn Mech Engrs Vol 213 Part C,1999.

[40] Gallimore Simon J,Taylor Mark J,etc. The Use of Sweep and Dihedral in Multistage Axial Flow Compressor Blading—Part II: Low and High-Speed Designs and Test Verification, Journal of Turbomachinery Vol 124, 2002.

[41] Yiu K F C,Zangench M. Three dimensional automatic optimization method for turbomachinery blade design. Journal of Propulsion and Power , 2000,16(6):1174 −1181.

[42] Ashihara K, Goto A. Turbomachinery blade design using 3D inverse method, CFD and optimization algorithm. Proceedings of ASME Turbo 2001,20012GT20358. 2001.

[43] Bonaiuti D, Arnone A. Analysis and optimization of transonic centrifugal compressor impellers using the design of experiment stechnique . Proceedings of ASME Turbo 2002[C]. GT22002230619,2002.

[44] 周正贵,汪光文. 基于数值优化方法的离心压气机工作轮气动设计. 航空学报,2006,27(1):10 −15.

180

[45] Zhou Zhenggui, Wang Guangwen. OPTIMIZATION DESIGN OF CENTRIFUGAL IMPELLERW ITH SPLIT BLADES, Transactions of Nanjing University of Aeronautics & Astronautics, Vol. 25, No. 2, pp. 128 – 134, 2008.

[46] Krain H. Swirling impeller flow. Journal of TurboMachinery, 1988, 110(1):122 – 127.

[47] 程荣辉. 轴流压气机设计技术的发展. 燃气涡轮试验与研究. 2004, 17(2):1 – 8.

[48] 周正贵. 压气机/风扇叶片自动优化设计的研究现状和关键技术. 航空学报, 2008, 29(2):257 – 266.

[49] 周正贵. 混合遗传算法及其在叶片自动优化设计中的应用. 航空学报, 2002, 23(6):571 – 574.

[50] 金东海, 展昭, 桂幸民. 基于混合遗传算法的压气机叶型自动优化设计. 推进技术, 2006, 27(4): 350 – 353.

[51] Oyama A, Liou M S. High-Fidelity Swept and Leaned Rotor Blade Design Optimization Using Evolutionary Algorithm. 16th AIAA Computational Fluid Dynamics Conference, 2003, AIAA 2003 – 4091.

[52] Benini E. Three-Dimensional Multi-Objective Design Optimization of a Transonic Compressor Rotor. 16th AIAA Computational Fluid Dynamics Conference, 2003, AIAA 2003 – 4090.

[53] Denton J D, Dawes W N. Computational fluid dynamics for turbomachinery design, Proc Instn Mech Engrs Vol 213 Part C, 1999.

内 容 简 介

　　本书系统、全面地介绍了压气机/风扇叶片自动优化设计理论与应用,内容包括数值最优化方法、流场数值计算方法、叶片参数化方法、目标函数设置方法,以及优化软件研制。列举了较多自动优化方法应用实例,主要有 S1 流面(平面、回转面)叶型优化、三维叶片(轴流压气机、大涵道比轴流风扇、离心压气机、吸附式压气机)优化。此外,作者还根据自身体会对一些密切相关内容进行了介绍、探讨,主要有压气机/风扇气动设计方法、压气机/风扇叶片通道内流动特征。

　　本书可作为叶轮机气体动力学相关研究方向工程技术人员、教师和研究生参考用书。

　　The purpose of this book is to present theory and application of automatic design optimization of compressor/fan blades. The main content of the book is as follows: numerical optimization, flow field simulation, blade parameterization, objective function construction and software development. Several typical application examples of the automatic design method are included in the book, they are 2D blade design of S1 surface, 3D blade design of axial compressor/fan, centrifugal compressor and aspirated fan. In addition, relevant key aspects are introduced and discussed, such as: compressor/fan aerodynamic design method and flow characteristics in compressor/fan passages.

　　This book can be used as reference of research students, technicians and teachers dedicated to turbomachinery aerodynamics research.